中国建筑设计研究院有限公司结构方案评审录

（第二卷）

朱炳寅　王大庆　刘　旸　主编

U0250543

中国建筑工业出版社

图书在版编目（CIP）数据

中国建筑设计研究院有限公司结构方案评审录（第二卷）/朱炳寅，王大庆，刘旸主编. —北京：中国建筑工业出版社，2018.7（2024.2重印）
ISBN 978-7-112-22255-1

Ⅰ．①中… Ⅱ．①朱… ②王… ③刘… Ⅲ．①建筑设计-设计方案 Ⅳ．①TU2

中国版本图书馆 CIP 数据核字（2018）第 109232 号

　　中国建筑设计研究院有限公司的所有项目都应进行结构方案评审，为使结构设计人员在全院方案评审中获益，我们编写了《中国建筑设计研究院有限公司结构方案评审录》（以下简称"评审录"），"评审录"将随我院方案评审进程定期出版，本书是第二卷，主要再现我们 2016 年下半年的评审工作情况。

　　对结构方案的评审可以把握结构设计大局，提高结构设计水平并有利于确保施工图质量总体上符合我院的整体水平，还可以避免因结构方案问题的返工，提高结构设计效率并减轻结构设计工作量，多年来我们一直坚持在做这项很有意义的工作。

　　结构方案评审的基本出发点是提请结构设计人员从一开始就注重概念设计，关注结构方案的合理性，做到体系合理、结构平面和抗侧力构件布置合理，关注竖向荷载和水平作用的传力途径，关注地基基础方案的合理性和可实施性等问题，关注结构方案比选，关注结构设计的经济性。

　　"评审录"可供结构设计人员和大专院校土建专业师生应用，也可作为兄弟单位结构设计质量控制时的参考。

责任编辑：赵梦梅　刘瑞霞　李笑然
责任校对：李美娜

中国建筑设计研究院有限公司结构方案评审录（第二卷）
朱炳寅　王大庆　刘　旸　主编

＊

中国建筑工业出版社出版、发行（北京海淀三里河路 9 号）
各地新华书店、建筑书店经销
霸州市顺浩图文科技发展有限公司制版
建工社（河北）印刷有限公司印刷

＊

开本：880×1230 毫米　1/16　印张：25½　字数：784 千字
2018 年 12 月第一版　2024 年 2 月第三次印刷
定价：**69.00** 元
ISBN 978-7-112-22255-1
（32133）

编写委员会

主编　朱炳寅　王大庆　刘　旸

编委：（以工程先后为序）

阎钟巍　杨　杰　徐德军　邵　筠　刘长松　李　季　史　杰

孔维伟　谈　敏　石　雷　文　欣　杨　婷　孙洪波　杨松霖

王　载　何相宇　于　健　许　庆　孙庆唐　张　猛　张根俞

袁　琨　王文宇　叶　垚　孔江洪　张剑涛　郝国龙　陈　越

刘松华　何喜明　李　芳　刘　洋　孙媛媛　刘　巍　郭天焓

曹　清　朱　丹　曹永超　王树乐　张冀华　胡　彬　张　路

朱禹风　牛　奔　张祚嘉　周　岩　郭　强　芮建辉　徐　杉

罗敏杰

前　　言

中国建筑设计研究院有限公司的所有项目都应进行结构方案评审（两级评审，部门评审和公司评审），对结构方案的评审可以把握结构设计大局，提高结构设计水平并有利于确保施工图质量总体上符合我院的整体水平，还可以避免因结构方案问题的返工，提高结构设计效率并减轻结构设计工作量，多年来我们一直坚持在做这项很有意义的工作。

结构方案评审的基本出发点是提请结构设计人员从一开始就注重概念设计，关注结构方案的合理性，做到体系合理、结构平面和抗侧力构件布置合理，关注竖向荷载和水平作用的传力途径，关注地基基础方案的合理性和可实施性等问题，关注结构方案比选，关注结构设计的经济性，避免返工，提高结构设计效率，减小结构设计工作量。

结构方案评审不是用流程去限制设计，而是通过评审过程培养结构设计人员的大局观，并应用到实际工程中。结构方案评审其实并不神秘，大致可划分为"规定动作"和"自选动作"，"规定动作"是结构设计中的一般补充设计计算要求，如：框架结构楼梯间四角加设框架柱的要求、楼（屋）盖整体性较差时的单榀框架承载力分析要求、上部结构在地下室顶板不完全嵌固时的不同嵌固部位承载力分析要求、超长结构的温度应力分析与控制要求、刚度和质量突变结构的弹性时程分析要求等；"自选动作"则要根据工程的具体情况确定，如：依据房屋的重要性和结构的不规则情况确定相应的抗震性能目标和性能水准、液化地基的处理要求、差异沉降的合理控制要求等。

为充分发挥方案评审对确保结构安全提高技术进步的推动作用，自 2015 年 10 月底开始，总工办（结构）适时编制《结构方案评审简报》，以让全院结构设计人员从结构评审中得以启发和提高。2017年底《中国建筑设计研究院有限公司结构方案评审录（第一卷）》出版发行后，我们计划以后每半年出一卷，以适当的篇幅，稍做删减，尽量重现我们评审的实际情况。今天我们将 2016 年下半年的结构方案评审报告，归类成册为《中国建筑设计研究院有限公司结构方案评审录（第二卷）》（以下简称"评审录"），以系统地总结我们过去一段时间内的方案评审工作，改善和提高结构方案评审工作质量，对结构设计工作以帮助和促进，同时也使结构设计人员在全院方案评审中获益。

现就评审录的适用范围、特点等方面作如下说明：

一、适用范围

评审录主要服务于中国建筑设计研究院有限公司的建筑结构设计，也可作为兄弟单位结构设计和技术管理时的参考。

二、特点

编写评审录的基本出发点是为了让全体结构设计人员从结构方案评审中获益，本书共收录 2016 年下半年我院项目的结构评审报告，共 64 项（不包括保密项目），评审报告主要内容如下：

1. 工程简介，包括工程概况、结构方案、地基基础方案等，配以必要的效果图和平面图，这部分内容主要由工种负责人提供，经编者修改整理。书中提供的图片资料（可能不够清晰，和最后的实施方案也可能有出入）主要说明工程的特点、结构方案和结构布置。

2. 结构方案评审表，是评审的主要文件（表单），评审前需核查统一技术措施的编制和部门评审情况，表单提出了评审的时机控制要求、参会人员要求和评审意见的回复要求等，记录评审会议的主要结论，为便于阅读，本书将评审的主要结论重新电脑输入。

3. 评审会议纪要，是评审的辅助文件，作为评审意见的补充和说明。简单工程不提供会议纪要。

三、方案评审组成员

方案评审组主要由院顾问总、院总和院副总组成，成员如下：陈富生、谢定南、罗宏渊、王金祥、尤天直、陈文渊、徐琳、任庆英、范重、朱炳寅、张亚东、胡纯炀、张淮湧、王载、彭永宏、王大庆等。

感谢评审组成员的辛勤工作，特别感谢谢定南、罗宏渊、王金祥三位顾问总工程师为方案评审做出的突出贡献。

四、本书分工

王大庆、刘旸负责本书的编辑整理工作，朱炳寅负责本书的校审工作。

感谢项目工种负责人提供的项目评审资料，正是由于各工种负责人的辛勤付出，才使得我们有机会分享所有工程的评审报告。

感谢全院结构设计人员的辛勤工作。

限于编者水平，不妥之处敬请指正。

编者于中国建筑设计研究院有限公司

博客：搜索"朱炳寅"

目　　录

01 北京大学南门区域教学综合楼 4 号楼、5 号楼

设计部门：第三工程设计研究院

主要设计人：刘松华、阎钟巍、杨杰、毕磊、尤天直

工 程 简 介

一、工程概况

北京大学南门区域教学综合楼位于北京大学校园内。4 号楼、5 号楼的建筑面积分别为 2.96 万 m^2、2.82 万 m^2。两楼的主体建筑均为地上 4～5 层，建筑功能为教研室、办公室、开放试验室等；地下 4 层（两楼在地下 2～4 层相互联通），地下四层平时为库房及汽车库，战时为一、二等人员掩蔽所；地下三层平时为库房及汽车库，战时为物资库；地下二层为多功能厅、普通库房及办公活动用房；地下一层为普通库房及办公活动用房。

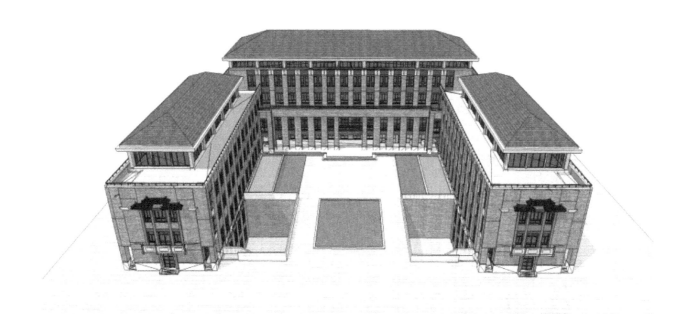

图 01-1 建筑效果图（两楼的建筑外形相似）

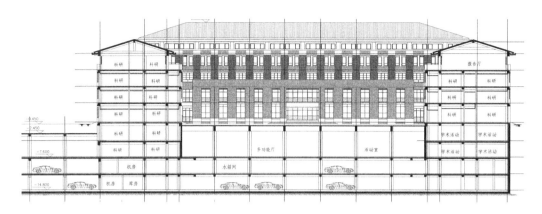

图 01-2　建筑剖面图

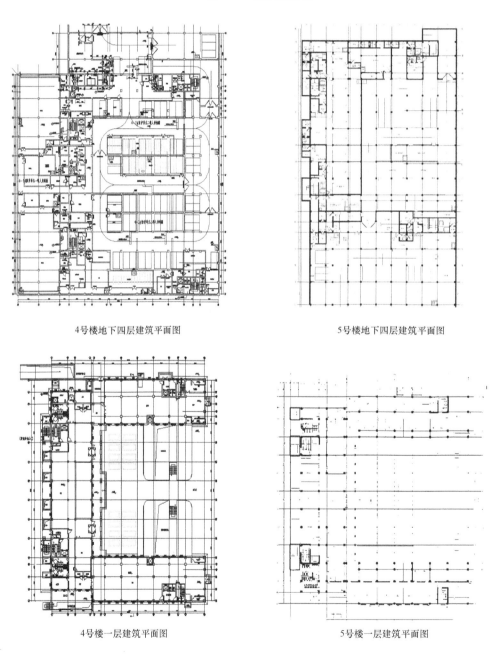

4号楼地下四层建筑平面图　　　　　　　　5号楼地下四层建筑平面图

4号楼一层建筑平面图　　　　　　　　5号楼一层建筑平面图

图 01-3　建筑平面图

3

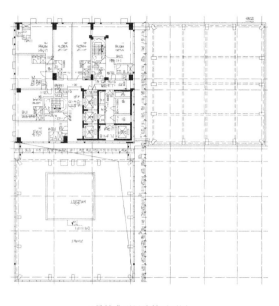
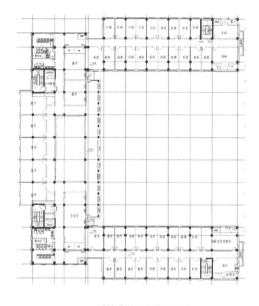

4号楼典型层建筑平面图　　　　　　　　　　5号楼典型层建筑平面图

图 01-3　建筑平面图（续）

二、结构方案

1. 抗侧力体系

4 号楼、5 号楼的典型柱网尺寸为 6.0m×6.0m，平面均呈槽形，设置结构缝后，平面规整。两楼的房屋高度不超过 24m，均为多层建筑；根据建筑功能和建筑造型要求，采用现浇钢筋混凝土框架结构。

2. 楼盖体系

本工程的主要建筑功能为教学、办公及试验用房，楼盖体系采用现浇钢筋混凝土普通梁、板结构。考虑建筑使用要求，主要采用主梁＋大板结构，各层的典型楼板厚度为 170mm。

本工程的坡屋面下设有"闷顶"层。在竖向荷载作用下，斜屋面板对下部的"闷顶"层楼板产生拉力，不利于楼板抗裂，而且斜屋面板的施工质量不易控制。综合考虑多种因素，斜屋面板及"闷顶"层楼板采用主梁＋大板结构，板厚不小于 150mm，并采用双层双向配筋方式，增强楼板的抗裂性能。

三、地基基础方案

根据地勘报告建议，并结合结构受力特点，本工程采用天然地基上的筏板基础，筏板厚度为 600mm。考虑结构抗浮的特殊要求，增设抗拔桩。

结构方案评审表

结设质量表（2016）

项目名称	北京大学南门区域教学综合楼 4 号楼		项目等级	A/B 级□、非 A/B 级■
			设计号	10196-4
评审阶段	方案设计阶段□	初步设计阶段□		施工图设计阶段■
评审必备条件	部门内部方案讨论　有■　无□		统一技术条件　　有■　无□	
工程概况	建设地点　北京市海淀区北大校园		建筑功能　教学楼	
	层数（地上/地下）　4～5/4		高度（檐口高度）　21.700m	
	建筑面积（m²）　29573		人防等级　6 级（b4）	
主要控制参数	设计使用年限　50 年			
	结构安全等级　二级			
	抗震设防烈度、设计基本地震加速度、设计地震分组、场地类别、特征周期 8 度、0.20g、第一组、Ⅲ类、0.45s			
	抗震设防类别　丙类			
	主要经济指标			
结构选型	结构类型　框架结构			
	概念设计、结构布置			
	结构抗震等级　二级			
	计算方法及计算程序　YJK			
	主要计算结果有无异常（如：周期、周期比、位移、位移比、剪重比、刚度比、楼层承载力突变等）　无			
	伸缩缝、沉降缝、防震缝　设缝两道			
	结构超长和大体积混凝土是否采取有效措施　没有此类问题			
	有无结构超限　无			
基础选型	基础设计等级　二级			
	基础类型　筏板			
	计算方法及计算程序　JCCAD			
	防水、抗渗、抗浮　P8			
	沉降分析			
	地基处理方案　天然地基			
新材料、新技术、难点等				
主要结论	框架结构楼梯间四周加设框架柱、优化楼盖结构布置、比较采用框-剪结构的可能性、与建筑协商设置 2.1m 跨柱网的合理性、优化柱网布置、依据勘察报告细化结构抗浮设计			
工种负责人：刘松华　阎钟巍		日期：2016.7.4	评审主持人：朱炳寅	日期：2016.7.4

注意：1. 评审申请时间：一般项目应在初步设计完成之前，无初步设计的项目在施工图 1/2 阶段。

2. 工种负责人、审核人必须参加评审会，审定人以及项目组其他人员应尽量参会。工种负责人负责项目组与会人员的通知事宜，在必要时可邀请建筑专业相关人员出席。

3. 评审后工种负责人应填写《结构方案评审意见回复表》，逐条回复《结构方案评审表》和《会议纪要》中提出的评审意见，并在签署齐全后归档。

<h1 style="text-align:center">结构方案评审表</h1>

结设质量表（2016）

项目名称	北京大学南门区域教学综合楼5号楼		项目等级	A/B级□、非A/B级■
			设计号	10196-5
评审阶段	方案设计阶段□	初步设计阶段□		施工图设计阶段■
评审必备条件	部门内部方案讨论　有■　无□		统一技术条件　有■　无□	
工程概况	建设地点　北京市海淀区北大校园		建筑功能　教学楼	
	层数（地上/地下）　4～5/4		高度（檐口高度）　18.300m	
	建筑面积（m²）　28177		人防等级　5级（b4）　6级（b3）	
主要控制参数	设计使用年限　50年			
	结构安全等级　二级			
	抗震设防烈度、设计基本地震加速度、设计地震分组、场地类别、特征周期			
	8度、0.20g、第一组、Ⅲ类、0.45s			
	抗震设防类别　丙类			
	主要经济指标			
结构选型	结构类型　框架结构			
	概念设计、结构布置			
	结构抗震等级　二级框架			
	计算方法及计算程序　YJK			
	主要计算结果有无异常（如：周期、周期比、位移、位移比、剪重比、刚度比、楼层承载力突变等）　无			
	伸缩缝、沉降缝、防震缝　设结构缝两道			
	结构超长和大体积混凝土是否采取有效措施　采取有效措施			
	有无结构超限　无			
基础选型	基础设计等级　二级			
	基础类型　筏板			
	计算方法及计算程序　JCCAD			
	防水、抗渗、抗浮　P8			
	沉降分析			
	地基处理方案　天然地基			
新材料、新技术、难点等				
主要结论	同四号楼			
工种负责人:刘松华　杨杰　日期:2016.7.4			评审主持人:朱炳寅　日期:2016.7.4	

注意：1. 评审申请时间：一般项目应在初步设计完成之前，无初步设计的项目在施工图1/2阶段。

2. 工种负责人、审核人必须参加评审会，审定人以及项目组其他人员应尽量参会。工种负责人负责项目组与会人员的通知事宜，在必要时可邀请建筑专业相关人员出席。

3. 评审后工种负责人应填写《结构方案评审意见回复表》，逐条回复《结构方案评审表》和《会议纪要》中提出的评审意见，并在签署齐全后归档。

会议纪要

2016 年 7 月 4 日

"北京大学南门区域教学综合楼 4 号楼、5 号楼"施工图设计阶段结构方案评审会

评审人：谢定南、罗宏渊、王金祥、尤天直、徐琳、朱炳寅、彭永宏、王大庆

主持人：朱炳寅　　记录：王大庆

介　　绍：阎钟巍、杨杰、刘松华

结构方案：两楼均为 4～5 层建筑，坐落于 4 层大底盘地下室，地上建筑平面均呈槽形，坡屋顶。两楼设缝各分为 3 个矩形平面的结构单元，均采用混凝土框架结构体系。

地基基础方案：暂无勘察报告。参考邻近场地的勘察报告，拟采用天然地基上的筏板基础，抗浮采用抗拔桩方案。

评审：

1. 注意新版地震动参数区划图的影响问题。

2. 地下室埋置较深，应依据勘察报告，全面复核抗浮验算（包括有地上建筑的部位），细化结构抗浮设计。

3. 框架结构楼梯间四周加设框架柱，以形成封闭框架。

4. 与建筑专业协商、推敲 2.1m 跨柱网设置的合理性，优化柱网布置。

5. 进一步比选结构体系，尽可能形成两道抗震防线，适当优化柱截面尺寸；中间单元建议比选框架-剪力墙结构；两侧单元结合柱网优化，比较采用框架-剪力墙结构的可能性。

6. 适当优化楼盖结构布置，例如 6m 跨楼盖可比选主梁＋大板方案，地下室顶板的大跨度楼盖可比选单向梁方案等。

7. 适当加强地下室楼板及地下室顶板的大洞口附近楼盖，保证水平传力的有效性。

8. 注意坡屋顶的水平推力。

结论：

建议根据结构方案评审表的主要结论以及会议纪要内容，进一步优化结构设计。

02　吉林漫江生态旅游综合开发项目
—越野滑雪大厅/木屋酒店服务中心

设计部门：第一工程设计研究院
主要设计人：孙海林、徐德军、段永飞、陈文渊、孙庆唐

工 程 简 介

一、工程概况

本项目位于吉林省白山市抚松县漫江镇的吉林漫江生态旅游综合开发项目园区内，总建筑面积为 5274.52m²。本项目局部地下一层，地上两层，房屋高度为 12.50m。主要建筑功能：地下为设备机房，地上为雪具租赁、滑雪学校、酒店服务、餐饮、会议及办公等。结构型式为钢框架结构，基础型式为筏板基础。

图 02-1　建筑效果图

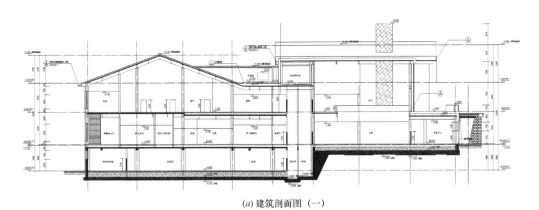

(a) 建筑剖面图（一）

图 02-2　建筑剖面图

(b) 建筑剖面图 (二)

图 02-2　建筑剖面图 (续)

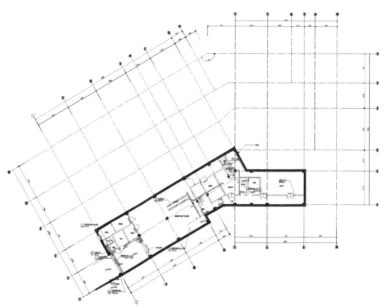

(a) 地下一层建筑平面图

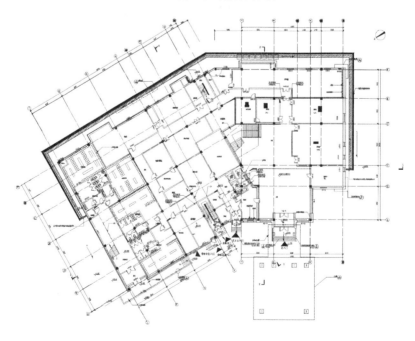

(b) 首层建筑平面图

图 02-3　建筑平面图

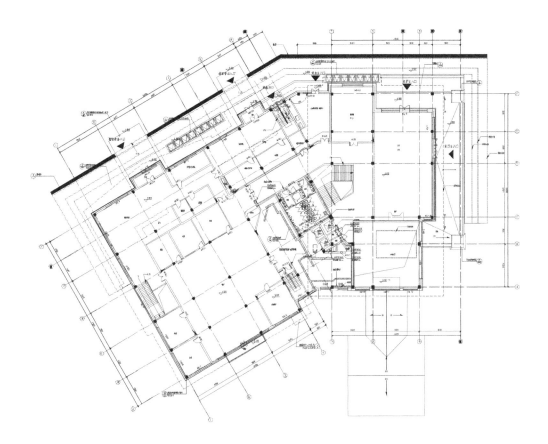

(c) 二层建筑平面图

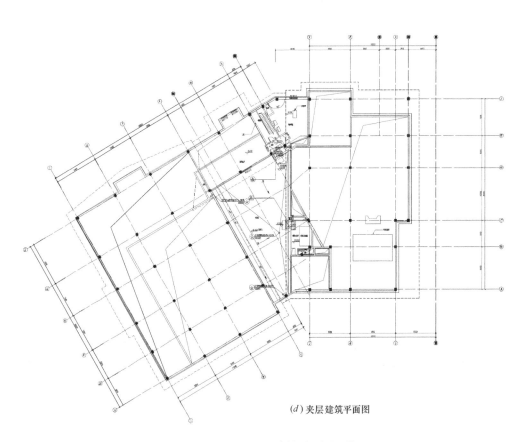

(d) 夹层建筑平面图

图 02-3　建筑平面图（续）

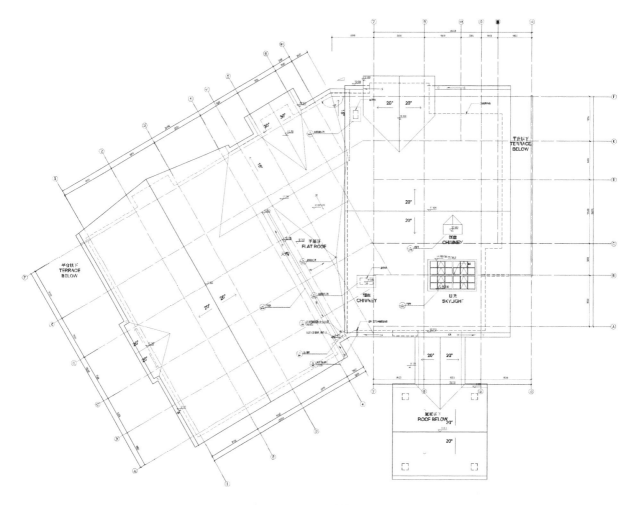

(c) 屋顶层建筑平面图

图 02-3　建筑平面图（续）

二、结构方案

1. 抗侧力体系

本工程为旅游综合开发项目的一个单体建筑，平面尺寸为 77m×35m，柱网尺寸：最小为 5.8m，最大为 10.0m。因甲方的开园时间要求，本工程的局部地下室采用钢筋混凝土框架结构，地上建筑采用钢框架结构。

钢柱采用方钢管□400×400×16mm 和 H 型钢 H400×400×20×20mm。

钢梁采用 H 型钢；框架梁截面主要有 HM482×300×11×15mm、HM550×300×11×18mm、HM588×300×12×20mm 等；次梁截面主要有 HN500×200×10×16mm、HN600×200×11×17mm 等。

2. 楼（屋）盖体系

本工程的楼盖及屋盖采用现浇混凝土楼板。首层楼板厚度为 180mm，其余各层楼板、屋面板的厚度一般为 120mm。

3. 结构超长处理措施

本工程的结构单元长度超过规范限值，结合建筑功能要求，不设伸缩缝，设置收缩后浇带（间距不大于 40m），并采取强化建筑保温和隔热措施、适当加大楼板温度钢筋等技术措施，防止开裂。

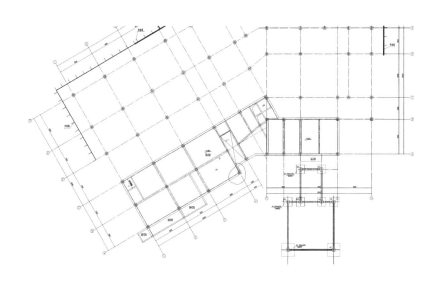

(a) 首层结构平面图

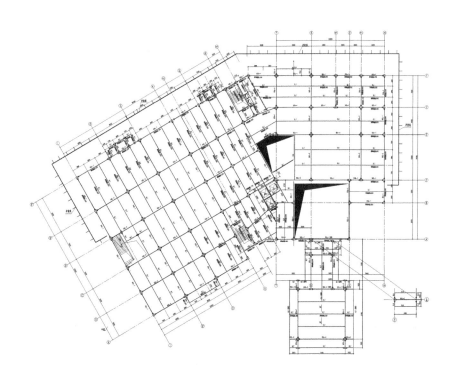

(b) 二层结构平面图

图 02-4 结构平面图

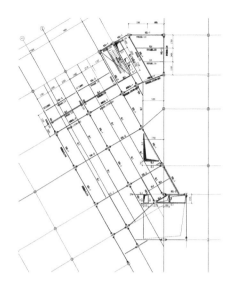

(c) 夹层结构平面图

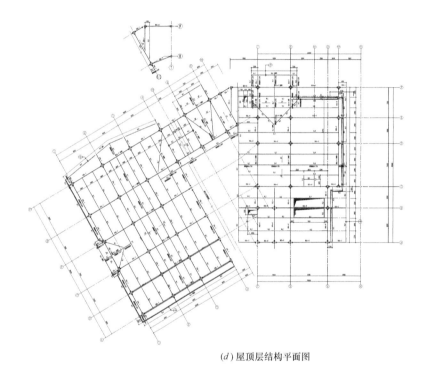

(d) 屋顶层结构平面图

图 02-4 结构平面图（续）

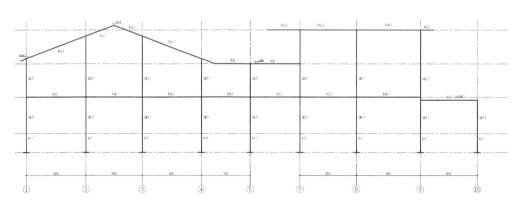

图 02-5 钢框架立面图

三、地基基础方案

根据地勘报告，地基持力层不均匀，黏土、全风化玄武岩、强风化玄武岩和中风化玄武岩均有分布。本项目采用天然地基上的筏板基础。

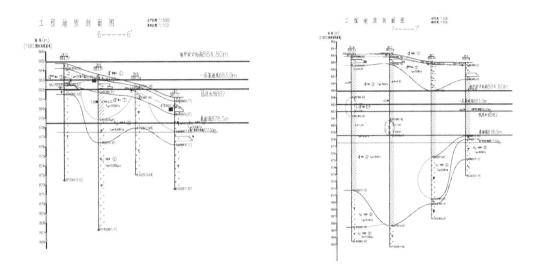

图 02-6　工程地质剖面图

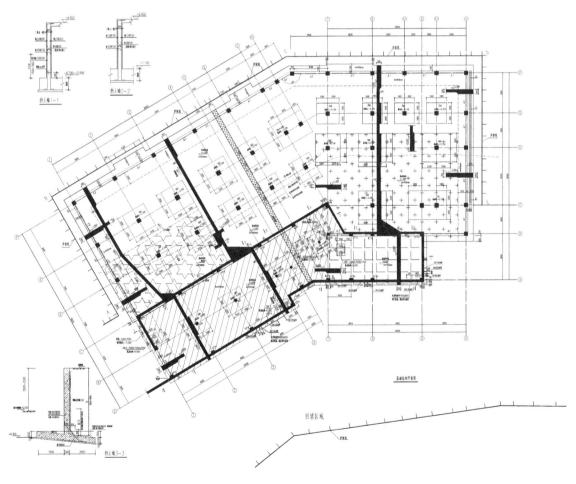

图 02-7　基础平面图

结构方案评审表

结设质量表（2016）

项目名称	吉林漫江生态旅游综合开发项目-越野滑雪大厅/木屋酒店服务中心	项目等级	A/B级□、非A/B级■
		设计号	16143

评审阶段	方案设计阶段□	初步设计阶段□	施工图设计阶段■

评审必备条件	部门内部方案讨论　有■　无□	统一技术条件　有■　无□

工程概况	建设地点　吉林省白山市	建筑功能　滑雪大厅、酒店服务、餐厅
	层数（地上/地下）2/局部地下一层	高度（檐口高度）　12.50m
	建筑面积（m²）　5274	人防等级　无

主要控制参数	设计使用年限　50年
	结构安全等级　二级
	抗震设防烈度、设计基本地震加速度、设计地震分组、场地类别、特征周期 6度、0.05g、第一组、Ⅱ类、0.35s
	抗震设防类别　丙类
	主要经济指标　无

结构选型	结构类型　钢框架结构
	概念设计、结构布置
	结构抗震等级　框架四级
	计算方法及计算程序　YJK　理正结构工具箱
	主要计算结果有无异常（如：周期、周期比、位移、位移比、剪重比、刚度比、楼层承载力突变等）　无
	伸缩缝、沉降缝、防震缝　无
	结构超长和大体积混凝土是否采取有效措施　是
	有无结构超限　无

基础选型	基础设计等级　丙级
	基础类型　筏板
	计算方法及计算程序　YJK
	防水、抗渗、抗浮
	沉降分析
	地基处理方案

新材料、新技术、难点等	无

主要结论	山区建筑注意局部地下室的抗浮问题，优化平面布置、优化构件设计、次钢梁宜采用组合钢梁、注意平面凹陷部位的雪荷载问题、细化平面关系、明确水平传力路径、细化计算模型、补充单榀钢框架承载力计算模型、注意高大钢柱的稳定问题，注意坡屋面现浇混凝土质量控制

工种负责人：孙海林　徐德军	日期：2016.7.4	评审主持人：朱炳寅	日期：2016.7.4

注意：1. 评审申请时间：一般项目应在初步设计完成之前，无初步设计的项目在施工图1/2阶段。

　　　2. 工种负责人、审核人必须参加评审会，审定人以及项目组其他人员应尽量参会。工种负责人负责项目组与会人员的通知事宜，在必要时可邀请建筑专业相关人员出席。

　　　3. 评审后工种负责人应填写《结构方案评审意见回复表》，逐条回复《结构方案评审表》和《会议纪要》中提出的评审意见，并在签署齐全后归档。

会议纪要

2016 年 7 月 4 日

"吉林漫江生态旅游综合开发项目-越野滑雪大厅/木屋酒店服务中心"施工图设计阶段结构方案评审会

评审人：谢定南、罗宏渊、王金祥、尤天直、徐琳、朱炳寅、彭永宏、王大庆

主持人：朱炳寅　记录：王大庆

介　绍：徐德军、孙海林

结构方案：工程位于较平缓山地，地上两层，局部地下一层。采用钢框架结构体系。

地基基础方案：采用天然地基上的筏板基础。

评审：

1. 本工程为山区建筑，应注意局部地下室的抗浮问题。

2. 注意平面凹陷部位的积雪效应，雪荷载取值宜适当留有余量。

3. 优化结构布置和构件设计，次钢梁设计宜考虑组合钢梁。

4. 细化平、立面关系，明确水平传力路径。

5. 细化结构计算模型，使之真实模拟结构的实际受力状态；并补充单榀钢框架承载力计算模型，包络设计。

6. 注意高大钢柱的稳定问题。

7. 注意坡屋面的现浇混凝土质量控制，混凝土强度取值宜适当留有余量。

结论：

建议根据结构方案评审表的主要结论以及会议纪要内容，进一步优化结构设计。

03 莆田九华大酒店及莆田九华广场

设计部门：第三工程设计研究院
主要设计人：邵筠、尹胜兰、冯启磊、陈文渊、尤天直

工 程 简 介

一、工程概况

莆田九华大酒店及莆田九华广场项目，位于福建省莆田市荔枝区，分为宾馆用地、商务金融办公用地两大地块，其中商务金融办公用地又分为地块1和地块2。项目定位为高端酒店、商务金融办公及配套建筑。

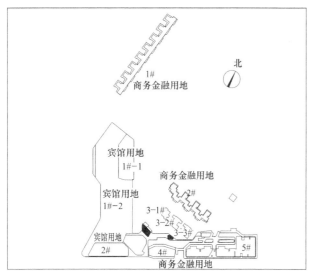

图 03-1　总平面图

宾馆用地的总建筑面积为 129442.78m²，含3栋建筑：1号-1楼（地上21层、地下3层）、1号-2楼（地上4层、地下3层）、2号楼（地上13层、地下3层）。

商务金融办公用地的总建筑面积为 82944.02m²，其中地块一含5栋建筑：1号、2号、3-1号、3-2号、3-3号楼（地上3层、地下1层），地块二含两栋建筑：4号楼（地上4层、地下2层）、5号楼（地上27层、地下2层）。

图 03-2　建筑效果图

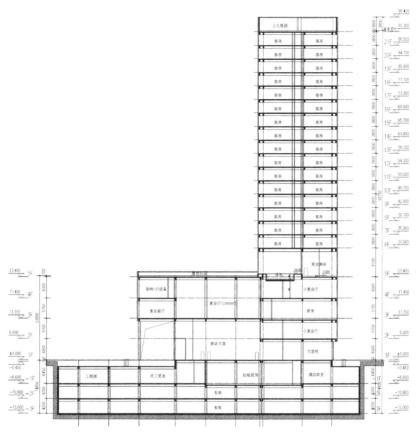

图 03-3 宾馆用地 1 号-1、1 号-2 楼建筑剖面图

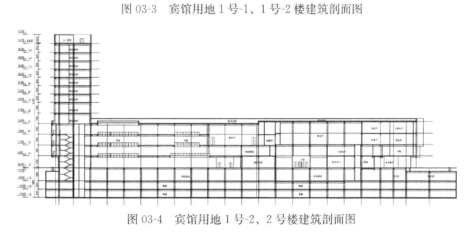

图 03-4 宾馆用地 1 号-2、2 号楼建筑剖面图

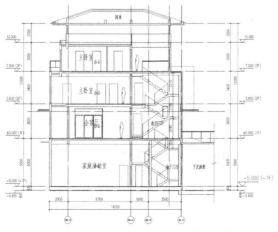

图 03-5 商务金融办公用地 1 号楼建筑剖面图

图 03-6　商务金融办公用地 5 号楼建筑剖面图

图 03-7　宾馆用地 1 号-1、1 号-2、2 号楼建筑平面图

图 03-8　商务金融办公用地 1 号楼建筑平面图

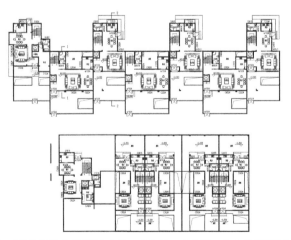

图 03-9　商务金融办公用地 2 号、3-1 号、3-2 号、3-3 号楼建筑平面图

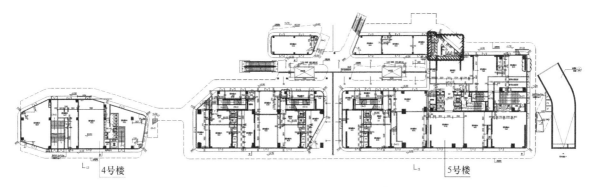

图 03-10　商务金融办公用地 4 号、5 号楼建筑平面图

二、结构方案

1. 设计条件

本工程的抗震设防烈度为 7 度，设计基本地震加速度为 0.10g，设计地震分组为第三组，场地类别为 Ⅱ 类，特征周期为 0.45s。

2. 抗侧力体系

1）宾馆用地

本地块的建筑分为 3 个独立结构单元，1 号-1 楼、1 号-2 楼、2 号楼的房屋高度分别为 93.3m、23.4m、62.7m，抗侧力体系均采用现浇钢筋混凝土框架-剪力墙结构。利用楼、电梯间及设备管井布置剪力墙，作为主要抗侧力构件，墙厚为 300～400mm。1 号-1 楼的最大柱距为 11.4m，1 号-2 楼宴会厅的最大柱距为 24.3m；柱截面尺寸主要为 1400mm×1200mm、1200mm×1200mm、900mm×900mm 等。

2）商务金融办公用地地块一

1 号楼分为 3 个结构单元，2 号、3-1 号、3-2 号、3-3 号楼各为独立结构单元，房屋高度均为 13.3m。1 号楼采用现浇钢筋混凝土剪力墙结构，2 号、3-1 号、3-2 号、3-3 号楼采用现浇钢筋混凝土异形柱框架结构。

3）商务金融办公用地地块二

4 号楼的房屋高度为 22.3m，不设缝，采用现浇钢筋混凝土框架结构。5 号楼的房屋高度为 98.3m，分为两个结构单元，采用现浇钢筋混凝土部分框支剪力墙结构。

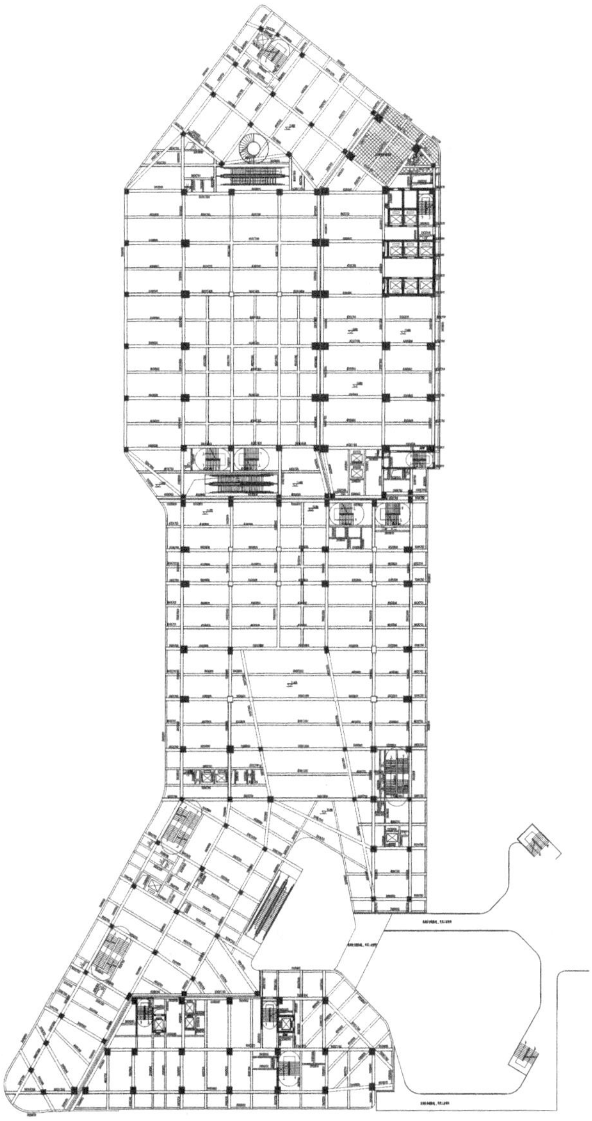

3. 楼盖体系

图 03-11　宾馆用地 1 号-1、1 号-2、2 号楼结构平面图

各楼栋的楼盖体系均采用现浇钢筋混凝土梁、板结构。楼面布置主要为设单向次梁的主、次梁结构，梁间距约 3.6～4.5m；因建筑功能或结构嵌固要求，部分楼盖采用主梁＋大板结构。根据跨度及荷载条件，楼板厚度一般为 120mm，局部楼板加厚至 150～200mm。由于结构嵌固需要，一层楼板厚度为 180mm。地下一层、地下二层采用单向次梁布置，板厚为 120～150mm。

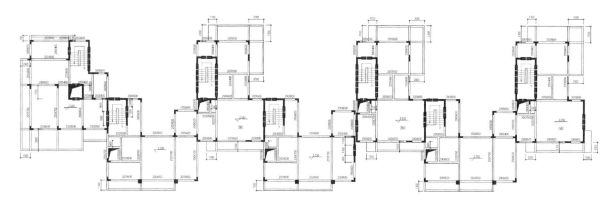

图 03-12　商务金融办公用地 1 号楼结构平面图

图 03-13　商务金融办公用地 2 号楼结构平面图

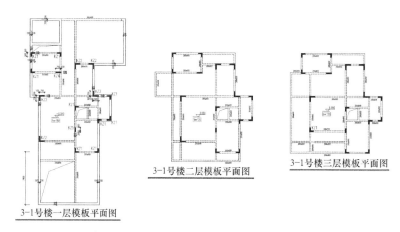

3-1号楼一层模板平面图　　3-1号楼二层模板平面图　　3-1号楼三层模板平面图

图 03-14　商务金融办公用地 3-1 号、3-2 号、3-3 号楼结构平面图

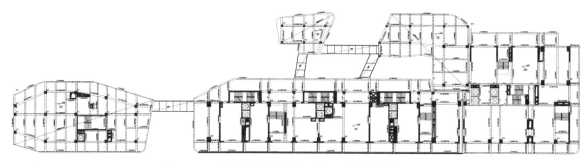

图 03-15　商务金融办公用地 4 号、5 号楼结构平面图

三、地基基础方案

根据地勘报告建议，结合结构受力特点及当地经验，本工程采用直径为 800mm 的冲孔灌注桩基础，桩端持力层为⑧中风化凝灰岩层，入岩深度取 1 倍桩径，综合考虑单桩抗压承载力特征值取 6000kN。

图 03-16　宾馆用地桩位布置图

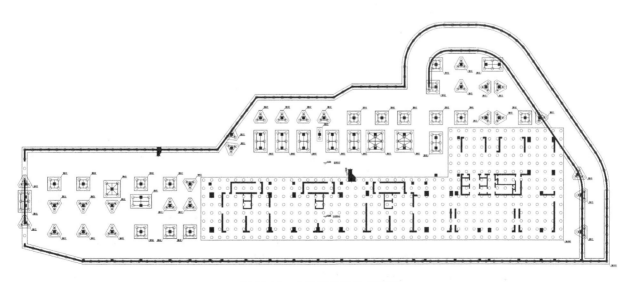

图 03-17　金融用地桩位布置图

<h2 style="text-align:center">结构方案评审表</h2>

结设质量表（2016）

项目名称	莆田九华大酒店及莆田九华广场		项目等级	A/B级□、非 A/B 级☑
			设计号	14445
评审阶段	方案设计阶段□	初步设计阶段☑		施工图设计阶段☑
评审必备条件	部门内部方案讨论　有☑　无□		统一技术条件　　有☑　无□	

工程概况	建设地点　莆田	建筑功能　酒店和办公楼
	层数(地上/地下)21/3　3/1　27/2	高度(檐口高度)　93.3m,12.0m,98.64m
	建筑面积(m²)　21.2 万	人防等级　甲 6 级

主要控制参数	设计使用年限　50
	结构安全等级　二级
	抗震设防烈度、设计基本地震加速度、设计地震分组、场地类别、特征周期
	7 度、0.10g、第三组、Ⅱ类、0.45s
	抗震设防类别　丙类
	主要经济指标

结构选型	结构类型　框架-剪力墙　异形柱　部分框支剪力墙
	概念设计、结构布置　梁板
	结构抗震等级　框架二级,剪力墙二级(5 号框支框架和底部加强部位的剪力墙一级)
	计算方法及计算程序　YJK-A
	主要计算结果有无异常(如:周期、周期比、位移、位移比、剪重比、刚度比、楼层承载力突变等)
	伸缩缝、沉降缝、防震缝　防震缝
	结构超长和大体积混凝土是否采取有效措施　超长　后浇带　拉通钢筋
	有无结构超限　无

基础选型	基础设计等级　甲级
	基础类型　桩筏和筏板
	计算方法及计算程序　YJK-F
	防水、抗渗、抗浮　YJK-F
	沉降分析
	地基处理方案

新材料、新技术、难点等	超长,抗浮

主要结论	建议:1. 细化超限判别和对应的措施。2. 进一步优化结构构件截面尺寸,使刚度分布更为合理、更为经济。3. 酒店补充时程分析。4. 酒店裙房超长应适当分缝。顶部有影院应补充时程分析。5. 框支梁、柱应进行性能化设计

工种负责人:邵筠	日期:2016.7.8	评审主持人:尤天直	日期:2016.7.8

注意:　1. 评审申请时间:一般项目应在初步设计完成之前,无初步设计的项目在施工图 1/2 阶段。

　　　2. 工种负责人、审核人必须参加评审会,审定人以及项目组其他人员应尽量参会。工种负责人负责项目组与会人员的通知事宜,在必要时可邀请建筑专业相关人员出席。

　　　3. 评审后工种负责人应填写《结构方案评审意见回复表》,逐条回复《结构方案评审表》和《会议纪要》中提出的评审意见,并在签署齐全后归档。

会议纪要

2016 年 7 月 8 日

"莆田九华大酒店及莆田九华广场"施工图设计阶段结构方案评审会

评审人：陈富生、谢定南、罗宏渊、王金祥、尤天直、陈文渊、徐琳、张亚东、彭永宏、王大庆

主持人：尤天直　记录：王大庆

介　绍：邵筠

结构方案：本工程分为 3 部分：酒店地块和商务金融地块一、地块二。酒店地块设 3 层大底盘地下室，主、裙楼之间设缝，分为 3 个结构单元：1-1 号主楼（21 层、93.3m）、1-2 号裙楼（4 层）、2 号主楼（13 层、62.7m），单元之间以连桥相连；采用混凝土框架-剪力墙结构。商务金融地块一含 1 号、2 号、3-1 号、3-2 号、3-3 号楼等 3 层别墅，设 1 层大底盘地下室；1 号楼采用混凝土剪力墙结构，其余楼栋采用混凝土异形柱框架结构。商务金融地块二设两层大底盘地下室，4 号、5 号楼以连桥相连；4 号楼地上 4 层，采用混凝土框架结构；5 号楼地上 27 层，高 98.6m，设缝分为两个结构单元，采用混凝土部分框支剪力墙结构。

地基基础方案：酒店地块、商务金融地块一采用天然地基上的筏板基础，商务金融地块二采用桩筏基础。抗浮采用抗拔桩。

评审：

1. 细化结构超限情况判别，并有针对性地进行抗震性能化设计，采取相应的加强措施。

2. 进一步优化结构构件的截面尺寸，使之更为合理，例如：适当减薄 4.5m 跨、150mm 厚楼板的厚度，适当优化楼面梁（尤其是次梁）的截面尺寸，柱、剪力墙的截面应沿房屋高度适当变化，转换部位上、下楼层的剪力墙厚度应有所变化等。

3. 酒店主楼的剪力墙偏置于结构一侧，且墙肢偏短小，应适当优化剪力墙的布置和厚度，使结构侧向刚度及其分布更趋合理。

4. 复核酒店主楼的层高 8.1m 楼层与相关楼层之间的侧向刚度比、受剪承载力比，并补充时程分析，避免形成软弱层、薄弱层。

5. 酒店裙房超长（近 200m），且存在平面弱连接等不规则情况，建议与建筑专业协商，适当设置结构缝。当确实无法分缝时，应补充温度应力分析，采取可靠的防裂措施，充分注意结构端部竖向构件的承载力复核验算；并有针对性地补充分块模型计算分析，包络设计。

6. 单跨框架应补充单榀模型承载力分析，包络设计。

7. 裙房顶部设有影院，结构空旷，应补充时程分析，以计入高振型影响。

8. 适当优化扶梯的支承构件布置。

9. 酒店裙房的屋顶钢结构支承于不同结构单元以及单元之间的连桥，过于复杂，应细化其支承条件，确保安全可靠。

10. 4 号、5 号楼之间的连桥支承于两楼的长悬臂部位，应与建筑专业协商，适当加设框架柱，使其与两楼完全脱开。

11. 进一步推敲、比选 5 号楼的结构体系，使之更为合理，尽可能避免结构转换。

12. 框支梁、框支柱应进行抗震性能化设计，设定适当的抗震性能目标，建议框支梁按大震不屈服设计，框支柱按中震弹性设计。

13. 适当优化 5 号楼的剪力墙布置和厚度，尤其应尽量避免设置小墙肢。当确实无法避免时，小墙肢应按柱模型复核验算，并采取有效的加强措施。

14. 5 号楼左单元的纵向剪力墙偏少，楼梯间外纵墙的实际抗侧力作用较弱，应补充不考虑该墙肢的计算模型，包络设计，以更真实地反映结构的实际受力状态。

15. 采取有效措施，确保楼梯间外纵墙的稳定性。

16. 细化别墅的结构分缝。

17. 考虑地下室施工顺序，细化基底高差部位的处理措施。

结论：

建议根据结构方案评审表的主要结论以及会议纪要内容，进一步优化结构设计。

04 海南老城经济开发区标准厂房工业园项目

设计部门：国住人居工程顾问有限公司
主要设计人：娄霓、张兰英、尤天直、刘长松

工 程 简 介

一、工程概况

海南老城经济开发区标准厂房工业园项目位于海南省海口市老城经济技术开发区中部。本项目包括 12 个厂房组团及后勤服务区，厂房组团含 A 型和 B 型标准厂房、C 型和 D 型定制厂房（二期建设）。

标准厂房组团由 A 型、B 型标准厂房以及连廊组成，地上 4 层，首层层高为 7.5m，二～四层层高为 5m，房屋高度为 23m。标准厂房采用预制混凝土框架结构，连廊采用现浇混凝土框架结构。

后勤服务区含综合楼和食堂各 1 栋、宿舍楼 3 栋。综合楼地上 3 层，层高为 4.5m，采用预制混凝土框架结构。食堂地上两层，层高为 5.4m，采用现浇混凝土框架结构。宿舍楼地上 11 层，首层层高为 3.6m，标准层层高为 3m，采用现浇混凝土框架结构，并布置少量剪力墙。

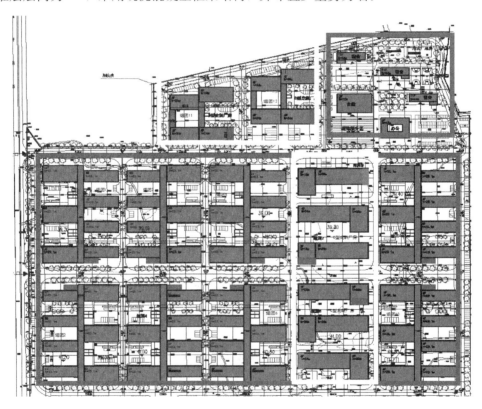

图 04-1 总平面图

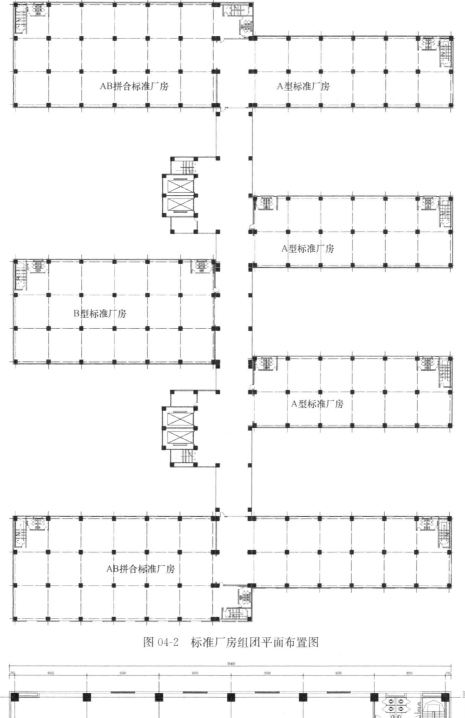

图 04-2　标准厂房组团平面布置图

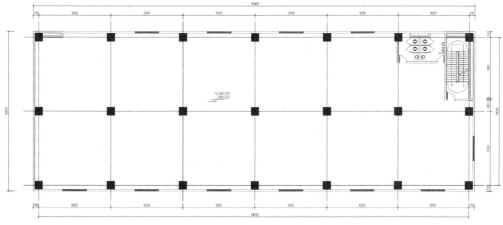

图 04-3　A 型标准厂房建筑平面图

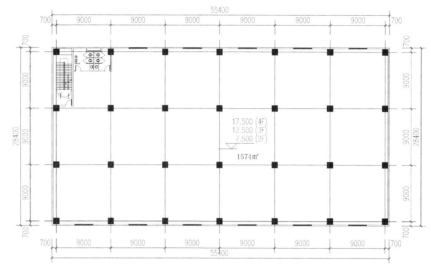

图 04-4　B型标准厂房建筑平面图

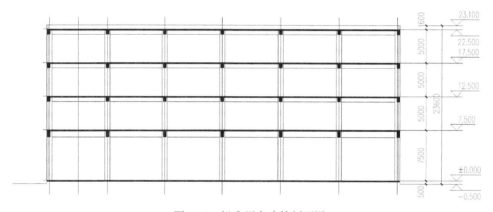

图 04-5　标准厂房建筑剖面图

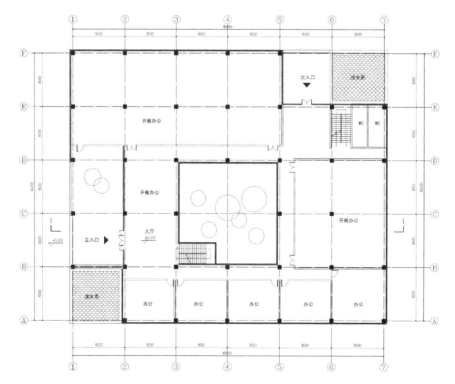

图 04-6　综合楼建筑平面图

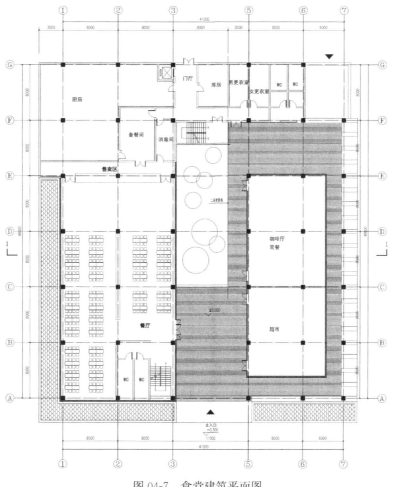

图 04-7　食堂建筑平面图

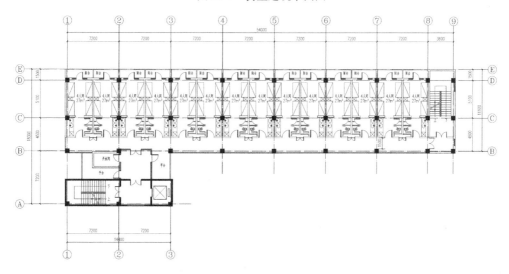

图 04-8　宿舍楼建筑平面图

二、结构方案

1. 标准厂房组团

标准厂房组团设缝分为 A 型、B 型标准厂房及连廊等结构单元。A 型、B 型标准厂房采用预制混凝土框架结构，预制构件的应用范围：1）二层以上竖向构件采用预制混凝土框架柱；2）楼面梁采用预制混凝土叠合梁；3）楼板采用预制混凝土叠合板；4）楼梯采用预制混凝土梯板；5）外围护结构采用预制混凝土外挂墙板。连廊采用现浇混凝土框架结构。

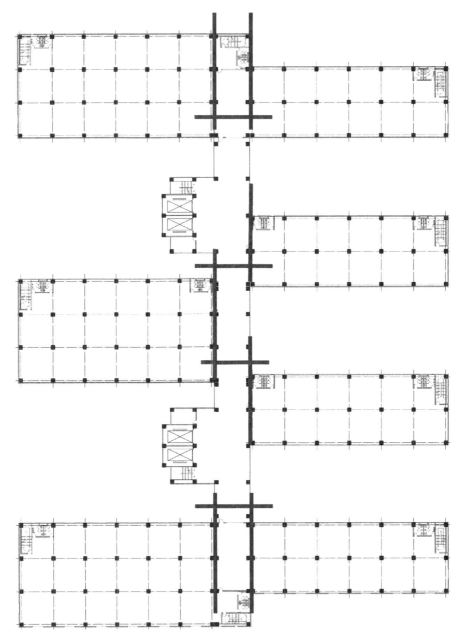

图 04-9　标准厂房组团结构分缝示意图

2. 综合楼

综合楼地上 3 层，房屋高度约 13.5m，采用预制混凝土框架结构。

3. 食堂

食堂地上两层，房屋高度约 10.8m，采用现浇混凝土框架结构。

4. 宿舍楼

宿舍楼地上 11 层，房屋高度约 38.7m，采用现浇混凝土框架结构，并布置少量剪力墙。

三、地基基础方案

根据地勘报告，场地低于周围道路较多，现场已部分回填，回填土厚度较厚，大多超过 3m，部分地段超过 7m。考虑到回填土较厚，若采用强夯处理，地基承载力不高。又因岩层埋深不大，综合考虑采用冲孔灌注桩，桩径分别为 1.0m 和 0.8m，单桩竖向承载力特征值分别为 8000kN 和 5000kN。

结构方案评审表

结设质量表（2016）

项目名称	海南老城经济开发区标准厂房工业园项目		项目等级	A/B 级□、非 A/B 级■
			设计号	
评审阶段	方案设计阶段□	初步设计阶段□		施工图设计阶段■
评审必备条件	部门内部方案讨论　有■　无□		统一技术条件　有■　无□	
工程概况	建设地点　海口市		建筑功能　工业厂房、办公、宿舍	
	层数(地上/地下)厂房 4/0　办公 4/0　宿舍 11/0		高度(檐口高度)　宿舍 39.6m　厂房 23.5m	
	建筑面积(m²)　44 万		人防等级　无	
主要控制参数	设计使用年限　50 年			
	结构安全等级　二级			
	抗震设防烈度、设计基本地震加速度、设计地震分组、场地类别、特征周期 8 度、0.20g、第二组、Ⅱ类、0.40s			
	抗震设防类别　标准设防类			
	主要经济指标			
结构选型	结构类型　预制混凝土框架结构、现浇混凝土框架			
	概念设计、结构布置　结构平面布置均匀、规则			
	结构抗震等级　厂房　二级框架			
	计算方法及计算程序　YJK			
	主要计算结果有无异常(如:周期、周期比、位移、位移比、剪重比、刚度比、楼层承载力突变等)			
	伸缩缝、沉降缝、防震缝　按规范要求设置防震缝			
	结构超长和大体积混凝土是否采取有效措施　采取设缝			
	有无结构超限　无			
基础选型	基础设计等级　乙级			
	基础类型　桩基础			
	计算方法及计算程序　YJK			
	防水、抗渗、抗浮			
	沉降分析			
	地基处理方案			
新材料、新技术、难点等				
主要结论	建议:1. 11 层宿舍楼比选剪力墙或框-剪结构。2. 进一步推敲、优化预制框架节点构造。3. 注意套筒连接的施工可操作性,确保连接的可靠性			
工种负责人:娄宽　日期:2016.7.8		评审主持人:尤天直		日期:2016.7.8

注意: 1. 评审申请时间:一般项目应在初步设计完成之前,无初步设计的项目在施工图 1/2 阶段。

2. 工种负责人、审核人必须参加评审会,审定人以及项目组其他人员应尽量参会。工种负责人负责项目组与会人员的通知事宜,在必要时可邀请建筑专业相关人员出席。

3. 评审后工种负责人应填写《结构方案评审意见回复表》,逐条回复《结构方案评审表》和《会议纪要》中提出的评审意见,并在签署齐全后归档。

会议纪要

2016 年 7 月 8 日

"海南老城经济开发区标准厂房工业园项目"施工图设计阶段结构方案评审会

评审人：陈富生、谢定南、罗宏渊、王金祥、尤天直、陈文渊、徐琳、张亚东、彭永宏、王大庆

主持人：尤天直　记录：王大庆

介　绍：刘长松、娄霓

结构方案：本工程包括多栋标准厂房、厂房间的连廊、办公楼和宿舍等，均不设地下室。标准厂房、办公楼 4 层，采用预制混凝土框架结构。连廊 4 层，宿舍 11 层，采用现浇混凝土框架结构。

地基基础方案：采用桩基础，桩型为冲孔灌注桩，一柱一桩。

评审：

1. 11 层宿舍位于 8 度区，建议比选剪力墙结构或框架-剪力墙结构。

2. 框架结构楼梯间四角设置框架柱，形成封闭框架。

3. 预制混凝土结构宜补充中震计算。

4. 进一步推敲、优化预制框架结构的节点构造，并注意节点区的现浇混凝土强度，使节点安全可靠、施工便利；建议广泛收集可靠的试验资料，有条件时宜进行必要的试验研究，宜先建设实验性建筑。

5. 注意套筒灌浆连接的施工可操作性和成品检验，确保连接的可靠性。

6. 适当优化梁、柱节点的抗剪槽设置，必要时可设置弯起钢筋，确保梁、柱连接处的抗剪承载力。

7. 次梁与主梁连接节点建议按刚接、铰接包络设计。

8. 注意次梁的腰筋锚固和抗扭承载力。

结论：

建议根据结构方案评审表的主要结论以及会议纪要内容，进一步优化结构设计。

05　威海明辰温泉度假酒店

设计部门：第一工程设计研究院
主要设计人：段永飞、余蕾、陈文渊、孙洪波、刘迅、李季

工 程 简 介

一、工程概况

本项目位于威海市南翠区温泉镇，南靠植被丰富的丘陵，北侧面向五渚河，冬季多雪，海风较大。酒店建筑群依山而建，首层地面的绝对标高为 29.000～44.500m，高差达 15.5m。

本项目集住宿、餐饮、会议、温泉、SPA、健身、娱乐等为一体，总用地面积为 6.6 万 m²，总建筑面积为 32249m²（地上为 26883m²，地下为 5366m²），分为服务大厅和客房区两大部分，按五星级标准建设。服务大厅地下 1 层（建筑功能主要为设备用房和库房等），地上两层（建筑功能主要为接待大厅、宴会厅、餐厅、报告厅等）。客房区无地下室，地上 1～4 层，建筑平面呈院落布局。两部分的结构型式均为混凝土框架结构。

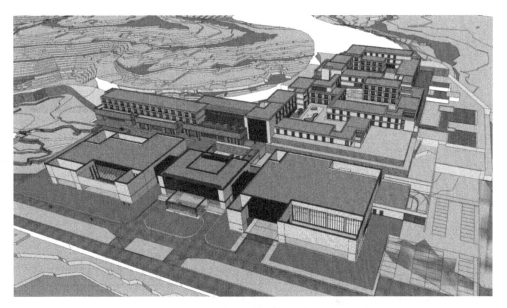

图 05-1　建筑效果图

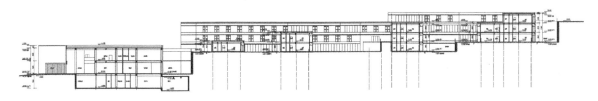

图 05-2　建筑剖面图

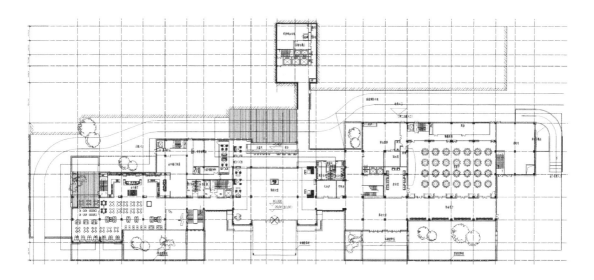

图 05-3　服务大厅首层建筑平面图

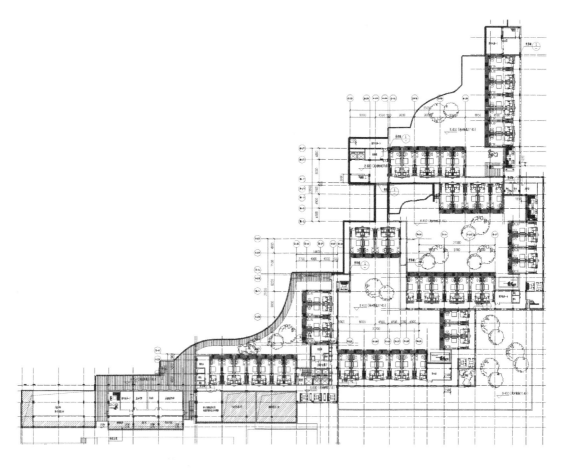

图 05-4　客房区三层建筑平面图

二、结构方案

1. 服务大厅

服务大厅的平面基本呈长方形，尺寸为 166m×41m。由于结构超长，设置 1 道结构缝，将其分为 2

个结构单体。

服务大厅为多层建筑，柱网尺寸为8m×8m，采用混凝土框架结构。框架抗震等级为三级，大跨度框架为二级。主要截面尺寸：框架柱为400mm×（600～800）mm，框架梁为300mm×（500～700）mm。

楼盖一般采用主、次梁结构，次梁截面为200mm×（500～600）mm，板厚一般为120mm。首层楼盖因嵌固要求，采用主梁+大板结构，板厚为200mm。二层楼板大开洞造成平面连接薄弱，采取加厚楼板和加强配筋措施。

2. 客房区

客房区依山而建，层数1～4层，平面由院落组成，长度大于100m，结构平面及竖向均不规则，设置多道结构缝，将首层标高相同的建筑作为1个结构单元，共分成9个单体建筑。

客房区的柱网尺寸为（5～6m）×9m，采用混凝土框架结构，抗震等级为三级，主要截面尺寸：框架柱为600mm×600mm，框架梁为400mm×700mm，次梁为300mm×600mm，板厚为120mm。

针对楼板开洞、楼板狭窄造成平面连接薄弱的情况，采取在弱连接处设置框架柱、加厚楼板、加强配筋等措施，保证水平力传递。

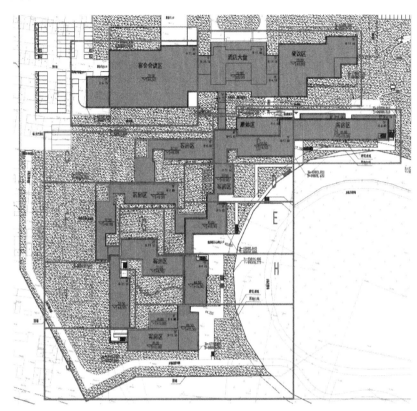

图 05-5　结构分区示意图

为避免结构超长造成温度裂缝，除严控结构长度不超过50m外，还采取每隔30m设置后浇带、采用低水化热水泥、屋面板双层双向配筋等措施。

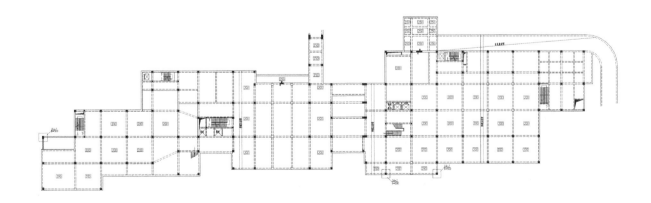

图 05-6　服务大厅首层结构平面布置图

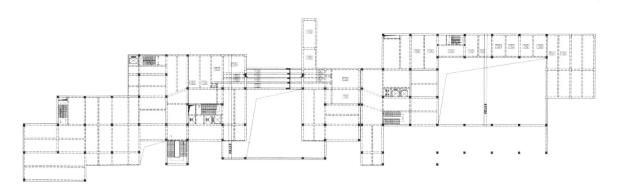

图 05-7　服务大厅二层结构平面布置图

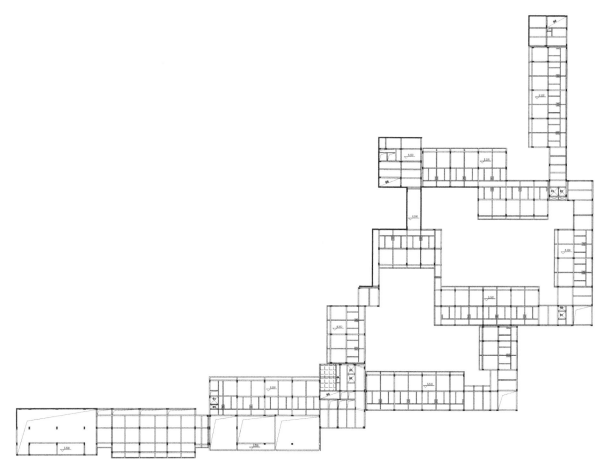

图 05-8　客房区三层结构平面布置图

三、地基基础方案

根据勘察报告，场地的②层粉质黏土、③层含黏性土中粗砂、④层全风化～强风化片麻岩的地基承载力均较高，但除④层外，②、③层土层均不连续，厚度不稳定，埋深变化大；而且场地地势较陡，部分需开挖、部分需回填。根据建筑物特点以及场地的地质、地形情况，本工程主要采用天然地基上的独立基础加防水板，地基持力层为④层全风化-强风化片麻岩，地基承载力特征值 f_{ak} 为 350kPa；回填土较厚、基础埋深较大处采用桩基础，以④层全风化～强风化片麻岩为桩端持力层，桩端进入持力层不小于 2m，有效桩长不小于 6m。

结构方案评审表

项目名称	威海明辰温泉度假酒店			项目等级	A/B级□、非 A/B 级■
				设计号	
评审阶段	方案设计阶段□		初步设计阶段■	施工图设计阶段□	
评审必备条件	部门内部方案讨论　有■　无□			统一技术条件　有■　无□	

工程概况	建设地点　威海市温泉镇	建筑功能　度假酒店
	层数（地上/地下）　2~4	高度（檐口高度）　15m
	建筑面积（m²）　4.09 万	人防等级　无

主要控制参数	设计使用年限　50 年
	结构安全等级　二级
	抗震设防烈度、设计基本地震加速度、设计地震分组、场地类别、特征周期 7 度、0.10g、第一组、Ⅱ类、0.35s
	抗震设防类别　丙类
	主要经济指标

结构选型	结构类型　框架结构
	概念设计、结构布置　建筑沿坡而建,设置抗震缝考虑＋0.000 在同一标高,将结构分成较规则单体,竖向抗侧力构件连续、规则
	结构抗震等级　框架三级
	计算方法及计算程序　YJK 结构软件
	主要计算结果有无异常（如:周期、周期比、位移、位移比、剪重比、刚度比、楼层承载力突变等）满足规范要求,扭转位移比小于 1.4,其他无异常
	伸缩缝、沉降缝、防震缝　设置防震缝
	结构超长和大体积混凝土是否采取有效措施 30~40m 布置收缩后浇带
	有无结构超限　无

基础选型	基础设计等级乙级
	基础类型　独立基础、防水板
	计算方法及计算程序　YJK 基础软件、理正工具箱
	防水、抗渗、抗浮　考虑防水、抗渗
	沉降分析
	地基处理方案　局部现状地面与＋0.000 相差 7m。

新材料、新技术、难点等	

主要结论	补充单榀框架承载力分析、补充分块与分塔模型计算,与建筑协商细化平面分缝,避免出现深挖高填、避免高大挡土墙,在变坡处考虑坡度的影响,基础底下沉满足土体稳定要求,注意基础底板抗浮问题,优先考虑支护结构与主体结构分开方案,基础结构考虑支护失效后的土压力及地基稳定问题,优化基础方案（局部）

工种负责人:段永飞	日期:2016.7.12	评审主持人:朱炳寅	日期:2016.7.12

注意：1. 评审申请时间：一般项目应在初步设计完成之前，无初步设计的项目在施工图 1/2 阶段。

2. 工种负责人、审核人必须参加评审会，审定人以及项目组其他人员应尽量参会。工种负责人负责项目组与会人员的通知事宜，在必要时可邀请建筑专业相关人员出席。

3. 评审后工种负责人应填写《结构方案评审意见回复表》，逐条回复《结构方案评审表》和《会议纪要》中提出的评审意见，并在签署齐全后归档。

会议纪要

2016 年 7 月 12 日

"威海明辰温泉度假酒店"初步设计阶段结构方案评审会

评审人：谢定南、罗宏渊、王金祥、尤天直、陈文渊、朱炳寅、张淮湧、彭永宏、王大庆

主持人：朱炳寅　　记录：王大庆

介　绍：李季、刘迅、孙洪波、段永飞

结构方案：本次评审的酒店服务大厅和客房区两部分均依山而建。酒店服务大厅地上 2 层，地下 1 层，分为 2 个结构单元。客房区 1~4 层，无地下室，分为 10 个结构单元。两部分均采用混凝土框架结构体系。

地基基础方案：采用天然地基上的独立基础＋防水板。

评审：

1. 部分结构单元偏长，有的存在薄弱部位（例如 C、F 单元），应细化结构分缝。

2. 结构存在楼板开大洞、平面弱连接等不规则情况，应补充单榀框架承载力分析，补充分块、分塔模型计算分析，包络设计。

3. 与总图、建筑专业协商，适当优化总平面布置，宜随坡就势，避免深挖高填（最厚填方约 7m），避免出现高大挡土墙（最高挡土墙约 15m）。

4. 适当优化基础方案，注意高厚填土对基础的影响。

5. 优先考虑支护结构与主体结构分开方案，主体结构和基础结构应考虑支护失效后的土压力及地基稳定问题。

6. 注意边坡附近的基础设计，变坡处应考虑坡度影响，基底适当下沉，满足土体稳定要求。

7. 工程位于山地，应注意防洪和基础底板抗浮问题。

结论：

建议根据结构方案评审表的主要结论以及会议纪要内容，进一步优化结构设计。

06 昆玉市 2015 年城镇保障性住房"龙泰苑"小区

设计部门：第二工程设计研究院
主要设计人：史杰、张淮湧、朱炳寅、王树乐

工 程 简 介

一、工程概况

本工程位于新疆维吾尔自治区昆玉市，含 1 号、2 号楼两座建筑，总建筑面积为 14980.89m²，其中 1 号楼 7655.58m²，2 号楼 7325.31m²。两座建筑均地下 1 层，地上裙房 3 层、主楼 10 层，各层层高：地下一层为 3.9m，首层为 4.2m，二、三层为 3.9m，标准层为 2.9m。两座主楼均采用框架-剪力墙结构，裙房均采用框架结构。

图 06-1 建筑效果图

图 06-2　1 号楼建筑平面图

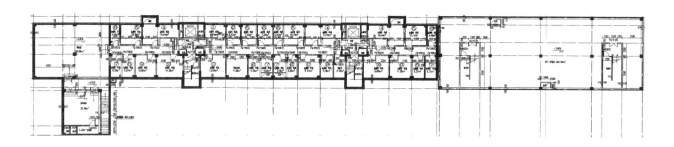

图 06-3　2 号楼建筑平面图

二、结构方案

1. 抗侧力体系

1 号、2 号楼均为主楼 10 层、房屋高度 32.3m，裙房 3 层、房屋高度 12.0m。地上设缝，将两楼的主楼与裙房分开。综合考虑建筑功能、立面造型、结构传力明确、经济合理等多种因素，两楼的主楼采用现浇钢筋混凝土框架-剪力墙结构，裙房采用现浇钢筋混凝土框架结构。

2. 楼盖体系

楼盖体系采用现浇钢筋混凝土梁、板结构，板厚一般为 120mm，并视板跨及荷载情况适当加厚。

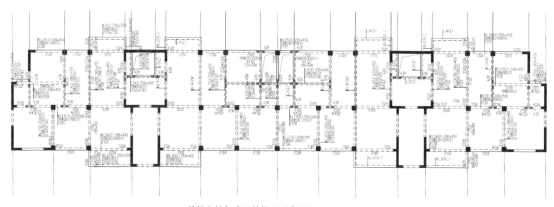

(a)1 号楼主楼标准层结构平面布置图

图 06-4　1 号楼结构平面布置

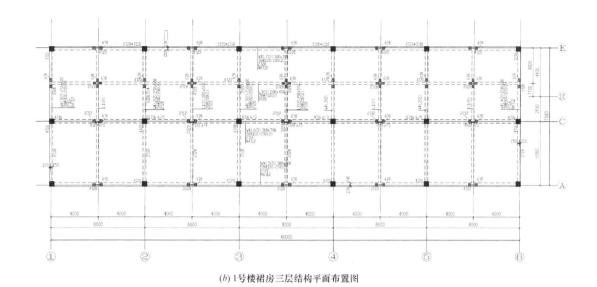

(b) 1号楼裙房三层结构平面布置图

图 06-4　1 号楼结构平面布置（续）

三、地基基础方案

　　场地的地貌属于昆仑山北麓山前冲、洪积平原的中下部。地形南高北低，相对高差 6m 左右。地层主要为第四系冲、洪积堆积物。因粉土层内的角砾夹层分布不连续，地基土的力学性质差异较大，不均匀，本工程不采用天然地基，采用换填垫层法进行地基处理，换填材料选用天然级配的碎石土（戈壁土）；换填厚度根据下卧层计算确定（且不小于 1.5m），垫层放宽宽度超出基础外边缘 1.0m。基础型式：主楼采用梁板式筏形基础，裙房采用独立柱基＋防水板。

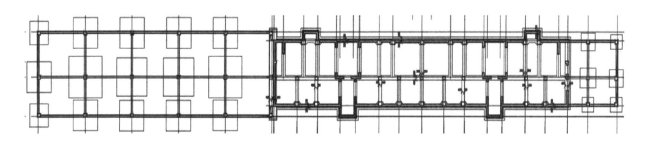

图 06-5　1 号楼基础平面布置图

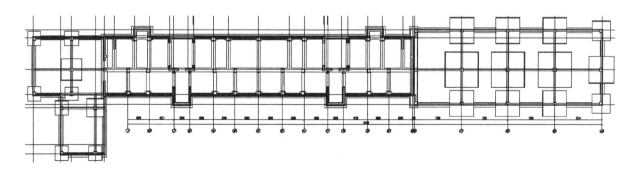

图 06-6　2 号楼基础平面布置图

结构方案评审表

结设质量表（2016）

项目名称	昆玉市 2015 年城镇保障性住房"龙泰苑"小区		项目等级	A/B级□、非 A/B 级■
			设计号	16020
评审阶段	方案设计阶段□	初步设计阶段□		施工图设计阶段■
评审必备条件	部门内部方案讨论　有■　无□		统一技术条件　有■　无□	
工程概况	建设地点：新疆昆玉市		建筑功能：主楼：住宅　裙房：商业	
	层数（地上/地下）　10/1		高度（檐口高度）：32.3m	
	建筑面积（m²）：1 号：7675.18；2 号：7349.35		人防等级：无	
主要控制参数	设计使用年限：50 年			
	结构安全等级：二级			
	抗震设防烈度、设计基本地震加速度、设计地震分组、场地类别、特征周期 7 度、0.10g、第三组、Ⅱ类、0.45s			
	抗震设防类别：标准设防类			
	主要经济指标			
结构选型	结构类型：主楼：框架-剪力墙结构　裙房：框架结构			
	概念设计、结构布置：			
	结构抗震等级：框架：三级　剪力墙：二级			
	计算方法及计算程序　SATWE			
	主要计算结果有无异常（如：周期、周期比、位移、位移比、剪重比、刚度比、楼层承载力突变等）：计算结果无异常			
	伸缩缝、沉降缝、防震缝：主楼与裙房在地面以上设置伸缩缝			
	结构超长和大体积混凝土是否采取有效措施			
	有无结构超限：无			
基础选型	基础设计等级：乙级			
	基础类型：梁板式筏形基础（地基人工处理）			
	计算方法及计算程序：JCCAD			
	防水、抗渗、抗浮			
	沉降分析			
	地基处理方案：采用换填垫层法处理，换填厚度不小于 1.5m			
新材料、新技术、难点等				
主要结论	注意换填土层下的地基承载力验算、优化结构布置、核算短肢剪力墙的比例，补充中间部位单榀框架承载力分析，与甲方协商进一步落实结构体系问题，商讨采用剪力墙结构的可能性 <div align="right">（全部内容均在此页）</div>			
工种负责人：史杰	日期：2016.7.12		评审主持人：朱炳寅	日期：2016.7.12

注意：1. 评审申请时间：一般项目应在初步设计完成之前，无初步设计的项目在施工图 1/2 阶段。

2. 工种负责人、审核人必须参加评审会，审定人以及项目组其他人员应尽量参会。工种负责人负责项目组与会人员的通知事宜，在必要时可邀请建筑专业相关人员出席。

3. 评审后工种负责人应填写《结构方案评审意见回复表》，逐条回复《结构方案评审表》和《会议纪要》中提出的评审意见，并在签署齐全后归档。

07　中集集装箱模块建筑标准研究

设计部门：国住人居工程顾问有限公司
主要设计人：娄霓、朱炳寅、尤天直、任庆英

工 程 简 介

一、工程概况

　　本项目为中集集团委托我院针对其集装箱模块化建筑编制的企业标准－中集模块化建筑技术规程。模块化建筑是指以具有建筑功能的箱体为结构单元组合而成的建筑。箱体由钢管柱、顶梁、底梁与波纹板组成。在工厂完成箱体制作及内装修，在施工现场进行箱体吊装和连接，形成模块化建筑。技术规程的结构设计部分包括材料及指标、结构体系及布置、抗震设计、节点设计等内容。

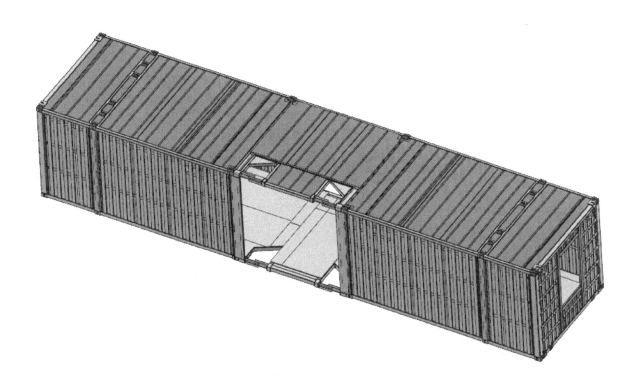

图 07-1　模块化建筑箱体单元

二、结构体系及布置

　　模块化建筑以原集装箱箱体为基本单元，并加以改进。箱体的原抗侧力体系为钢柱＋波纹板。箱体的生产工艺及节点做法、材料已非常成熟，模块化建筑在满足结构抗震要求的基础上，尽量借鉴原集装箱的构造做法，发挥中集集团的优势。

三、材料

模块化建筑箱体单元目前所用钢材为 SPA-H，为符合日本标准《高耐候性轧制钢材》JIS G3125—2004 的耐候钢，国内相近牌号钢材为 Q355GNH 耐候钢。

连接件应有良好的焊接性能，目前所用角件为铸钢件。

模块的非结构构件选用符合国内相关标准《钢结构设计规范》GB 50017、《高层民用建筑钢结构技术规程》JGJ 99 的钢材。

四、抗震设计

1. 波纹板

通过对波纹板的抗侧刚度及承载力分析，得出波纹板的计算方法和计算公式，并进行试验对比验证。

2. 整体计算分析

由于波纹板抗侧刚度大，箱体单元的波纹板布置使其两方向刚度差异较大，组成的模块化建筑物两主轴方向刚度差别也较大，且波纹板在短轴方向均匀布置，整体抗扭刚度弱，需进行计算分析，研究改进。

五、节点设计

模块化建筑的原箱体单元在连接节点处柱上、下不连续，柱端弯矩依靠上、下模块梁螺栓受拉传递，弯矩传递不直接，简化为铰接节点，原连接节点需进行优化，将原定位盒与箱体连接盒对调，对开口连接盒增加八字形肋板，减小应力集中，保证传力可靠性。

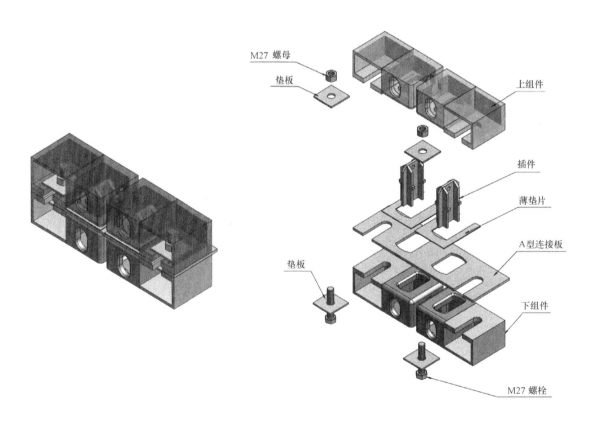

图 07-2　箱体单元连接构造

结构方案评审表

项目名称	中集集装箱模块建筑标准研究		项目等级	A/B级□、非A/B级■
			设计号	
评审阶段	方案设计阶段□	初步设计阶段□	施工图设计阶段□	
评审必备条件	部门内部方案讨论　有■　　无□		统一技术条件　　有■　　无□	

工程概况	建设地点	建筑功能:酒店式公寓、宿舍
	层数(地上/地下)	高度(檐口高度)
	建筑面积(m²)	人防等级

主要控制参数	设计使用年限:50年
	结构安全等级:二级
	抗震设防烈度、设计基本地震加速度、设计地震分组、场地类别、特征周期
	抗震设防类别　标准设防类
	主要经济指标

结构选型	结构类型　集装箱体模块体系
	概念设计、结构布置　结构布置均匀
	结构抗震等级
	计算方法及计算程序 YJK
	主要计算结果有无异常(如:周期、周期比、位移、位移比、剪重比、刚度比、楼层承载力突变等)
	伸缩缝、沉降缝、防震缝
	结构超长和大体积混凝土是否采取有效措施
	有无结构超限

基础选型	基础设计等级
	基础类型
	计算方法及计算程序 YJK
	防水、抗渗、抗浮
	沉降分析
	地基处理方案

新材料、新技术、难点等	本项目为中集集装箱模块建筑标准编制研究,集装箱模块建筑为具有建筑功能的集装箱,箱体为结构单元组合而成,结构抗侧力主要由钢柱、波纹板组成。本研究内容为在原集装箱建筑基础上进行整体抗震分析,针对波纹板的抗侧刚度、承载力进行分析研究,并对其结构原抗侧力体系、节点连接进行优化、改型分析,进行相应的试验研究,使其能够满足国内抗震要求

主要结论	建议完善项目定位研究,在现有集装箱的基础上,进行节点优化设计研究,使用环境研究,使用舒适度研究,箱体两向动力特性相差很大,可着力研究改进,单体结构受力模型研究和组合结构受力分析,探讨采用支撑框架加钢板墙的可能性,成本控制研究,细化模型分析,细化箱体结构受力工况研究(运输、安装、使用等),建议进行总体规划,分部分阶段研究(全部内容均在此页)

工种负责人:娄霓	日期:2016.7.13	评审主持人:朱炳寅	日期:2016.7.13

注意: 1. 评审申请时间: 一般项目应在初步设计完成之前, 无初步设计的项目在施工图1/2阶段。

　　　2. 工种负责人、审核人必须参加评审会, 审定人以及项目组其他人员应尽量参会。工种负责人负责项目组与会人员的通知事宜, 在必要时可邀请建筑专业相关人员出席。

　　　3. 评审后工种负责人应填写《结构方案评审意见回复表》, 逐条回复《结构方案评审表》和《会议纪要》中提出的评审意见, 并在签署齐全后归档。

08 绿地大兴住宅项目

设计部门：国住人居工程顾问有限公司
主要设计人：蔡玉龙、张兰英、尤天直、孔维伟、白倩楠、任乐明、武晓敏

工 程 简 介

一、工程概况

绿地大兴住宅项目位于北京市大兴区黄村镇。本工程包括 10 栋高层住宅及配套的地下车库、公共服务设施，总建筑面积为 12.8 万 m²。1 号楼为自住型商品房，南北向为 17 层，东西向为 13 层，标准层层高为 2.8m，配套物业管理用房和商业位于 1 号楼一层。2 号~10 号楼为商品房，其中 2 号、4 号、5 号楼为 16 层，3 号、6 号~10 号楼为 17 层，标准层层高为 3.1m。高层住宅设 1~2 层地下室。车库地下两层，地下二层层高为 3.8m，地下一层层高为 3.6m，设甲类核六级人防。

图 08-1 建筑效果图

二、结构方案

高层住宅采用混凝土剪力墙结构，室内空间减少剪力墙布置，便于使用。地上的剪力墙厚度为 200mm。

地下车库的地下二层顶板采用梁、板结构，地下一层顶板采用无梁楼盖。柱距主要有 8.1m、6.2m、5.4m 等，柱截面尺寸为 700mm×700mm，梁截面尺寸为 400mm×750mm、400mm×600mm。

本工程的自住型商品房 1 号楼、商品房 9 号和 10 号楼实施建筑产业化。1 号楼的楼板采用预制叠合板（公共走廊部分为现浇），空调板和楼梯进行预制装配。9 号、10 号楼的剪力墙外墙除底部加强部位采用现浇外，其余楼层采用预制外墙，楼梯进行预制装配。

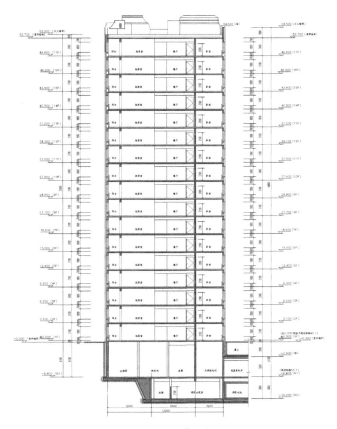

图 08-2 8号楼建筑剖面图

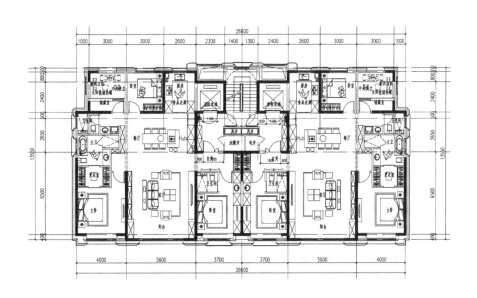

图 08-3 8号楼标准层建筑平面图

三、地基基础方案

根据初勘报告建议，并结合结构受力特点，高层住宅采用筏板基础。3 号、7 号楼采用天然地基，地基持力层为细砂、中砂④层，地基承载力标准值 f_{ka} 按 240kPa 考虑，其他楼栋地基承载力不足，采用 CFG 桩进行地基处理。地下车库综合考虑地基承载力、抗浮及人防问题，采用天然地基上的筏板基础（设下反柱墩），地基持力层为细砂、中砂④层，地基承载力标准值 f_{ka} 按 240kPa 考虑。

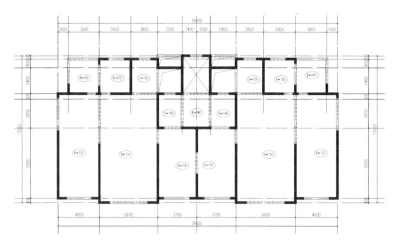

图 08-4　8 号楼标准层结构平面布置图

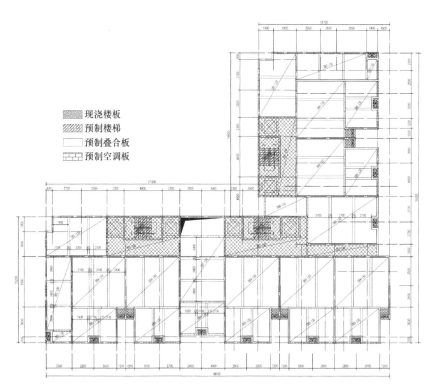

图 08-5　1 号楼标准层楼板平面布置图

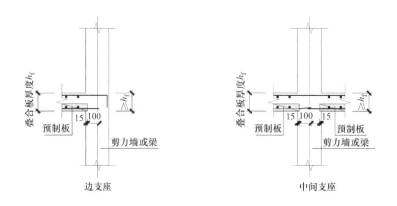

图 08-6　预制叠合板支座节点示意图

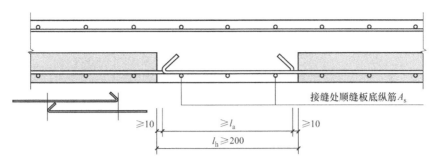

图 08-7 预制叠合板接缝节点示意图

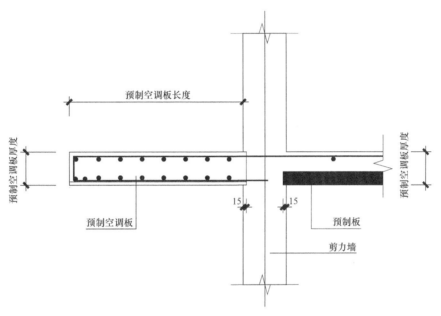

图 08-8 预制空调板支座节点示意图

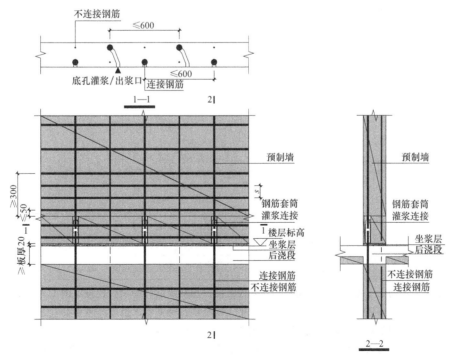

图 08-9 预制剪力墙竖向分布钢筋连接构造示意图（套筒灌浆连接）

结构方案评审表　　　　　　　结设质量表（2016）

项目名称	绿地大兴住宅项目		项目等级	A/B级□、非 A/B级■
			设计号	16095
评审阶段	方案设计阶段□	初步设计阶段■		施工图设计阶段□
评审必备条件	部门内部方案讨论　　有■　　无□		统一技术条件　　有■　　无□	
工程概况	建设地点　北京市		建筑功能　住宅	
	层数(地上/地下)　17/2		高度(檐口高度)　53.3m	
	建筑面积(m²)　12.8 万		人防等级　核六级	
主要控制参数	设计使用年限　50 年			
	结构安全等级　二级			
	抗震设防烈度、设计基本地震加速度、设计地震分组、场地类别、特征周期 8 度、0.20g、第二组、Ⅲ类、0.55s			
	抗震设防类别　标准设防类			
	主要经济指标			
结构选型	结构类型　剪力墙结构、框架结构			
	概念设计、结构布置　结构平面布置均匀、规则			
	结构抗震等级　二级框架　二级剪力墙			
	计算方法及计算程序　SATWE			
	主要计算结果有无异常(如:周期、周期比、位移、位移比、剪重比、刚度比、楼层承载力突变等)位移比超　1.2			
	伸缩缝、沉降缝、防震缝　按规范要求设置伸缩缝、防震缝			
	结构超长和大体积混凝土是否采取有效措施　采取设缝或设置后浇带			
	有无结构超限			
基础选型	基础设计等级　甲级			
	基础类型　筏板基础			
	计算方法及计算程序　JCCAD			
	防水、抗渗、抗浮			
	沉降分析　进行沉降计算			
	地基处理方案　CFG 桩处理			
新材料、新技术、难点等				
主要结论	优化地基基础方案,考虑主楼基础下沉至地下二层,并取消 CFG 桩的可能性,优化平面布置,减少构件规格,注意优化楼板厚度,厚板(边跨)边墙问题,与建筑协商,完善外挂石材的连接问题			
工种负责人:蔡玉龙	日期:2016.7.13	评审主持人:朱炳寅		日期:2016.7.13

注意：1. 评审申请时间：一般项目应在初步设计完成之前，无初步设计的项目在施工图 1/2 阶段。

2. 工种负责人、审核人必须参加评审会，审定人以及项目组其他人员应尽量参会。工种负责人负责项目组与会人员的通知事宜，在必要时可邀请建筑专业相关人员出席。

3. 评审后工种负责人应填写《结构方案评审意见回复表》，逐条回复《结构方案评审表》和《会议纪要》中提出的评审意见，并在签署齐全后归档。

会议纪要

2016 年 7 月 13 日

"绿地大兴住宅项目"初步设计阶段结构方案评审会

评审人：陈富生、谢定南、罗宏渊、王金祥、尤天直、陈文渊、徐琳、朱炳寅、张亚东、胡纯炀、王载、王大庆

主持人：朱炳寅　**记录**：王大庆

介　绍：孔维伟

结构方案：本工程含 10 栋高层住宅（地上 13～17 层；地下 2 层或 1～2 层）和地下车库（地下 2 层）。高层住宅采用混凝土剪力墙结构体系，地下车库采用混凝土框架结构体系。部分楼栋为预制装配式结构：1 号楼采用预制叠合楼板、预制楼梯、预制空调板，9 号、10 号楼采用预制外墙、预制楼梯。

地基基础方案：3 号、7 号楼和地下车库采用天然地基上的筏板基础，其余楼栋采用 CFG 桩复合地基上的筏板基础。

评审：

1. 优化地基基础方案，考虑主楼基础下沉至地下 2 层且取消 CFG 桩的可行性，并进行技术经济比较，与甲方沟通。

2. 13～17 层住宅楼采用 1m 厚筏板，建议适当优化筏板厚度。

3. 优化剪力墙布置，长墙肢适当开设结构洞，注意加强小墙肢和悬臂梁根部的墙肢（例如 4 号、5 号、7 号楼悬臂梁根部的墙肢过短，应适当加长）。

4. 注意支承边跨厚板的边墙的承载力和稳定性。

5. 优化平面布置，减少构件规格，注意优化楼板厚度，大跨板宜适当设梁，减小楼板跨度。

6. 与建筑专业协商，完善外挂石材的连接问题，尤其应慎重推敲在预制外墙上外挂石材的必要性和可行性。

7. 优化预制装配式结构的节点构造，确保安全可靠，施工方便。

结论：

建议根据结构方案评审表的主要结论以及会议纪要内容，进一步优化结构设计。

09　海上丝绸之路干细胞医疗中心项目

设计部门：第二工程设计研究院
主要设计人：谈敏、吴平、朱炳寅、吕东、王蒙、党杰

工 程 简 介

一、工程概况

海上丝绸之路干细胞医疗中心项目位于海南博鳌乐城国际医疗旅游先行区；总建筑面积为 69483m²，其中地上为 56028m²，地下为 13455m²；建筑功能为干细胞康复医院。本工程设 1 层大底盘地下室，用于设备机房及车库。地上共 5 栋建筑：诊疗综合楼地上 5 层，房屋高度为 23.25m；干细胞中心地上 3 层，房屋高度为 16.95m；3 栋住院楼均地上 9 层，房屋高度为 36.60m。干细胞中心采用框架结构，其他采用框架-剪力墙结构。

图 09-1　建筑效果图

二、结构方案

1. 抗侧力体系

（1）结构分缝

本工程为地上 5 栋单体建筑坐落于大底盘地下室，以地下室顶板作为嵌固部位。干细胞中心没有设缝条件。诊疗综合楼的结构较长，平面为 L 型，且存在细腰，但建筑功能要求不设缝。住院楼的平面

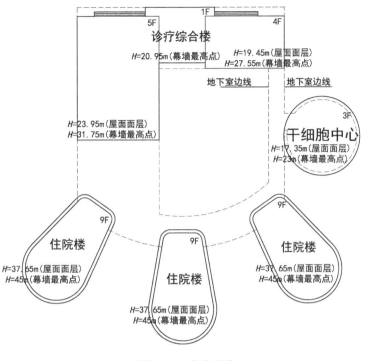

图 09-2　总平面图

尺寸较小，能够满足规范的不设缝要求。故本工程未设缝，设置后浇带处理不均匀沉降和混凝土收缩问题。

（2）结构抗侧力体系选取

干细胞中心地上 3 层，采用现浇钢筋混凝土框架结构。诊疗综合楼、住院楼采用现浇钢筋混凝土框架-剪力墙结构，结合楼、电梯间，适当布置剪力墙，保证结构具有足够的抗侧刚度，有效减小柱截面，较为经济、合理。

（3）构件截面尺寸

框架柱截面尺寸为 $500\text{mm} \times 500\text{mm} \sim 800\text{mm} \times 800\text{mm}$，挡土墙扶壁柱为 $600\text{mm} \times 600\text{mm}$，剪力墙厚度为 $200 \sim 350\text{mm}$。

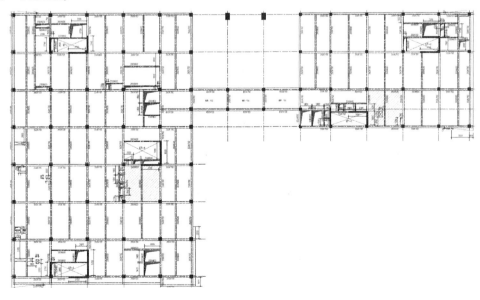

图 09-3　诊疗综合楼典型层结构平面布置图

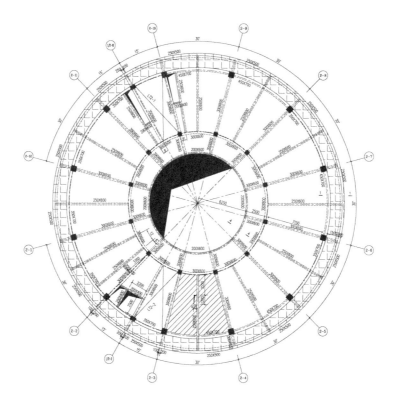

图 09-4　干细胞中心典型层结构平面布置图

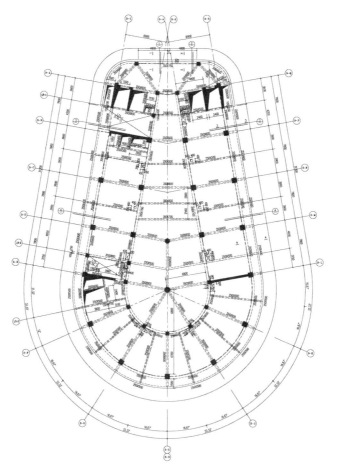

图 09-5　住院楼典型层结构平面布置图

2. 楼盖体系

本工程各层楼盖采用现浇钢筋混凝土梁、板结构，框架梁之间板块较大处布置单向次梁。框架梁截面尺寸为 250mm×600mm～350mm×800mm，次梁截面为 200mm×400mm～300mm×600mm。考虑到设备专业埋管需要，一般楼板厚度均为 120mm，楼板大开洞周边楼板、诊疗综合楼平面弱连接处楼板加厚至 150mm，结构嵌固部位的楼板厚度不小于 180mm。

三、地基基础方案

根据地勘报告建议，本工程采用桩基础，并对预应力管桩和钻（冲）孔灌注桩进行比较，采用预应力管桩，选取粗砂层及黏土层作为桩端持力层。

根据地勘报告提供的抗浮水位进行抗浮验算，对抗浮不能满足要求的区域首选采用压重方案，若仍不能满足要求，则设置抗浮锚杆或抗拔桩。

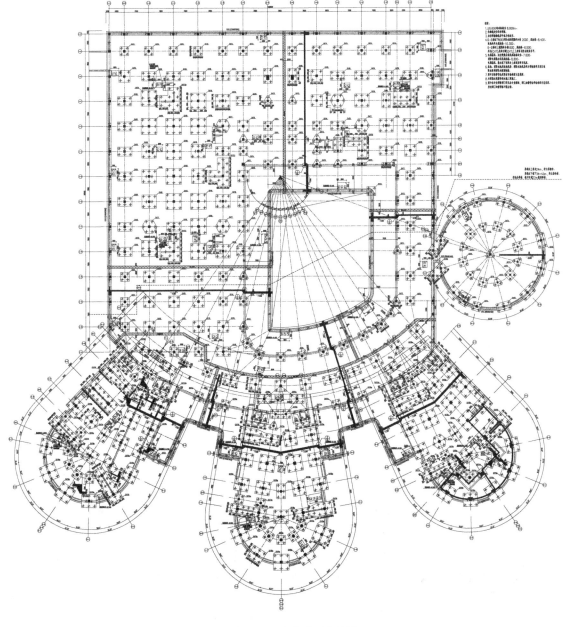

图 09-6　基础平面布置图

结构方案评审表

结设质量表（2016）

项目名称	海上丝绸之路干细胞医疗中心项目	项目等级	A/B级□、非 A/B 级■
		设计号	16049
评审阶段	方案设计阶段□	初步设计阶段□	施工图设计阶段■
评审必备条件	部门内部方案讨论　有■　无□	统一技术条件　有■　无□	

工程概况	建设地点:海南博鳌	建筑功能:诊疗综合楼、住院楼、干细胞研究中心
	层数(地上/地下):9/1、5/1、3/1	高度(檐口高度):36.75m、23.25m、16.65m
	建筑面积(m²):7 万	人防等级:无

主要控制参数	设计使用年限:50 年
	结构安全等级:一级
	抗震设防烈度、设计基本地震加速度、设计地震分组、场地类别、特征周期 7 度、0.10g、第一组、Ⅱ类、0.40s
	抗震设防类别:重点设防类(乙类)
	主要经济指标

结构选型	结构类型:框架-剪力墙结构(诊疗综合楼、住院楼)、框架结构(干细胞研究中心)
	概念设计、结构布置
	结构抗震等级:框架三级、剪力墙二级(诊疗综合楼);框架二级、剪力墙一级(住院楼);框架二级(干细胞研究中心)
	计算方法及计算程序:YJK-A
	主要计算结果有无异常(如:周期、周期比、位移、位移比、剪重比、刚度比、楼层承载力突变等):主要计算结果均满足设计要求
	伸缩缝、沉降缝、防震缝:未设缝
	结构超长和大体积混凝土是否采取有效措施:设置后浇带
	有无结构超限:无

基础选型	基础设计等级:甲级
	基础类型:桩基＋筏板
	计算方法及计算程序:YJK
	防水、抗渗、抗浮:有抗浮
	沉降分析:沉降大小满足规范要求
	地基处理方案:无

新材料、新技术、难点等	

主要结论	干细胞中心与大地下室基础加强连接,完善诊疗综合楼连廊结构布置,细化整体计算和补充计算模型,补充弹性时程分析,补充连廊零刚度板模型、进一步落实采用天然地基的可能性,住院楼梯间加框架柱、干细胞中心楼梯间加柱、注意平面挡土墙问题、注意诊疗楼屋顶积水问题

工种负责人:谈敏	日期:2016.7.19	评审主持人:朱炳寅	日期:2016.7.19

注意: 1. 评审申请时间:一般项目应在初步设计完成之前,无初步设计的项目在施工图 1/2 阶段。

　　2. 工种负责人、审核人必须参加评审会,审定人以及项目组其他人员应尽量参会。工种负责人负责项目组与会人员的通知事宜,在必要时可邀请建筑专业相关人员出席。

　　3. 评审后工种负责人应填写《结构方案评审意见回复表》,逐条回复《结构方案评审表》和《会议纪要》中提出的评审意见,并在签署齐全后归档。

会议纪要

2016 年 7 月 19 日

"海上丝绸之路干细胞医疗中心项目"施工图设计阶段结构方案评审会

评审人：谢定南、罗宏渊、王金祥、朱炳寅、张亚东、胡纯炀、张淮湧、王载、王大庆

主持人：朱炳寅　　记录：王大庆

介　绍：谈敏

结构方案：本工程含 1 层大底盘地下室和 5 栋建筑：诊疗综合楼（4～5/—1 层）、干细胞中心（3/—1 层）、3 栋住院楼（9/—1 层）。干细胞中心采用混凝土框架结构，其他建筑采用混凝土框架-剪力墙结构。±0.0 嵌固不足，进行包络设计。诊疗综合楼平面中部弱连接，补充分块计算模型。

地基基础方案：采用桩基础，桩型为预应力管桩。

评审：

1. 进一步落实采用天然地基的可能性。当仍采用预应力管桩时，应注意在深厚粉砂、粗砂层中沉桩的施工难度和挤土效应。

2. 适当加强干细胞中心基础与大地下室基础的连接。

3. 完善诊疗综合楼的连廊结构布置，并适当加强其与两侧主体结构的连接，注意连廊与主体结构连接部位的短柱设计。

4. 细化整体计算和补充计算模型；补充大底盘多塔计算模型；诊疗综合楼补充弹性时程分析，计入鞭梢效应影响；补充连廊零刚度板模型，计算连廊的梁拉力。

5. 注意诊疗综合楼的屋顶积水问题。

6. 住院楼的楼梯间增设框架柱，并适当优化五梁交汇部位的结构布置，降低梁、柱节点钢筋排布的难度。

7. 干细胞中心为框架结构，楼梯间四角应设置框架柱，以形成封闭框架。

8. 细化挡土墙设计（尤其是悬臂挡土墙），注意地面填方影响，注意基础底板与挡土墙之间的弯矩平衡问题。

结论：

建议根据结构方案评审表的主要结论以及会议纪要内容，进一步优化结构设计。

10 多伦博物馆

设计部门：第一工程设计研究院
主要设计人：石雷、罗敏杰、余蕾、陈文渊、郭家旭、王春圆

工 程 简 介

一、工程概况

多伦博物馆位于内蒙古锡林郭勒盟多伦县，建筑功能为博物馆的展厅、接待大厅、藏品库及设备用房，总建筑面积约 0.55 万 m²。本工程由多座圆形建筑组成，地上 1～2 层，无地下室。

图 10-1 建筑效果图

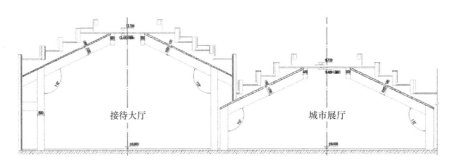

图 10-2 建筑剖面图

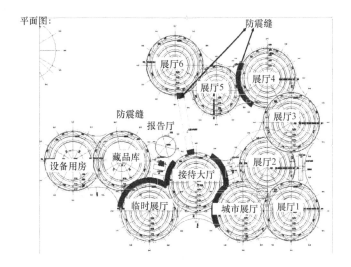

图 10-3　结构分缝示意图

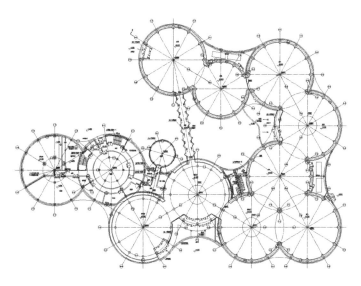

(a) 首层建筑平面图

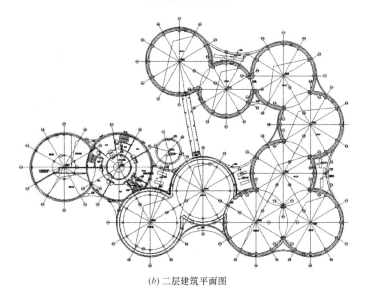

(b) 二层建筑平面图

图 10-4　建筑平面图

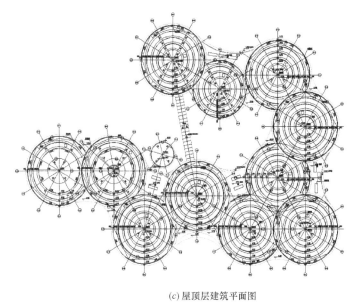

(c)屋顶层建筑平面图

图 10-4　建筑平面图（续）

二、结构方案

1. 抗侧力体系

通过多方案比较，综合考虑建筑内部空间使用、立面造型、结构传力明确、施工进度等因素，本工程 1 号、2 号"圆"为藏品库及设备用房，地上两层，采用混凝土框架结构；3 号～11 号"圆"为展厅及接待大厅，12 号"圆"为贵宾厅，地上 1 层，采用钢框架结构；以上三部分用结构缝分开。采用钢框架结构的各"圆"每 30°角设 1 榀径向框架（局部拔柱），屋顶开洞处设箱型梁，保证竖向荷载传递；外圈设箱型梁，抵抗坡屋顶推力及水平地震力。各"圆"错层处的框架柱按中震弹性复核验算。主要构件截面尺寸：柱为 ϕ800mm×28mm（拔柱处的柱为 ϕ1000mm×30mm），梁为 H800×300mm（径向）、□600×300mm（外环）、□800×500mm（内环）。

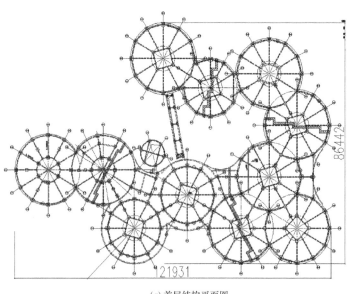

(a)首层结构平面图

图 10-5　结构平面图

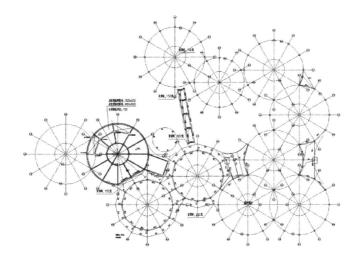

(b) 二层结构平面图

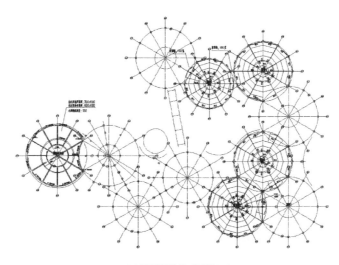

(c) 屋顶层结构平面图(一)

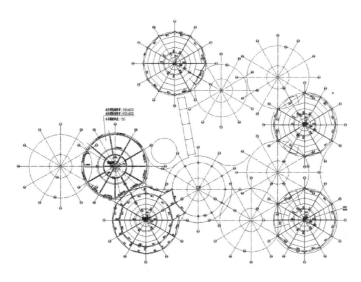

(d) 屋顶层结构平面图(二)

图 10-5　结构平面图（续）

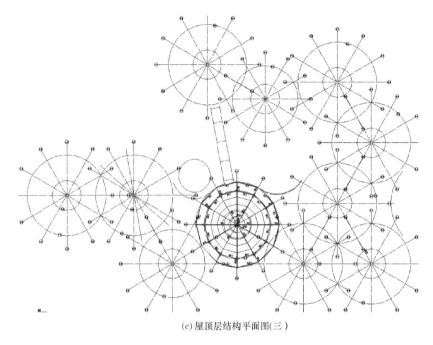

(e)屋顶层结构平面图(三)

图 10-5　结构平面图（续）

2. 楼盖体系

考虑到博物馆建筑的首层荷载较大，±0.0 以下有 6m 厚的大面积填方，压实质量难以保证，抗浮设计水位接近自然地面等因素，本工程在首层结合径向梁，设置了现浇楼板，板厚为 180mm。屋顶为梁、板结构，环向次梁间距为 2.2m，考虑屋顶为坡屋面且有造型做法，故板厚适当加大取 120mm。

三、地基基础方案

根据地勘报告，并考虑地基持力层（粗砂层）以上有 6m 厚填方，经比较换填法地基处理方案与短柱形式的独立基础方案，综合考虑工程进度、造价、较厚地基处理的可靠性等因素，本工程采用天然地基，地基持力层为粗砂层，地基承载力特征值 f_{ak} 为 220kPa，基础形式为短柱形式的独立基础。

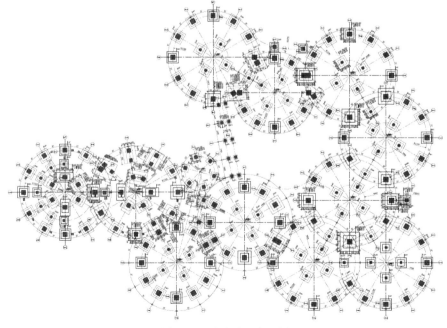

图 10-6　基础平面布置图

<h1 style="text-align:center">结构方案评审表</h1>

结设质量表（2016）

项目名称	多伦博物馆	项目等级	A/B级□、非A/B级■
		设计号	16066

评审阶段	方案设计阶段□	初步设计阶段□	施工图设计阶段■

评审必备条件	部门内部方案讨论	有■ 无□	统一技术条件	有■ 无□

工程概况	建设地点 内蒙古锡林郭勒盟多伦县		建筑功能 博物馆	
	层数（地上/地下） 1/0 局部2/0		高度（檐口高度） 15（10.7）m	
	建筑面积（m²） 5500		人防等级 无	

主要控制参数	设计使用年限 50年
	结构安全等级 二级
	抗震设防烈度、设计基本地震加速度、设计地震分组、场地类别、特征周期 6度、0.05g、第一组、Ⅱ类、0.35s
	抗震设防类别 标准设防类
	主要经济指标

结构选型	结构类型 混凝土框架结构/钢框架结构
	概念设计、结构布置
	结构抗震等级 四级
	计算方法及计算程序 盈建科
	主要计算结果有无异常（如：周期、周期比、位移、位移比、剪重比、刚度比、楼层承载力突变等） 无异常
	伸缩缝、沉降缝、防震缝 主体结构设3道防震缝分为4个单体
	结构超长和大体积混凝土是否采取有效措施 首层设置收缩后浇带间距40m
	有无结构超限 无

基础选型	基础设计等级 丙级
	基础类型 独立基础
	计算方法及计算程序 盈建科
	防水、抗渗、抗浮 无
	沉降分析
	地基处理方案

新材料、新技术、难点等	

主要结论	与建筑协商、取消或部分取消防震缝,简化结构设计,注意高厚回填土对结构设计的影响,注意地基承载力、地基沉降及首层地面的影响,建议优化柱截面设计,优化屋顶结构设计（布置）,注意屋顶稳定体系布置,比较采用混凝土柱的可能性,补充单个圆形结构验算

工种负责人：石雷	日期：2016.7.19	评审主持人：朱炳寅	日期：2016.7.19

注意：1. 申请评审一般应在初步设计完成前，无初步设计的项目在施工图1/2阶段申请。

2. 工种负责人负责通知项目相关人员参加评审会。工种负责人、审核人必须参会，建议审定人、设计人与会。工种负责人在必要时可邀请建筑专业相关人员参会。

3. 评审后，填写《结构方案评审意见回复表》，逐条回复《结构方案评审表》和《会议纪要》中提出的评审意见，并由工种负责人、审定人签字。

会议纪要

2016 年 7 月 19 日

"多伦博物馆"施工图设计阶段结构方案评审会

评审人：谢定南、罗宏渊、王金祥、朱炳寅、张亚东、胡纯炀、张淮湧、王载、王大庆

主持人：朱炳寅　　记录：王大庆

介　绍：石雷

　　结构方案：本工程无地下室，由多个单层（藏品库两层）的坡屋顶圆形建筑组成。设缝分为 4 个结构单元，藏品库和设备用房采用混凝土框架结构，其他建筑采用钢框架结构。

　　地基基础方案：采用换填垫层进行地基处理，基础型式为独立基础。

评审：

　　1. 与建筑专业协商，取消或部分取消防震缝，简化结构设计。

　　2. 注意高厚回填土对结构设计和地基承载力、地基沉降、首层地面的影响。

　　3. 适当优化柱截面设计，钢框架结构房屋建议比较采用混凝土柱的可能性。

　　4. 适当优化屋顶结构设计和布置，注意屋顶稳定体系布置。

　　5. 补充单个圆形结构复核验算。

　　6. 注意风荷载群集效应的影响。

结论：

　　建议根据结构方案评审表的主要结论以及会议纪要内容，进一步优化结构设计。

11　浙江恒风集团有限公司城西客运站

设计部门：第二工程设计研究院
主要设计人：施泓、文欣、何相宇、朱炳寅

工 程 简 介

一、工程概况

浙江恒风集团有限公司城西客运站项目位于浙江省义乌市。除部分保留建筑外，新建建筑的总建筑面积约 6.9 万 m²，分 A、B、C 三区。A 区位于场地中部，局部设 1 层地下室，为人防（常六级二等人员掩蔽所）、汽车库、库房和设备机房，地上建筑的功能为长途客运站站房、办公楼和公交站站房。长途客运站站房与办公楼为一整体（A1 楼），地上 7 层。公交站站房分为 6 栋楼（A2～A7 楼）以及站棚部分，A4、A5 楼地上两层，站棚部分为屋顶下方覆盖的室外空间，其余均为单层建筑。A8～A12 楼为地下车库疏散楼梯间，A13 楼为 BRT 站房，均为单层建筑。B 区位于场地西侧，建筑功能为公交维修站附属楼、长途车维修站和长途车检验站。C 区位于场地西南角，为单层建筑（值班室）。

图 11-1　建筑效果图

二、结构方案

通过多方案比较，综合考虑建筑功能、立面造型、结构传力明确、经济合理等多种因素，本工程采用钢筋混凝土框架结构，抗震等级：A 区公交站为三级，长途站及办公楼的高层部分为二级、多层部分为三级，B、C 区均为四级。

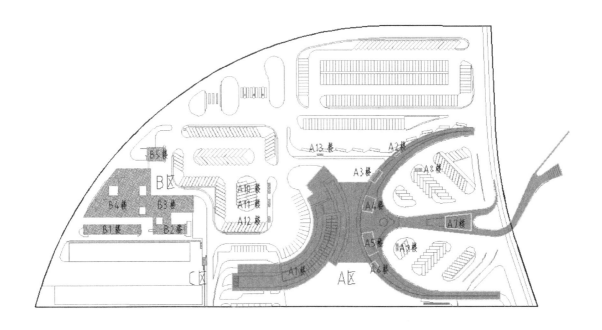

图 11-2　总平面图

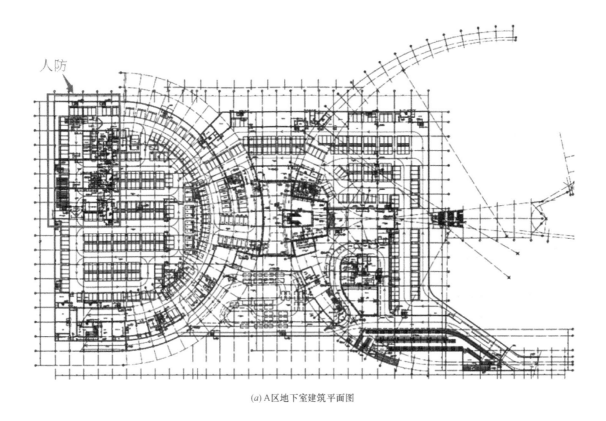

(a) A 区地下室建筑平面图

图 11-3　A 区建筑平面图

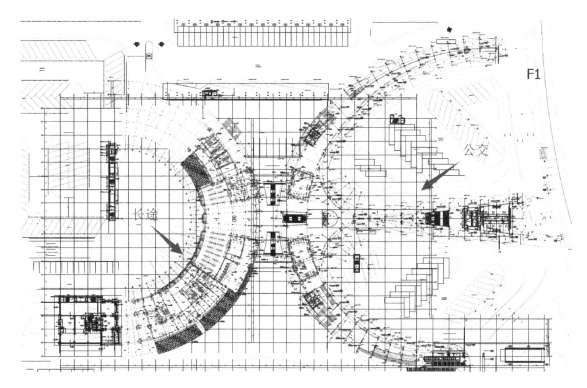

(b) A区首层建筑平面图

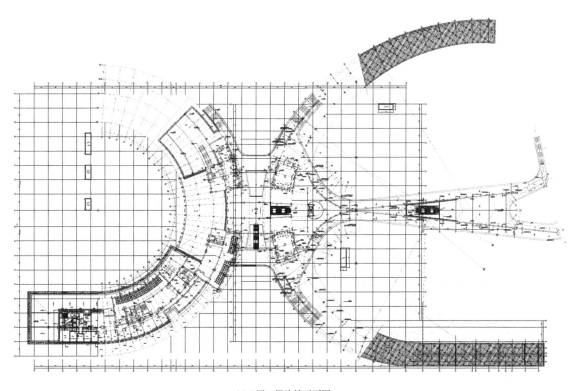

(c) A区二层建筑平面图

图 11-3 A 区建筑平面图（续）

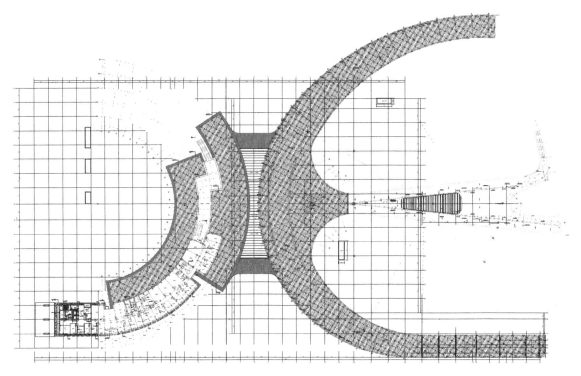

(d) A区三层建筑平面图

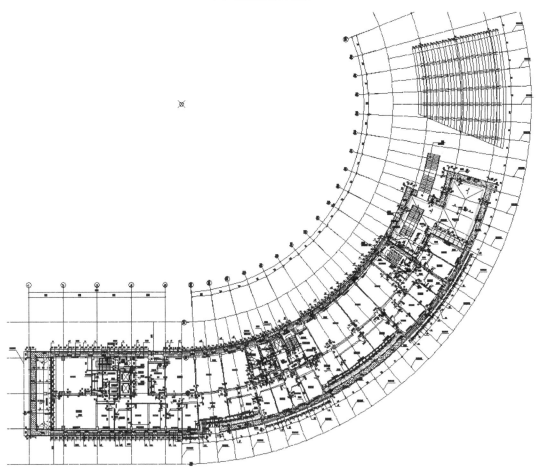

(e) A区标准层建筑平面图

图 11-3　A 区建筑平面图（续）

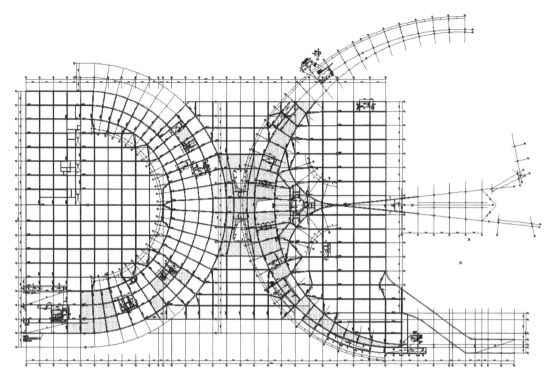

(a) A区首层结构平面布置图

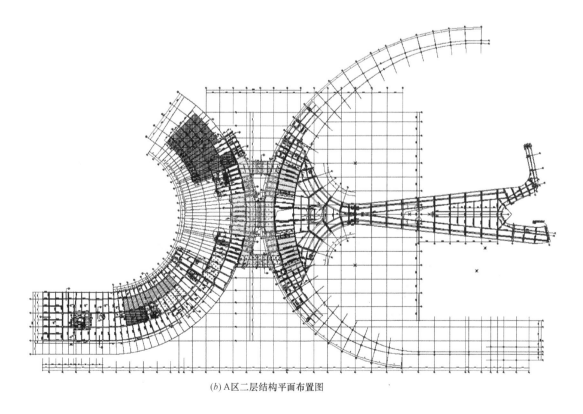

(b) A区二层结构平面布置图

图 11-4　A区结构平面布置图

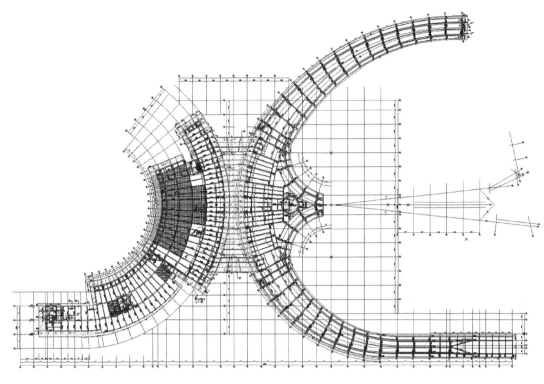

(c) A区三层结构平面布置图

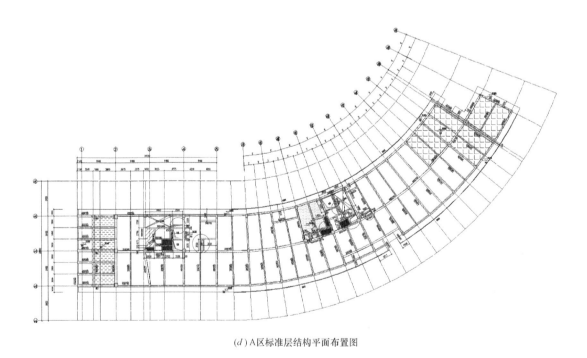

(d) A区标准层结构平面布置图

图 11-4　A区结构平面布置图（续）

三、地基基础方案

根据地勘报告，考虑本工程结构受力特点，地基基础方案如下：

1. A区的有地下室部位采用天然地基，地基持力层为②-1层粉质黏土，地基承载力特征值 f_{ak} 为 160kPa。缺失该土层的局部区域采用级配砂石换填，换填后的地基承载力特征值不小于160kPa。若基底已到岩层，则开挖至基底下0.8m换填，以避免土层软硬不均匀的不利影响。基础型式：长途站及办公楼为筏形基础，其他为独立基础＋防水板。

2. A区的无地下室部位采用桩基础，桩端持力层为③-2层中风化粉砂岩（桩端阻力特征值为 2000kPa）、③-3层微风化粉砂岩（桩端阻力特征值为3500kPa），桩端进入持力层深度不小于1倍桩径。

3. B区采用天然地基上的独立基础，地基持力层为③-1层强风化粉砂岩（地基承载力特征值 f_{ak} 为 250kPa）、③-2层中风化粉砂岩（地基承载力特征值 f_{ak} 为1000kPa）。

4. C区采用天然地基上的独立基础，地基持力层为②-1层粉质黏土（地基承载力特征值 f_{ak} 为 160kPa）、③-1层强风化粉砂岩（地基承载力特征值 f_{ak} 为250kPa）。

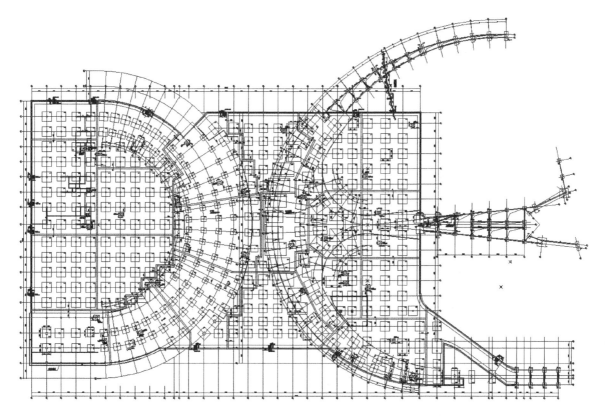

图 11-5　A区基础平面布置图

结构方案评审表

项目名称	浙江恒风集团有限公司城西客运站		项目等级	A/B级□、非A/B级■
			设计号	15430
评审阶段	方案设计阶段□	初步设计阶段□		施工图设计阶段■
评审必备条件	部门内部方案讨论　　有■　无□		统一技术条件　　有■　无□	

工程概况	建设地点：浙江省义乌市	建筑功能：车站、办公
	层数（地上/地下）：7/1（长途）2/1（公交）2/0（维修站）	高度（檐口高度）：34.85m（长途）11.15m（公交）10.9m（维修站）
	建筑面积（m²）：7.8万	人防等级：常6级

主要控制参数	设计使用年限：50年
	结构安全等级：二级
	抗震设防烈度、设计基本地震加速度、设计地震分组、场地类别、特征周期 6度、0.05g、第一组、Ⅱ类、0.35s
	抗震设防类别：标准设防类（其中，长途部分为重点设防类）
	主要经济指标

结构选型	结构类型：框架结构
	概念设计、结构布置
	结构抗震等级：框架二级、三级（长途）；框架三级（公交）、框架四级（维修站）
	计算方法及计算程序：YJK
	主要计算结果有无异常（如：周期、周期比、位移、位移比、剪重比、刚度比、楼层承载力突变等）：主要计算结果均满足设计要求
	伸缩缝、沉降缝、防震缝：主楼与裙房设缝、两裙房之间设缝
	结构超长和大体积混凝土是否采取有效措施：设置伸缩后浇带
	有无结构超限
	无

基础选型	基础设计等级：乙级
	基础类型：独立柱基、筏板基础（长途）、桩基（局部无地下室部分）
	计算方法及计算程序：JCCAD 理正
	防水、抗渗、抗浮：无
	沉降分析：沉降大小满足规范要求
	地基处理方案：局部级配砂石换填

新材料、新技术、难点等	节点、斜柱、大悬挑

主要结论	地基条件复杂、有无地下室情况，与建筑协商，适当分缝，避免出现超长结构区段，加强抗浮验算，加强对超长结构温度应力的复核验算，补充单跨（单柱）框架的承载力分析，加强大悬挑尤其是单柱悬挑部分的复核验算，中部X形连廊调整结构布置，优化顶层W形柱设计，A1楼补充弹性时程分析模型，柱中间出现斜柱时应调整柱计算长度补充计算，楼梯间周边加柱

工种负责人：施泓　文欣	日期：2016.8.3	评审主持人：朱炳寅	日期：2016.8.3

注意：**1.** 评审申请时间：一般项目应在初步设计完成之前，无初步设计的项目在施工图1/2阶段。

2. 工种负责人、审核人必须参加评审会，审定人以及项目组其他人员应尽量参会。工种负责人负责项目组与会人员的通知事宜，在必要时可邀请建筑专业相关人员出席。

3. 评审后工种负责人应填写《结构方案评审意见回复表》，逐条回复《结构方案评审表》和《会议纪要》中提出的评审意见，并在签署齐全后归档。

会议纪要

2016 年 8 月 3 日

"浙江恒风集团有限公司城西客运站"施工图设计阶段结构方案评审会

评审人：陈富生、谢定南、罗宏渊、王金祥、陈文渊、徐琳、朱炳寅、彭永宏、王大庆

主持人：朱炳寅　**记录：**王大庆

介　绍：文欣、陈晓晴

结构方案：本工程含 A、B、C 三区。A 区局部设 1 层地下室，地上主要为长途客运站房（最高 7 层、逐层退台）、公交站房及公交站棚（1~2 层）等建筑，均设结构缝。B、C 区无地下室，地上为 4 栋 1~2 层的附属设施，未设缝。各单元的主体结构均为混凝土框架结构，长途客运站房屋顶采用钢结构，A 区平面中部的 X 形连廊采用钢结构，一端铰接一端滑动支承于两侧的长途客运站房与公交站房。结构超长，进行温度应力分析。斜柱部位补充零刚度板模型，复核楼面梁拉力。

地基基础方案：A 区的无地下室部位采用桩基础；有地下室部位采用天然地基（地基承载力不足处采用级配砂石换填），长途客运站房采用筏形基础，其他采用独立基础＋防水板。B、C 区采用天然地基上的独立基础＋拉梁。

评审：

1. 本工程地基条件复杂，且含有、无地下室的不同情况，部分结构单元仍超长较多（公交站棚的温度效应尤其显著），应与建筑专业协商结构分缝问题，适当细分结构单元，避免出现超长结构区段。

2. 加强超长结构温度应力的复核验算；公交站棚暴露于大气中，温度应力分析时建议考虑辐射热的影响。

3. 本工程地下水位较高，应加强抗浮验算，注意补充有地面建筑部位的抗浮验算。

4. 桩承台之间应加设拉梁。

5. 合理取用消防车荷载，宜考虑顶板覆土对轮压的扩散作用，梁、板设计时消防车荷载宜分别取值。

6. 单柱框架、单跨框架补充单榀模型承载力分析，包络设计。

7. 加强大悬挑部位（尤其是单柱悬挑部位）的复核验算，注意其根部的内力平衡问题，确保安全。

8. A 区平面中部的 X 形连廊支承于两侧结构的大悬挑部位，应适当调整结构布置。

9. 优化 W 形柱、Y 形柱设计。

10. 柱中间出现斜柱时应调整柱计算长度，补充计算。

11. 注意斜柱根部水平推力的处理。

12. 长途客运站房（A1 楼）顶部刚度突变，应补充弹性时程分析。

13. 注意平面弧形的 H 型钢梁的抗扭问题。

14. 本工程采用框架结构，楼梯间周边应加设框架柱，形成封闭框架。

15. 适当优化各单元的结构布置和构件截面尺寸，注意重点部位加强和细部处理。

结论：

建议根据结构方案评审表的主要结论以及会议纪要内容，进一步优化结构设计。

12　怀柔水长城书院

设计部门：第二工程设计研究院
主要设计人：杨婷、张猛、朱炳寅、刘川宁、侯鹏程

工 程 简 介

一、工程概况

怀柔水长城书院项目位于北京市怀柔区，紧邻水长城景区水库，整个建设场地南高北低。本工程共12栋建筑，使用功能为住宅及其配套设施，总建筑面积约 2.7 万 m^2，详见下表：

楼　　　号	建筑层数（地上/地下）	房屋高度（m）	结构形式	抗震等级
1 号客房	3/-1	11.90		
2 号～5 号别墅（120m^2）	2/0	8.00		
6 号～7 号别墅（180m^2）	2/0	8.00		
6 号别墅（240m^2）	2/0	8.00		
8 号 VIP 别墅	2/0	8.10	钢框架结构	三级
9 号大堂	2/0	7.41		
10 号餐厅	1/−1	3.80		
11 号书院	1/0	12.90		
12 号康体	2/0	23.25		

图 12-1　建筑效果图

二、结构方案

1. 抗侧力体系

经对混凝土框架结构方案和钢框架结构方案进行造价、工期、人工等各方面的经济性分析、比较，并结合建筑专业需要的立面效果，最终采用钢框架结构作为本工程的抗侧力体系。

2. 楼盖体系

本工程的楼盖采用现浇钢筋混凝土梁板结构，一般设置次梁，楼板厚度为 120～150mm。地下室顶板由于嵌固需要，采用主梁加大板结构，板厚为 180mm。

非上人屋面根据建筑完成效果，采用木檩条挂瓦屋面。

三、地基基础方案

根据地勘报告建议，并结合结构受力特点，除 6 号～8 号楼外，本工程采用天然地基，有地下室区域采用独立基础加防水板，无地下室区域除 6 号～8 号楼外采用独立基础。由于场区内地下水情况复杂，常年有大量基岩裂隙水和山前雨、雪汇水流动冲刷碎石～卵石②层，6 号～8 号楼处在山坡坡脚，流水冲刷影响大，可能引起充填物流失并导致该土层产生空隙而下陷，故设计时予以重点考虑，采用桩基础，以强风化片麻岩③层作为桩端持力层。

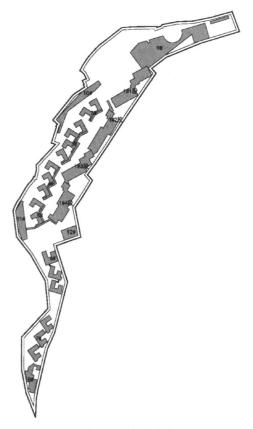

图 12-2　总平面图

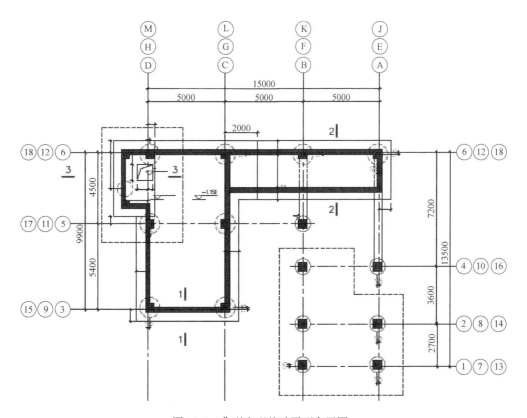

图 12-3　典型户型基础平面布置图

四、灾评及洪评

由于项目建设场地位于怀柔山区，场地的东侧为山体，南侧为原有钼矿沟，故在建设前期建设方委托有关单位针对地质灾害及防洪安全做了相应评估报告。灾评、洪评报告主要结论如下：

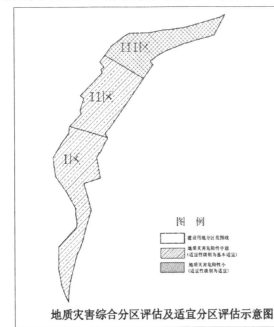

表5-4　评估区地质灾害危险性综合评定表

分区名称	灾害类型	现状评估危险性等级	预测评估危险性等级		危险性等级综合评定	适宜性
			引发加剧的地质灾害危险性	遭受地质灾害的危险性		
I区	崩塌	小	小	中等	中级	基本适宜
	泥石流	小	小	小	小	
	不稳定斜坡	小	小	小	小	
II区	崩塌	小	小	中等	中级	基本适宜
	不稳定斜坡	小	小	小	小	
III区	不稳定斜坡	小	小	小	小	适宜

5.4 建设场地适宜性评估

通过对建设场地地质灾害危险性综合评估，依据《北京市地质灾害危险性评估技术规范》（DB11/T 893-2012）的相关规定，根据评估区内地质灾害危险性综合评估等级结果和防治难度，评估区内的 I 区、II 区为"**基本适宜的**"，III 区为"**适宜的**"。

地质灾害综合分区评估及适宜分区评估示意图

（图例）
- 建设用地分区范围线
- 地质灾害危险性中级（适宜性级别为基本适宜）
- 地质灾害危险性小（适宜性级别为适宜）

灾评主要结论

根据下图可知，项目区西南侧约 2000m² 地块在钼矿沟的主沟道内，当钼矿沟 20 年一遇洪水时，洪水会对项目区内的设施安全造成威胁，建议在项目区西南侧，沿现状钼矿沟走向修建一条满足钼矿沟 20 年一遇洪水过流能力的排洪渠，使洪水能够顺利汇入怀九河，保证项目区的防洪安全。

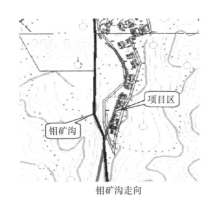

钼矿沟走向

6.2　建议

1. 项目建设尽量安排在非汛期施工，以减小对河道行洪及防汛抢险的影响。

2. 在项目建设过程中，会产生一些弃土、弃渣、施工单位应及时将弃土、弃渣运至河道主管部门指定地点，禁止堆放在滩地或河道内。

3. 在项目建设施工期间，项目建设所需材料、土方、机械设备等要尽量布置在河槽外，以减小项目建设对河道行洪的安全影响。

4. 项目区地块（3 号～10 号断面）临河岸侧须采取浆砌石护砌措施，对河岸进行防护，以确保项目的防洪安全。

5. 项目建成投入运行后，须依法做好建筑设施及人员的防汛安全管理工作，服从水行政主管部门的管理。

受淹的广场范围设置明显的警示牌，并安装相关人员在汛期严禁车辆及人员进入受淹的广场范围。

6. 受淹的广场范围内，不要修建阻水型的建筑，不要有较大的阻水植物等，以减小受淹的广场范围的阻水作用。

7. 建议请有相关设计资质的单位，在项目区西南侧，设计一条满足钼矿沟 20 年一遇洪水过流要求的排洪渠，使得沟内洪水能够顺利汇入怀九河，以保证项目区的防洪安全。

洪评主要结论

五、其他设计内容

1. 大堂入口处的设计

大堂入口处为两层通高的半圆形区域，直径为 24m，左、右两部分连接较弱。由于建筑专业不接受桁架方案，故根据屋面木檩条的布置方向，调整为如后图所示的结构布置方案，封边钢梁为 800mm 高的 H 型钢梁。与大跨梁连接部位的节点可以考虑梁贯通，柱顶上方做铰接节点。

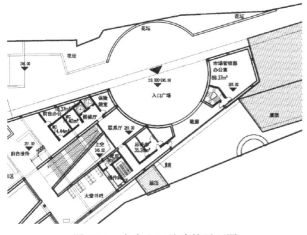

图 12-4 大堂入口处建筑平面图

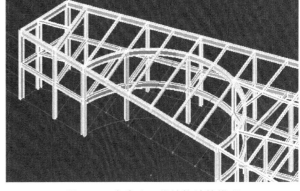

图 12-5 大堂入口处结构计算模型

2. 非上人屋面做法

根据建筑要求，非上人屋面均为木檩条挂瓦做法。屋面钢框架梁为主结构，木檩条为次结构，架设在钢框架梁上部，木檩条上方挂青瓦。计算时不考虑木檩条的刚度，仅考虑木檩条及青瓦等的附属荷载作用在框架上。

图 12-6 木檩条挂瓦屋面室内效果图

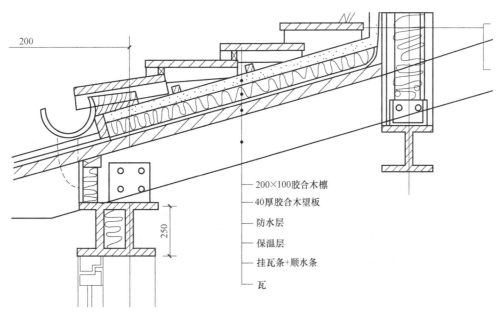

200

250

200×100胶合木檩
40厚胶合木望板
防水层
保温层
挂瓦条+顺水条
瓦

图 12-7 节点做法

结构方案评审表

结设质量表（2016）

项目名称	怀柔水长城书院	项目等级	A/B 级□、非 A/B 级■
		设计号	16054
评审阶段	方案设计阶段□	初步设计阶段■	施工图设计阶段□
评审必备条件	部门内部方案讨论　有■　无□	统一技术条件	有■　无□

工程概况	建设地点:北京市怀柔区	建筑功能:酒店
	层数(地上/地下):3/1	高度(檐口高度):10.5m
	建筑面积(m²):2.7 万	人防等级:无

主要控制参数	设计使用年限:50 年
	结构安全等级:二级
	抗震设防烈度、设计基本地震加速度、设计地震分组、场地类别、特征周期 8 度、0.2g、第一组、Ⅱ类、0.40s
	抗震设防类别:标准设防类(丙类)
	主要经济指标

结构选型	结构类型:钢结构框架结构
	概念设计、结构布置
	结构抗震等级:三级
	计算方法及计算程序:YJK
	主要计算结果有无异常(如:周期、周期比、位移、位移比、剪重比、刚度比、楼层承载力突变等):无
	伸缩缝、沉降缝、防震缝
	结构超长和大体积混凝土是否采取有效措施:地下室区域超长,合适布置后浇带
	有无结构超限:无

基础选型	基础设计等级:乙级
	基础类型:独立柱基、独立基础加防水板
	计算方法及计算程序:YJK
	防水、抗渗、抗浮:无
	沉降分析
	地基处理方案:强夯(条件容许前提)

新材料、新技术、难点等	屋面均为木檩条挂瓦屋面,局部有大跨及大跨转换,有穿层柱,平面不规则

主要结论	结合灾评与洪评要求,完善总说明要求,出屋顶局部钢结构景观房层间位移角控制可适当放松,宜不大于规范规定的 1.1 倍,大跨度钢托换梁补充上部结构不考虑整体作用的承载力计算,山地建筑避免高挖深填,南区地基宜采用强夯处理,上做整体基础,或采用人工挖孔桩基,补充单跨分析,注意风吸力

工种负责人:杨婷	日期:2016.8.4	评审主持人:朱炳寅	日期:2016.8.4

注意：**1.** 评审申请时间：一般项目应在初步设计完成之前，无初步设计的项目在施工图 1/2 阶段。

　　　2. 工种负责人、审核人必须参加评审会，审定人以及项目组其他人员应尽量参会。工种负责人负责项目组与会人员的通知事宜，在必要时可邀请建筑专业相关人员出席。

　　　3. 评审后工种负责人应填写《结构方案评审意见回复表》，逐条回复《结构方案评审表》和《会议纪要》中提出的评审意见，并在签署齐全后归档。

会议纪要

2016 年 8 月 4 日

"怀柔水长城书院"初步设计阶段结构方案评审会

评审人：罗宏渊、王金祥、朱炳寅、张淮湧、彭永宏、王大庆

主持人：朱炳寅　记录：王大庆

介　绍：杨婷

结构方案：本工程位于山地，含多栋 1～3 层建筑，其中 1 号、10 号楼设 1 层地下室，其他楼栋无地下室。应甲方要求，地下部分均采用混凝土结构，地上部分均采用钢框架结构。

地基基础方案：南区采用强夯法进行地基处理，其他采用天然地基。有地下室部位采用独立基础＋防水板，无地下室部位采用独立基础。

评审：

1. 注意新版抗震规范的地震动参数取值问题。

2. 结合灾评与洪评要求，完善总说明的相关要求。注意处理好结构设计与边坡支护、防洪排洪等的关系。

3. 本工程为山地建筑，应与总图、建筑专业协商，细化、优化总平面布置，宜随坡就势，避免深挖高填，避免出现高大挡土墙。

4. 南区地基宜采用强夯处理，并上设整体基础；或采用人工挖孔桩基。

5. 大跨度钢托换梁补充不考虑其上部结构整体作用的承载力计算，包络设计。

6. 单跨框架补充单榀模型承载力分析，包络设计。

7. 出屋面局部钢结构景观房的层间位移角控制可适当放松，宜不大于规范规定的 1/0.9 倍。

8. 注意风吸力的影响。

9. 注意木围护结构的防虫蛀问题。

结论：

建议根据结构方案评审表的主要结论以及会议纪要内容，进一步优化结构设计。

13 崇礼太舞四季文化旅游度假区 M 座酒店式公寓

设计部门：第一工程设计研究院
主要设计人：余蕾、孙洪波、段永飞、陈文渊、徐德军、于博宁

工 程 简 介

一、工程概况

本工程位于河北省崇礼县，本次设计仅含 M 座酒店式公寓子项，总建筑面积为 27550m²。本工程地下两层，建筑面积为 11550m²，地下二层为乙类常六级二类人员掩蔽所，地下一层为车库及设备用房；地上 6 层（局部 3～4 层），建筑面积为 16000m²，主要建筑功能为酒店客房、会议、商业、餐饮、厨房、机房等，首层层高为 4.5m，标准层层高为 3.6m，屋顶为坡屋面。地上设缝分为两个结构单体，分缝后最长为 79m，均采用混凝土框架结构。

图 13-1 建筑鸟瞰图

二、结构方案

1. 抗侧力体系

本工程设两层大底盘地下室，上部结构狭长，近似 S 形，设缝分为 A、B 段两个结构单元，分缝后最长为 79m。由于地下车库布置的原因，若选择框架-剪力墙结构，剪力墙均无法落到基础，故两段均采用混凝土框架结构。框架抗震等级：A 段为三级，B 段为二级。基本柱网尺寸沿纵向为 7～10m，沿

图 13-2 建筑效果图

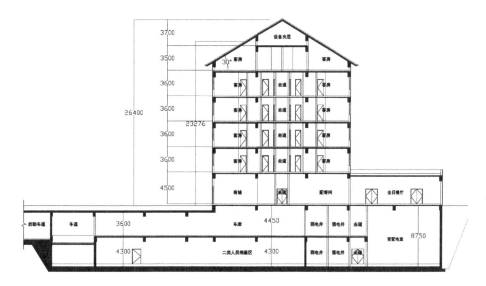

图 13-3 建筑剖面图

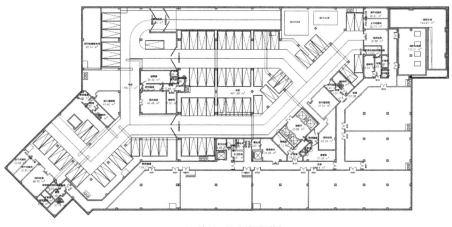

(a) 地下二层建筑平面图

图 13-4 建筑平面图

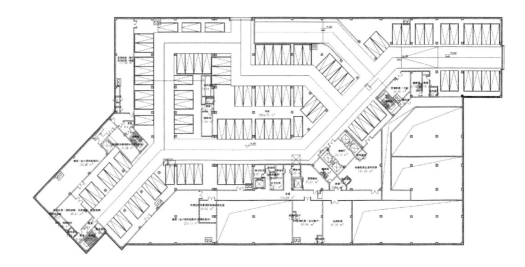

(b) 地下一层建筑平面图

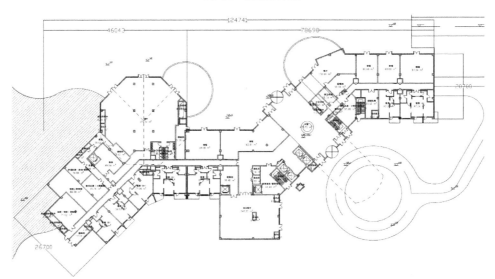

(c) 一层建筑平面图

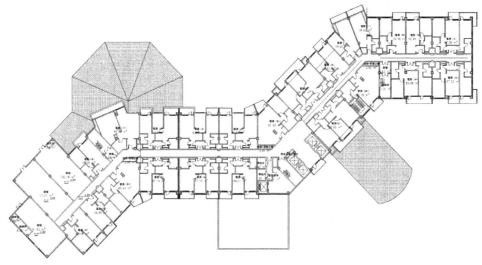

(d) 二层建筑平面图

图 13-4　建筑平面图（续）

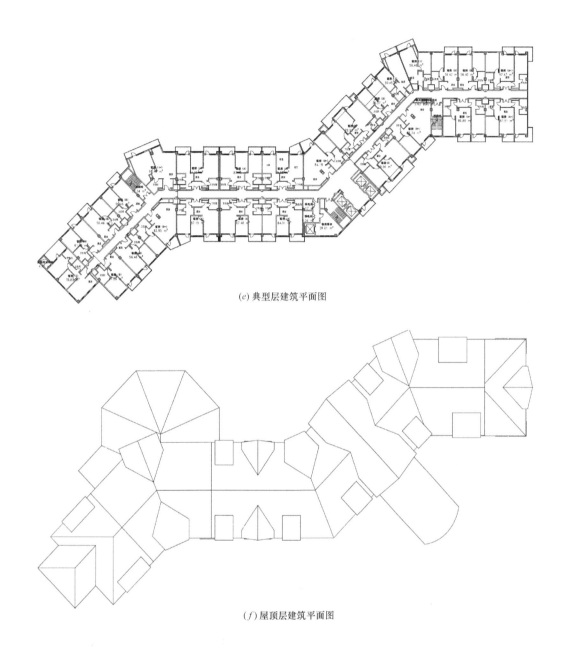

(e) 典型层建筑平面图

(f) 屋顶层建筑平面图

图 13-4　建筑平面图（续）

横向为 6.3～7.5m。框架柱截面尺寸一般为 600mm×600mm，少量柱适当加大沿结构横向的尺寸，以利抗震，取 600mm×800mm、600mm×900mm。框架梁截面尺寸一般为 350mm×600mm，跨度较大的梁为 400mm×700mm，结构的横向边梁考虑抗扭取 500mm×600mm。

2. 楼盖体系

本工程的楼盖采用现浇混凝土梁板结构。结合酒店式公寓的房间布局，地上楼层设置次梁，截面尺寸：走廊处为 300mm×600mm，房间分隔处为 200mm×500mm，局部洞口边的小梁为 200mm×（300～400）mm，楼板厚度一般为 120mm。地下室顶板因嵌固需要，采用主梁加大板结构，板厚不小于 180mm。

三、地基基础方案

根据地勘报告建议，结合建筑功能及人防要求，按照方便施工、缩短工期、经济合理、保证质量等原则，本工程采用天然地基上的平板式筏形基础，地基持力层为碎石层，地基承载力特征值为 250kPa。

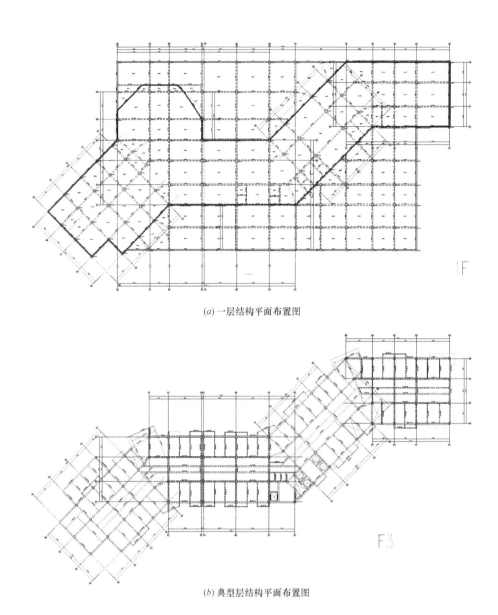

(a) 一层结构平面布置图

(b) 典型层结构平面布置图

图 13-5 结构平面布置图

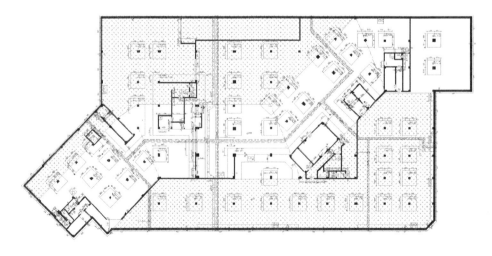

图 13-6 基础平面布置图

结构方案评审表

结设质量表（2016）

项目名称	崇礼太舞四季文化旅游度假区 M 座酒店式公寓	项目等级 A/B 级□、非 A/B 级■
		设计号 16191

评审阶段	方案设计阶段■	初步设计阶段■	施工图设计阶段□

评审必备条件	部门内部方案讨论 有■ 无□	统一技术条件 有■ 无□

工程概况	建设地点 河北省张家口市崇礼县	建筑功能 酒店式公寓
	层数(地上/地下) 6/2	高度(檐口高度) 23.30m
	建筑面积(m²) 27550	人防等级 常 6 级

主要控制参数	设计使用年限 50 年
	结构安全等级 二级
	抗震设防烈度、设计基本地震加速度、设计地震分组、场地类别、特征周期
	7 度、0.10g、第二组、Ⅱ类、0.40s
	抗震设防类别 标准设防类
	主要经济指标

结构选型	结构类型 框架结构
	概念设计、结构布置
	结构抗震等级 二级
	计算方法及计算程序 盈建科
	主要计算结果有无异常(如:周期、周期比、位移、位移比、剪重比、刚度比、楼层承载力突变等) 无异常
	伸缩缝、沉降缝、防震缝 结构超长,划分为两个单体
	结构超长和大体积混凝土是否采取有效措施 是
	有无结构超限 无

基础选型	基础设计等级 乙级
	基础类型 筏板基础
	计算方法及计算程序 盈建科
	防水、抗渗、抗浮 有抗浮
	沉降分析
	地基处理方案

新材料、新技术、难点等	

主要结论	注意穿层柱的补充分析,地下通道处挡土墙复核计算,坡屋顶扭转位移比补充计算,补充零刚度板模型的坡屋顶构件推力及单榀补充分析,局部填土宜与主体脱开(设挡墙)也可结合挡土将四层设计成框剪结构,注意坡屋顶混凝土施工及质量对设计的影响

工种负责人:余蕾、孙洪波	日期:2016.8.1	评审主持人:朱炳寅	日期:2016.8.4

注意: 1. 申请评审一般应在初步设计完成前,无初步设计的项目在施工图 1/2 阶段申请。

2. 工种负责人负责通知项目相关人员参加评审会。工种负责人、审核人必须参会,建议审定人、设计人与会。工种负责人在必要时可邀请建筑专业相关人员参会。

3. 评审后,填写《结构方案评审意见回复表》,逐条回复《结构方案评审表》和《会议纪要》中提出的评审意见,并由工种负责人、审定人签字。

会议纪要

2016 年 8 月 4 日

"崇礼太舞四季文化旅游度假区 M 座酒店式公寓"初步设计阶段结构方案评审会

评审人：罗宏渊、王金祥、朱炳寅、张淮湧、彭永宏、王大庆

主持人：朱炳寅　　记录：王大庆

介　绍：孙洪波

结构方案：本次评审的 M 座公寓位于山脚下的平缓坡地；地下两层，地上最高 6 层，坡屋顶。设缝分为两个结构单元，采用混凝土框架结构。平面呈 S 形，补充最不利方向及多方向地震作用计算。

地基基础方案：暂无地勘报告。参照一期工程的地质条件，拟采用天然地基上的筏板基础。

评审：

1. 注意穿层柱的补充计算分析，并相应采取结构措施。

2. 加强对地下室通高处挡土墙的复核计算。

3. 局部填土及相应的挡土墙宜与主体结构脱开，也可结合挡土墙将该结构单元设计成框架-剪力墙结构。

4. 坡屋顶的扭转位移比计算失真，应补充手算复核。

5. 补充零刚度板模型，计算坡屋顶构件的推力及进行单榀模型补充分析。

6. 坡屋顶的坡度较大，应加强坡屋顶混凝土施工质量控制，并注意混凝土施工质量对结构设计的影响，坡屋顶混凝土强度取值宜适当留有余量。

7. 适当优化结构布置和构件截面尺寸，注意重点部位加强和细部处理。

结论：

建议根据结构方案评审表的主要结论以及会议纪要内容，进一步优化结构设计。

14　漳州市歌剧院综合体-歌剧院

设计部门：任庆英结构设计工作室
主要设计人：刘文斑、杨松霖、伍敏、任庆英、朱炳寅

工 程 简 介

一、工程概况

本工程位于福建省漳州市。项目分两期开发建设，本次设计的是一期——歌剧院子项，由歌剧院、电影院以及商业、地下配套设施构成，位于场地西侧，总建筑面积为 60742m²，其中地上为 39732m²，地下为 21010m²。歌剧院子项分为 3 段，西侧 I 段为剧场及商业配套，剧场为中型乙等剧场，座位数为 1017 座，商业配套地上 8 层，地下 1 层，建筑最高点为 48m；东侧 II 段为电影院及商业配套，电影院为小型 5 厅电影院，总座位数为 635 座，商业配套地上 3 层，地下 1 层；北侧 III 段为地下 1 层人防，人防建筑面积为 1832m²，人防工程结合地下停车场统一设计，平时为汽车库，战时为甲类核六级二等人员掩蔽所，设 1 个防护单元。

图 14-1　建筑效果图

二、结构方案

歌剧院为大跨度、大悬挑的"花朵式"建筑，造型新颖复杂，是本工程结构设计的一个难点。根据

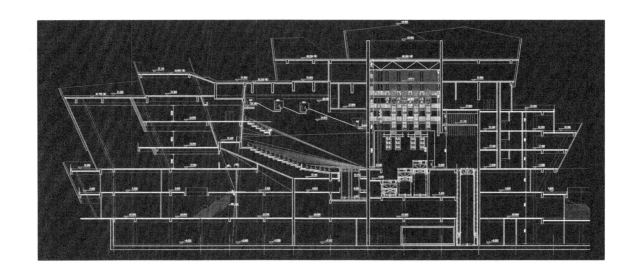

图 14-2　建筑剖面图

建筑特点和功能要求，歌剧院采用框架－剪力墙结构，在建筑内部结合交通功能布置钢筋混凝土剪力墙，作为主要抗侧力构件，外围布置斜柱，满足建筑外形需要，通过框架保证外围斜柱框架的水平与竖向可靠传力，做到结构型式与建筑外立面密切结合，同时加快施工进度。剧场等局部大空间的屋面采用空间钢桁架结构。

（1）钢筋混凝土筒体：沿观众厅及舞台周围均匀、对称布置多个钢筋混凝土筒体，外墙厚度为500～600mm，内墙厚度为300～400mm。外墙根据抗震性能目标要求设置钢骨，抵抗墙肢拉力。筒体内部在桁架支座位置布置沿桁架方向的纵墙，设置钢骨与桁架连接。

（2）外部钢筋混凝土框架：钢筋混凝土框架柱的间距为环向9m，径向9～13m。为减小柱截面，降低柱轴压比，同时提高框架的延性，采用直径不小于12mm、间距不大于100mm的井字复合箍。外围框架柱按建筑造型要求以23°向外倾斜，斜柱采用沿倾斜方向的框架梁与内侧混凝土墙体相连，连接框架柱与混凝土墙体的框架梁采用通长钢筋，同时有斜柱的楼层采用加厚楼板和设置拉通钢筋等构造措施，抵抗由于柱倾斜引起的水平拉力。

花瓣造型的外立面是本工程的建筑特色，也是设计难点之一。本工程的风荷载较大，设计时一方面需要将幕墙支承结构与主体结构统一设计，通过计算保证主体结构及围护构件有足够的承载力，另一方面加强连接构造措施，保证主体结构及围护构件的变形满足规范要求。

三、地基基础方案

根据漳州市歌剧院桩型改变可行性论证建议以及地勘单位提供的《岩土工程勘察补充完善报告》（详细勘查 2015-11-5），本工程采用预应力管桩基础，并依据补充地勘报告参数，进行预应力混凝土管桩施工图设计：直径600mm管桩的单桩抗压承载力特征值取1400kN，有效桩长为30m；直径500mm管桩的单桩抗压承载力特征值取800kN，有效桩长为15m。

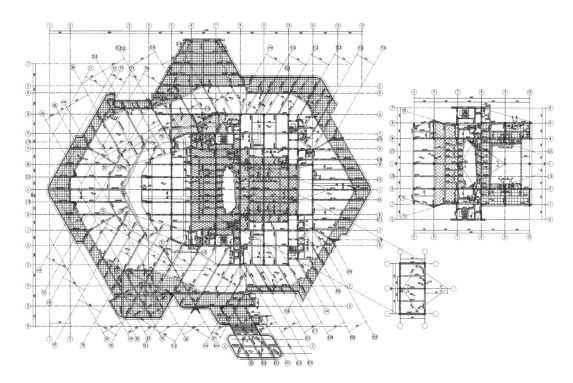

(a) 歌剧院一层结构平面布置图

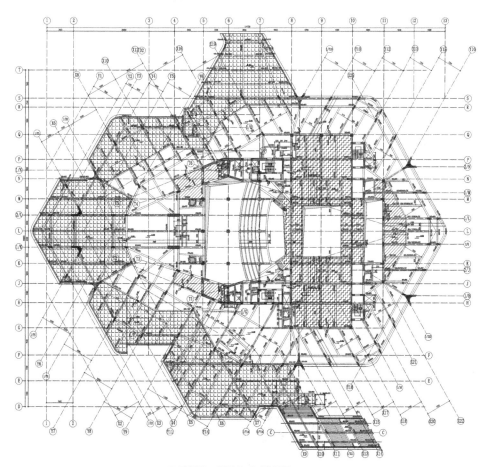

(b) 歌剧院二层结构平面布置图

图 14-3　结构平面布置图

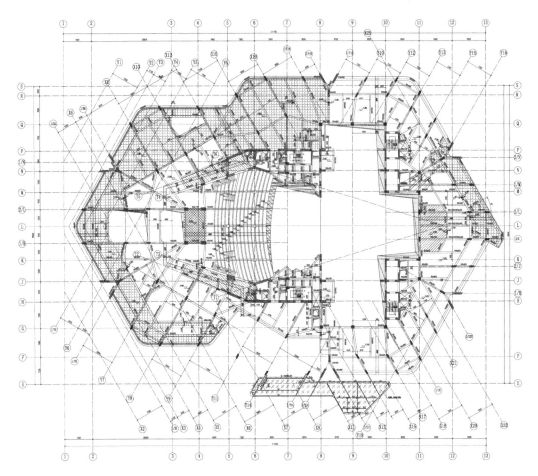

(c) 歌剧院三层结构平面布置图

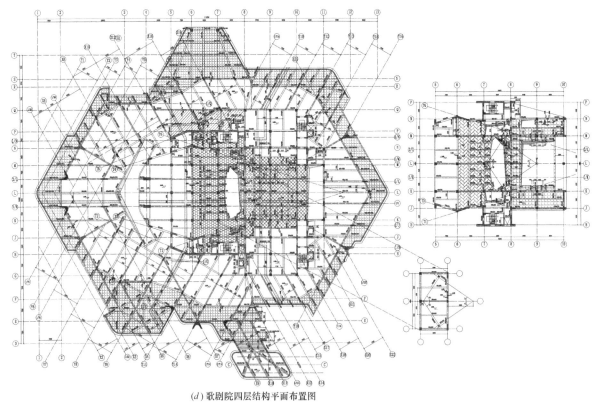

(d) 歌剧院四层结构平面布置图

图 14-3　结构平面布置图（续）

89

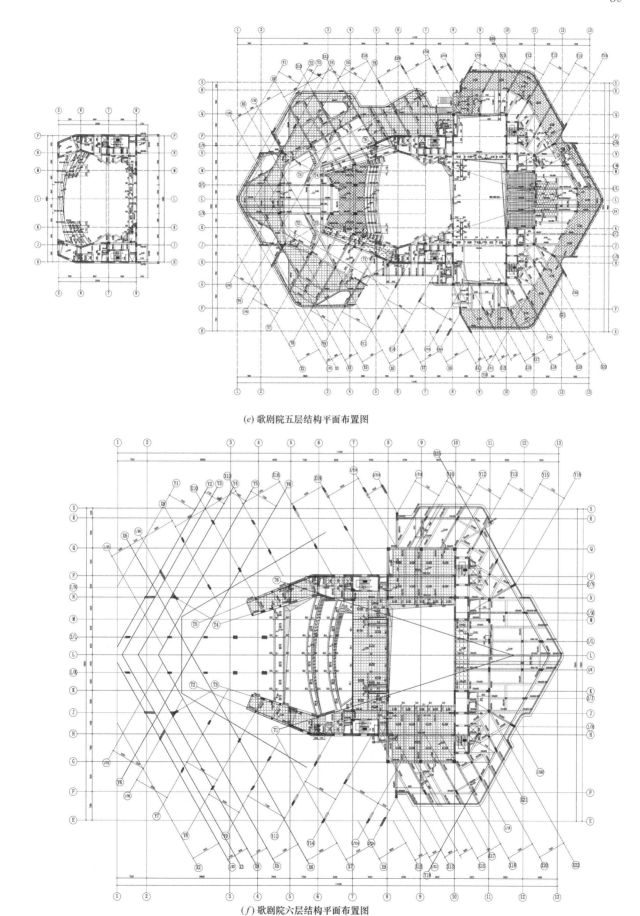

（e）歌剧院五层结构平面布置图

（f）歌剧院六层结构平面布置图

图 14-3 结构平面布置图（续）

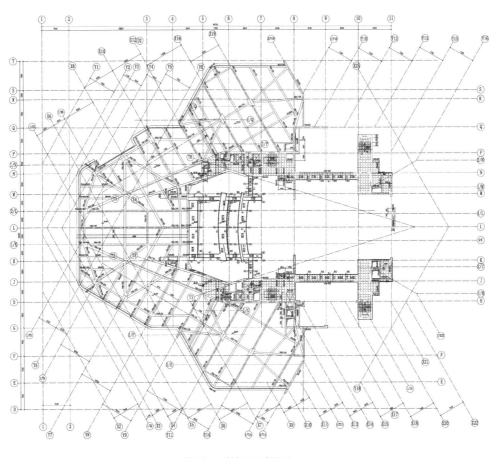

(g) 歌剧院七层结构平面布置图

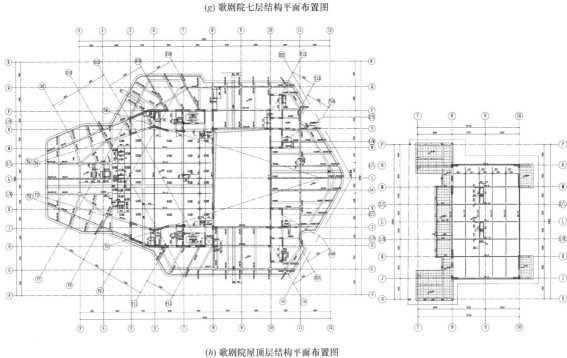

(h) 歌剧院屋顶层结构平面布置图

图 14-3　结构平面布置图（续）

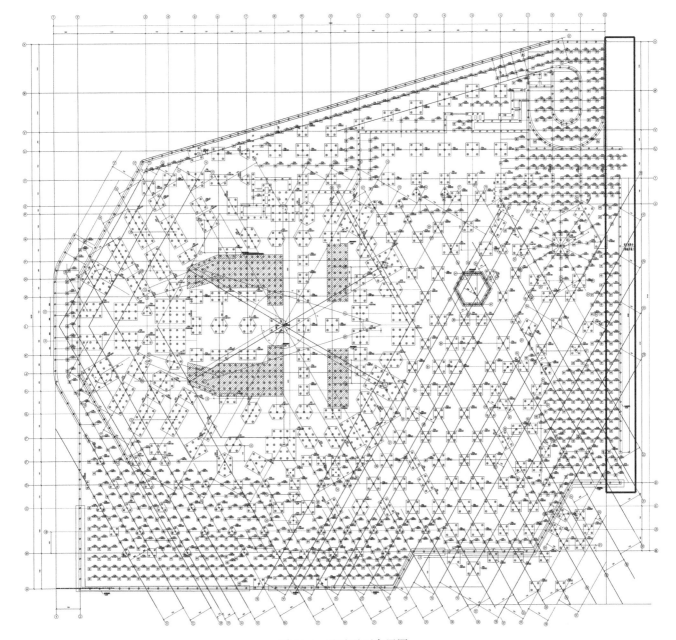

图 14-4 基础平面布置图

92

<h2 align="center">结构方案评审表</h2>

结设质量表（2016）

项目名称	漳州市歌剧院综合体-歌剧院	项目等级	A/B级□、非A/B级☑
		设计号	15066-01

评审阶段	方案设计阶段□	初步设计阶段□	施工图设计阶段☑

评审必备条件	部门内部方案讨论　有☑　无□	统一技术条件　有☑　无□

工程概况	建设地点:福建省漳州市	建筑功能　歌剧院　影院
	层数(地上/地下)　8/1	高度(檐口高度)　40.2m
	建筑面积(m²)　2万	人防等级　核6级/常6级

主要控制参数	设计使用年限　50年
	结构安全等级　歌剧院主体:一级,其余:二级
	抗震设防烈度、设计基本地震加速度、设计地震分组、场地类别、特征周期 7度,0.15g,第二组,Ⅲ类,0.55s
	抗震设防类别　歌剧院主体:乙类,其余:丙类
	主要经济指标

结构选型	结构类型　钢筋混凝土框架-剪力墙
	概念设计、结构布置
	结构抗震等级　剪力墙一级、框架二级
	计算方法及计算程序　盈建科
	主要计算结果有无异常(如:周期、周期比、位移、位移比、剪重比、刚度比、楼层承载力突变等)无异常
	伸缩缝、沉降缝、防震缝:地上部分设缝将歌剧院、影院区域分开
	结构超长和大体积混凝土是否采取有效措施:设置后浇带,配温度筋
	有无结构超限:有结构超限(楼板大开洞、局部穿层柱)

基础选型	基础设计等级　甲级
	基础类型　预应力管桩+防水板基础
	计算方法及计算程序　盈建科及理正软件
	防水、抗渗、抗浮
	沉降分析
	地基处理方案

新材料、新技术、难点等	

主要结论	完善剧院主体结构水平作用及竖向荷载传力路径,形成四个剪力墙筒体为主要抗侧力构件的结构体系、楼屋面结构应有明确的水平力传力途径,空旷结构补充单榀框架承载力分析,补充弹性时程分析,注意种植屋面及剧场吊挂荷载,补充关键节点分析,细化钢结构方案设计,完善钢结构支撑体系,台口柱宜大震不屈服,斜柱拉梁应中震弹性,考虑施工荷载对钢结构的影响

工种负责人:刘文珽　杨松霖　伍敏　日期:2016.8.10	评审主持人:朱炳寅　日期:2016.8.10

注意：1. 评审申请时间：一般项目应在初步设计完成之前，无初步设计的项目在施工图1/2阶段。

2. 工种负责人、审核人必须参加评审会，审定人以及项目组其他人员应尽量参会。工种负责人负责项目组与会人员的通知事宜，在必要时可邀请建筑专业相关人员出席。

3. 评审后工种负责人应填写《结构方案评审意见回复表》，逐条回复《结构方案评审表》和《会议纪要》中提出的评审意见，并在签署齐全后归档。

会议纪要

2016 年 8 月 10 日

"漳州市歌剧院综合体-歌剧院"施工图设计阶段结构方案评审会

评审人：陈富生、谢定南、罗宏渊、王金祥、尤天直、陈文渊、徐琳、任庆英、朱炳寅、张亚东、王载、彭永宏、王大庆

主持人：朱炳寅　记录：王大庆

介　绍：杨松霖、伍敏

结构方案：本工程为地下 1 层、地上 8 层的歌剧院综合体，地上设缝分为剧院和影院两个结构单元。剧院采用混凝土框架-剪力墙结构，屋顶采用钢桁架结构。影院采用混凝土少墙框架结构，大跨度梁采用预应力技术。本工程为具有多项不规则的超限工程，进行了动力弹塑性分析和抗震性能化设计等。大跨度构件、长悬臂构件考虑竖向地震作用。

地基基础方案：采用桩基础＋防水板，桩型为预应力管桩，部分桩兼作抗拔桩。

评审：

1. 进一步推敲建筑抗震设防类别、设计使用年限及耐久性年限的取值。

2. 本工程设有较多斜柱，在楼、屋面结构中产生水平作用，应完善剧院主体结构的水平作用及竖向荷载传力路径，形成以四个剪力墙筒体为主要抗侧力构件的结构体系。楼、屋面结构应有明确的水平力传力途径，将水平力尽量直接地传至可靠的抗侧力构件；并适当优化楼、屋面结构布置，形成若干环带，起到"箍"的作用。

3. 梁轴力应采用零刚度板模型补充计算，斜柱拉梁应按中震弹性设计，必要时采用型钢混凝土梁，确保安全。

4. 楼板大开洞造成结构空旷以及刚度、质量突变，空旷结构应补充单榀框架承载力分析和弹性时程分析，包络设计。

5. 本工程设有斜交抗侧力构件，应补充最不利方向等多方向地震作用分析。

6. 完善台口部位的结构布置，台口剪力墙应设型钢混凝土端柱，并充分注意台口剪力墙和台口钢桁架的稳定性。

7. 台口构件应设定适当的抗震性能目标，台口柱宜按大震不屈服设计，并应采用柱模型计算分析，台口钢桁架宜按中震弹性设计。

8. 剧院呈上大下小体型，注意核查剪力墙的墙肢拉应力和结构上部的剪力墙量。

9. 穿层斜柱高约 16m，截面宽度为 450mm，应充分注意其稳定性。

10. 细化钢结构方案设计，适当优化钢桁架杆件布置以及节点连接的方式、构造，补充关键节点分析，完善钢结构支撑体系，确保其稳定性。

11. 钢结构采用 200mm 厚的重型屋面，应与建筑专业进一步协商，适当优化板厚。

12. 注意种植屋面以及舞台、剧场吊挂荷载，考虑施工荷载对钢结构的影响，钢结构应考虑半跨荷载不利布置。

13. 影院结构空旷、离散，整体作用弱，集中布置少量剪力墙作用不大，应进一步推敲少墙框架结构的合理性。

14. 影院采用了预应力梁，建议适当优化梁布置，以方便预应力筋布置和张拉。

15. 慎重推敲预应力管桩方案的选用问题，确保安全可靠。注意后期填土对桩基的影响。

16. 适当优化桩基及承台布置，加强剪力墙筒体下承台的整体性。

结论：

建议根据结构方案评审表的主要结论以及会议纪要内容，进一步优化结构设计。

15 通州区运河核心区Ⅱ-06地块F3 其他类多功能用地项目

设计部门：合作设计事业部
主要设计人：王载、王文宇、任庆英、陈明

工 程 简 介

一、工程概况

本工程位于北京市通州区，总建筑面积为 13.22 万 m²，地上为 9.16 万 m²，地下为 4.06 万 m²；建筑的主要功能为办公、商业；房屋的结构高度为 156.45m，建筑高度为 174.8m；地上塔楼 36 层，裙房 5 层，地下 3 层（含夹层）。塔楼与裙房之间不设置结构缝，塔楼采用框架-核心筒结构，裙房和地下室均采用框架-剪力墙结构。

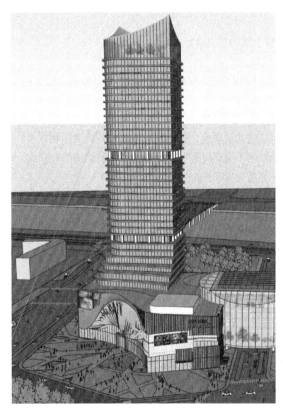

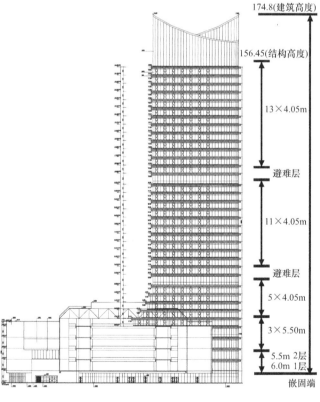

图 15-1 建筑效果图   图 15-2 建筑剖面图

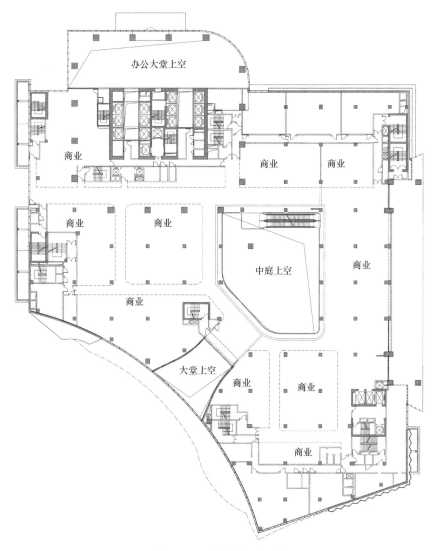

图 15-3　二层建筑平面图

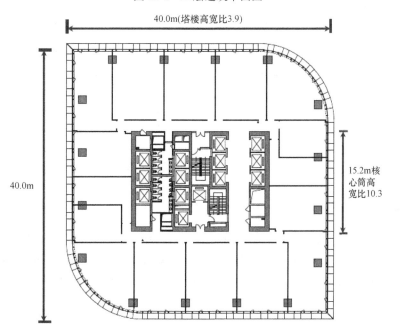

图 15-4　标准层建筑平面图

二、结构方案

1. 抗侧力体系

通过多方案比较，综合考虑建筑使用功能、立面造型、结构传力明确、经济合理等多种因素，本工程的塔楼采用钢筋混凝土框架-核心筒结构。结构的竖向荷载通过楼面梁传至核心筒剪力墙和框架柱，再传至基础。水平荷载由外部钢筋混凝土框架和核心筒剪力墙共同承担。钢筋混凝土核心筒：底层外墙厚度为800mm，随着高度增加，墙厚逐渐减薄；内墙厚度为300～200mm。外部钢筋混凝土框架：框架柱与核心筒之间距离为9.0～12.5m。裙房和地下室均采用钢筋混凝土框架-剪力墙结构。

2. 楼盖体系

本工程的楼盖均采用钢筋混凝土梁板结构。地上楼层设置次梁，梁布置及梁高适应管线布置及建筑净高要求，板厚一般为120mm。一层为嵌固部位，地下二层为人防顶板，楼盖均采用主梁加大板结构，一层板厚为220mm，地下二层板厚为250mm。地下一层采用一道次梁布置，板厚为120～150mm。

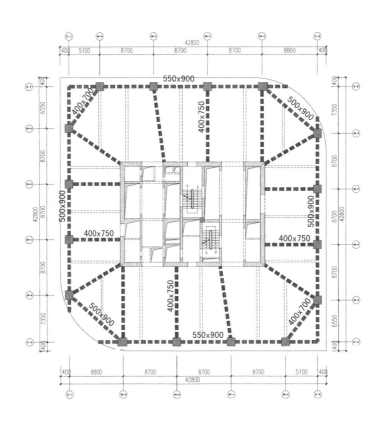

图15-5　标准层结构平面布置图

三、地基基础方案

根据地勘报告建议，并结合结构受力特点，塔楼采用桩基础，其中核心筒区域为桩筏基础，塔楼周边框架柱下采用多桩承台。桩型为钻孔灌注桩，并采用桩侧及桩底复式后压浆技术来提高承载力，桩径为800mm，桩长为45m。塔楼以外区域采用天然地基上的筏形基础，下设抗拔桩。

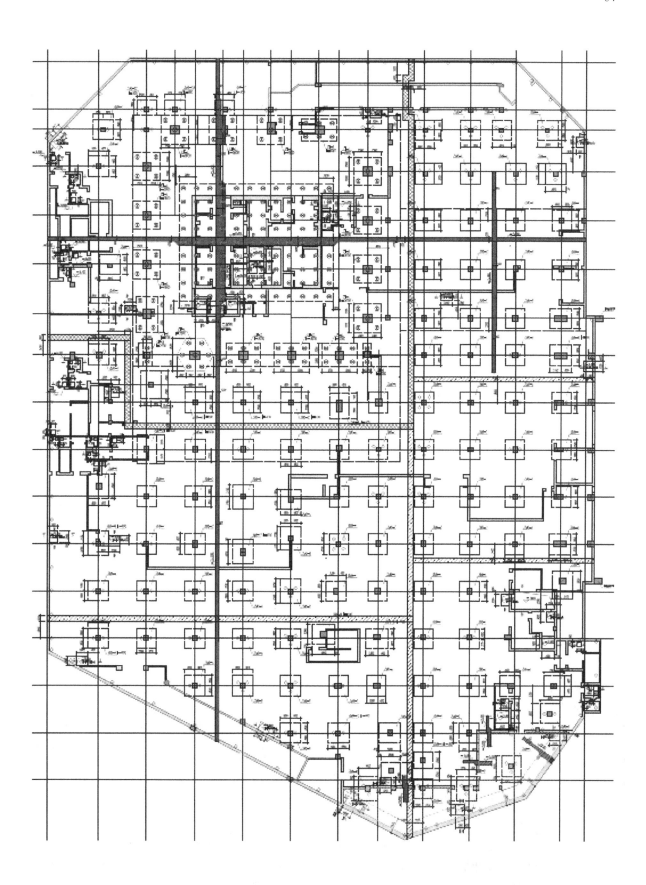

图 15-6　基础平面布置图

<h1 style="text-align:center">结构方案评审表</h1>

结设质量表（2016）

项目名称	通州区运河核心区Ⅱ-06地块 F3 其他 类多功能用地项目		项目等级	A/B级□、非 A/B级■
			设计号	15035-2
评审阶段	方案设计阶段□	初步设计阶段■		施工图设计阶段□
评审必备条件	部门内部方案讨论　有■　无□		统一技术条件　有■　无□	
工程概况	建设地点　北京市通州区		建筑功能　办公、商业	
	层数（地上/地下）塔楼(36/4)裙房(5/4)		高度（檐口高度）　156.45m	
	建筑面积(m²)　12.95 万		人防等级　核 6 级	
主要控制参数	设计使用年限　50 年			
	结构安全等级　二级			
	抗震设防烈度、设计基本地震加速度、设计地震分组、场地类别、特征周期 8 度(0.20g)、0.20g、第二组、Ⅲ类、0.55s			
	抗震设防类别　标准设防类（裙房乙类）			
	主要经济指标			
结构选型	结构类型　框架-核心筒结构			
	概念设计、结构布置			
	结构抗震等级　框架一级,剪力墙特一级			
	计算方法及计算程序　SATWE			
	主要计算结果有无异常(如:周期、周期比、位移、位移比、剪重比、刚度比、楼层承载力突变等)　无			
	伸缩缝、沉降缝、防震缝			
	结构超长和大体积混凝土是否采取有效措施　是			
	有无结构超限　有,高度超限			
基础选型	基础设计等级　甲级			
	基础类型　塔楼为桩基础,裙房为筏基,设抗拔桩			
	计算方法及计算程序　理正、盈建科			
	防水、抗渗、抗浮　抗浮计算满足要求			
	沉降分析　沉降差计算满足要求			
	地基处理方案			
新材料、新技术、难点等				
主要结论	完善计算分析,补充两个不同力学模型的比较计算、核算框架与剪力墙的剪力分担比及墙肢拉应力,注意裙房顶处主楼指标控制,核查 5 层空旷对主楼侧向刚度比的影响,并采取相应结构措施,主楼框架柱下加强整体性,核心筒与外框柱之间筏板适当加厚,完善楼面结构布置,注意主楼屋顶楼冠风荷载对主楼的影响,注意穿层柱问题,尤其是主楼多次穿层柱(同一根柱),补充零刚度板模型核算连桥梁拉力			
工种负责人:王载	日期:2016.8.11		评审主持人:朱炳寅	日期:2016.8.11

注意：1. 评审申请时间：一般项目应在初步设计完成之前，无初步设计的项目在施工图 1/2 阶段。

　　　2. 工种负责人、审核人必须参加评审会，审定人以及项目组其他人员应尽量参会。工种负责人负责项目组与会人员的通知事宜，在必要时可邀请建筑专业相关人员出席。

　　　3. 评审后工种负责人应填写《结构方案评审意见回复表》，逐条回复《结构方案评审表》和《会议纪要》中提出的评审意见，并在签署齐全后归档。

会议纪要

2016 年 8 月 11 日

"通州区运河核心区Ⅱ-06 地块 F3 其他类多功能用地项目"初步设计阶段结构方案评审会

评审人：谢定南、罗宏渊、王金祥、陈文渊、任庆英、朱炳寅、张亚东、王载、彭永宏、王大庆

主持人：朱炳寅　记录：王大庆

介　绍：陈明

结构方案：本工程地下 4 层，地上裙房 5 层、主楼 36 层（结构高度 156.45m、建筑高度 174.8m，超 B 级高度）。未设结构缝，主楼采用混凝土框架-核心筒结构，裙房采用混凝土框架-剪力墙结构。针对超限情况，进行了多模型计算分析、弹性时程分析、动力弹塑性分析和抗震性能化设计等。

地基基础方案：主楼：核心筒采用桩筏基础，外框架采用桩基、承台＋防水板。裙房：采用天然地基上的筏板基础。抗浮采用抗拔桩。

评审：

1. 重点设防类结构的安全等级宜取一级。

2. 适当优化基础方案，主楼采用桩基＋变厚度筏板基础方案，适当加强主楼框架柱下基础的整体性，适当增大主楼核心筒与外框架柱之间的筏板厚度。

3. 完善结构计算分析，优化补充计算模型，并补充两个不同力学模型的比较计算，有针对性地细化结构指标控制。

4. 核算框架与剪力墙的剪力分担比、剪力墙墙肢拉应力，注意是否出现异常。

5. 主楼与裙房连为一体，且收进较多，应注意裙房顶处的主楼指标控制。

6. 核查五层空旷对主楼侧向刚度比的影响，并采取相应的结构措施，避免出现软弱层、薄弱层；建议采用零刚度板模型补充计算，并与建筑专业进一步协商，五层适当增设楼板。

7. 核查扭转位移比最大值出现的部位，适当优化剪力墙布置，减小结构扭转效应。

8. 完善楼面结构布置，例如：主楼核心筒与外框架柱之间增设框架梁；适当优化楼面梁布置，注意其与核心筒内墙的对应关系；裙房层的主楼框架柱之间增设框架梁，使裙房层的主楼框架形成封闭体系；适当增加大跨度梁的截面尺寸等。

9. 注意穿层柱问题（尤其是主楼的同一柱多次穿层问题），并相应采取有效的结构措施。主楼多次穿层柱在二层孤立于主体结构之外，应与建筑专业协商，适当增设框架梁，进行可靠拉结。

10. 连桥设置水平支撑，补充零刚度板模型，核算连桥梁拉力。

11. 注意主楼楼冠（尤其是其风荷载）对主楼的影响。

12. 地下室顶板的室内、外高差部位应采取适当的加腋措施，确保水平力有效传递。

结论：

建议根据结构方案评审表的主要结论以及会议纪要内容，进一步优化结构设计。

16 太原北辰国际广场 E 座

设计部门：第二工程设计研究院、浙江分公司
主要设计人：何相宇、张淮湧、朱炳寅、王斌

工 程 简 介

一、工程概况

太原北辰国际广场 E 座位于太原市杏花岭区，总建筑面积为 4.9 万 m²。本工程地上 3 层，层高均为 5.76m，房屋高度为 23.34m，平面尺寸为 108.9m×78.9m，主要使用功能为商场、超市、餐饮、影院等；地下 1 层，层高为 6m，使用功能为车库和设备用房。为满足建筑立面效果及使用功能要求，本工程采用混凝土框架结构。

图 16-1 建筑效果图

二、结构方案

1. 抗侧力体系

本工程采用混凝土框架结构。概念设计及计算分析表明，在充分满足建筑使用功能的前提下，该抗侧力体系具有较好的结构安全性和适用性。应业主的使用要求，标准柱网尺寸为 12m×12m，框架柱截面尺寸为 900mm×900mm。为控制柱截面，降低柱轴压比，柱混凝土强度等级自上而下逐层提高，角柱、边柱、楼梯间柱的箍筋全高加密，提高框架的延性。框架梁截面尺寸为 450mm×900mm、450mm×1000mm。

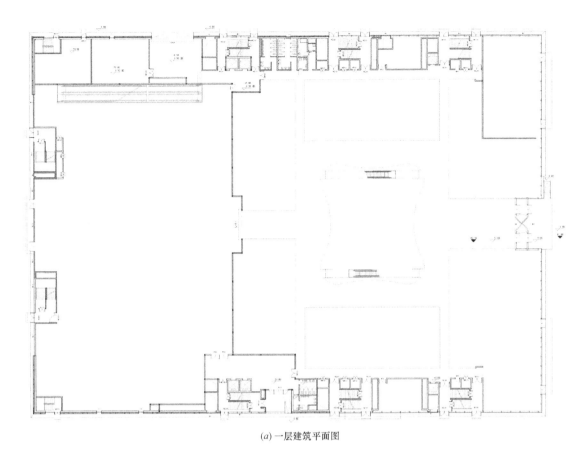

(a) 一层建筑平面图

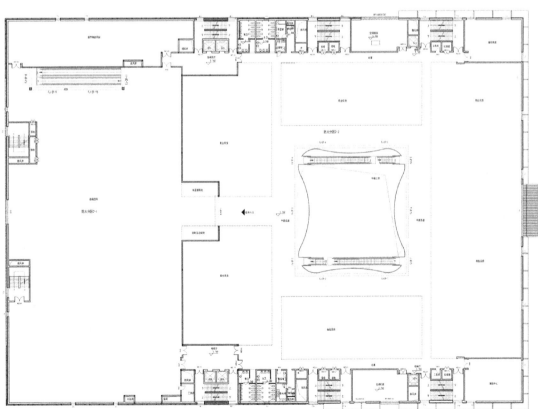

(b) 二层建筑平面图

图 16-2　建筑平面图

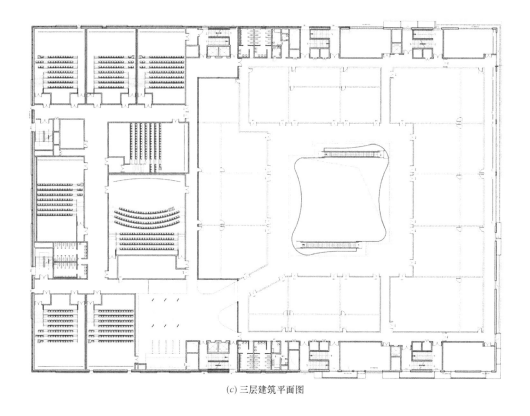

(c) 三层建筑平面图

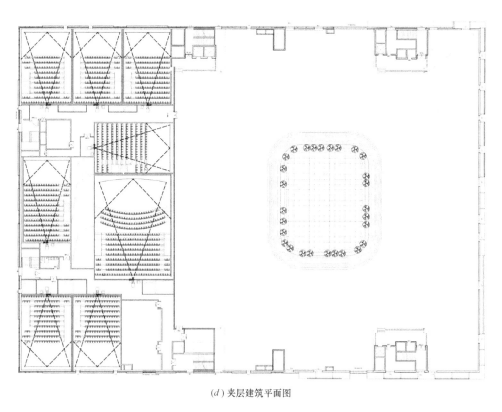

(d) 夹层建筑平面图

图 16-2　建筑平面图（续）

2．楼盖体系

本工程的楼盖采用现浇混凝土梁板结构。为使双向主梁受力均匀，控制主梁高度，标准层布置双向双次梁，次梁截面尺寸为 300mm×700mm，板跨为 4m×4m，板厚为 120mm。一层为上部结构的嵌固部位，板厚为180mm。为充分利用厚板承载力，同时减少施工工程量，次梁采用十字交叉形式。

本工程为超长结构，通过计算温度应力、提高梁和板的配筋率、设置后浇带等措施来控制温度应力和混凝土收缩的影响。

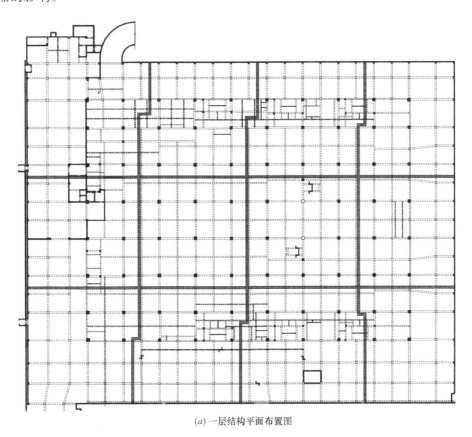

(a) 一层结构平面布置图

(b) 二层结构平面布置图

图 16-3　结构平面布置图

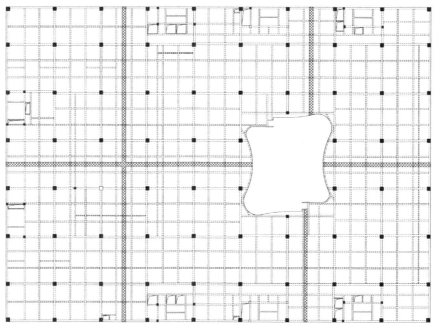

(c) 三层结构平面布置图

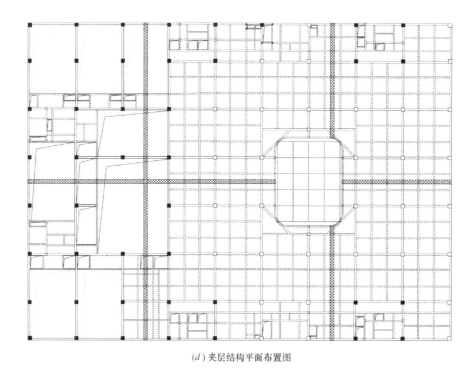

(d) 夹层结构平面布置图

图 16-3　结构平面布置图（续）

三、地基基础方案

　　根据地勘报告建议，本工程采用天然地基，以第②层粉土层作为地基持力层，地基承载力特征值为120kPa。由于第②层为轻微液化土层，综合考虑采用整体性较好、刚度较大的筏板基础，在满足地基承载力的同时，减轻沉降、液化的影响，筏板厚度为 600mm，柱下设置下反柱墩，以满足基础抗冲切要求。

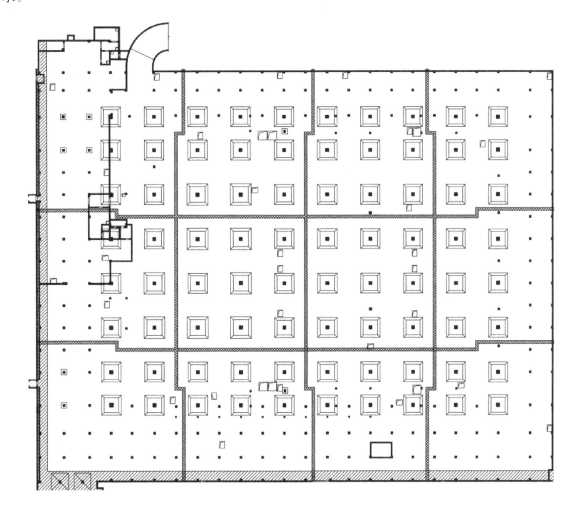

图 16-4 基础平面布置图

结构方案评审表

项目名称	太原北辰国际广场 E 座		项目等级	A/B 级□、非 A/B 级■
			设计号	16014
评审阶段	方案设计阶段□	初步设计阶段□		施工图设计阶段■
评审必备条件	部门内部方案讨论　有■　无□		统一技术条件　有■　无□	
工程概况	建设地点：太原市		建筑功能：商场、电影院	
	层数（地上/地下）：4/1		高度（檐口高度）：23.34m	
	建筑面积（m²）：4.9 万		人防等级：核 6 级	
主要控制参数	设计使用年限：50 年			
	结构安全等级：二级			
	抗震设防烈度、设计基本地震加速度、设计地震分组、场地类别、特征周期 8 度、0.20g、第一组、Ⅱ类、0.45s			
	抗震设防类别：重点设防类			
	主要经济指标			
结构选型	结构类型：框架			
	概念设计、结构布置：			
	结构抗震等级：一级框架			
	计算方法及计算程序：YJK			
	主要计算结果有无异常（如：周期、周期比、位移、位移比、剪重比、刚度比、楼层承载力突变等）：位移比大于 1.2			
	伸缩缝、沉降缝、防震缝　无			
	结构超长和大体积混凝土是否采取有效措施：超长部分进行温度应力计算			
	有无结构超限：无			
基础选型	基础设计等级：乙级			
	基础类型：筏板			
	计算方法及计算程序：YJK			
	防水、抗渗、抗浮			
	沉降分析			
	地基处理方案			
新材料、新技术、难点等				
主要结论	优化设计方案，补充弹性时程分析及单榀框架分析。12m 跨 600 厚筏板偏薄。楼梯间采取措施			
工种负责人：何相宇		日期：2016.8.12	评审主持人：陈文渊	日期：2016.8.12

注意：1. 评审申请时间：一般项目应在初步设计完成之前，无初步设计的项目在施工图 1/2 阶段。

2. 工种负责人、审核人必须参加评审会，审定人以及项目组其他人员应尽量参会。工种负责人负责项目组与会人员的通知事宜，在必要时可邀请建筑专业相关人员出席。

3. 评审后工种负责人应填写《结构方案评审意见回复表》，逐条回复《结构方案评审表》和《会议纪要》中提出的评审意见，并在签署齐全后归档。

会议纪要

2016 年 8 月 12 日

"太原北辰国际广场 E 座"施工图设计阶段结构方案评审会

评审人：陈富生、谢定南、罗宏渊、王金祥、陈文渊、朱炳寅、王载、彭永宏、王大庆

主持人：陈文渊　记录：王大庆

介　绍：王斌、何相宇

结构方案：本工程为地下 1 层、地上 4 层的商场，未设结构缝，采用混凝土框架结构。

地基基础方案：采用天然地基上的筏板基础。地下水位低，无抗浮问题。

评审：

1. 优化基础方案，12m 跨、600mm 厚的筏板偏薄，应适当增加筏板厚度。

2. 本工程为 8 度（0.20g）、Ⅲ类场地上的 4 层框架结构，柱网尺寸较大（12m×12m），建议与建筑专业协商，结合竖向交通和消防设施，适当设置剪力墙，比较采用框架-剪力墙结构的可能性。

3. 楼板大开洞造成结构空旷以及刚度、质量突变，应补充单榀框架承载力分析和弹性时程分析，包络设计。

4. 楼梯间四角设置框架柱，形成封闭框架。梯板不应采用滑动支座，避免地震时失效。

5. 结构超长，应补充温度应力分析，尤其应注意结构端部竖向构件的承载力复核，并相应采取可靠的防裂措施。建议进一步推敲上部结构设置膨胀加强带方案的合理性，比较采用预应力方案的可能性。

6. 地下室顶板的室内、外高差约 1.6m，应采取适当的加腋措施，确保水平力有效传递。

7. 尽早与甲方、建筑专业落实屋顶后建钢结构方案，注意其对混凝土主体结构的影响。

8. 中庭的玻璃屋顶支承于周边的悬挑结构，应进一步推敲方案的可靠性。

9. 适当优化结构布置和构件截面尺寸，注意重点部位加强和细部处理。

10. 本工程为商场，荷载较大且分布不均匀，设计文件应有荷载分布图。LED 显示屏荷载较大，注意尽早落实。

11. 本工程的层高较高，应注意填充墙的稳定性。

结论：

建议根据结构方案评审表的主要结论以及会议纪要内容，进一步优化结构设计。

17 文安鲁能生态旅游度假区泳池健身中心及船坞

设计部门：第一工程设计研究院
主要设计人：彭永宏、梁伟、陈文渊

工 程 简 介

一、工程概况

本工程位于河北省廊坊市文安县，工程建在度假区湖心岛（人工堆填岛）上的度假区酒店东侧。泳池健身中心地下1层，地上两层，层高均为4m，坡屋顶；建筑面积为2160m²；主要功能为泳池、健身房及设备机房。船坞无地下室，地上1层，层高为3.85m，坡屋顶；建筑面积为150m²；主要功能为餐厅。

本工程的主要设计条件如下：

建筑结构的安全等级	二级	基本风压	0.40kN/m²
设计使用年限	50 年	地面粗糙度类别	B 类
建筑抗震设防类别	标准设防类	抗震设防烈度	7 度
地基基础设计等级	乙级	设计基本地震加速度值	0.15g
地下室防水等级	一级	设计地震分组	第二组
建筑物的耐火等级	一级	场地类别	Ⅲ类

图 17-1　泳池建筑效果图

二、结构方案

1. 抗侧力体系

泳池健身中心和船坞均采用现浇钢筋混凝土框架结构，抗震等级为三级，泳池健身中心的局部大跨度框架为二级。

图 17-2　船坞建筑效果图

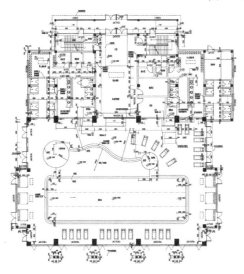

(a) 泳池一层建筑平面图

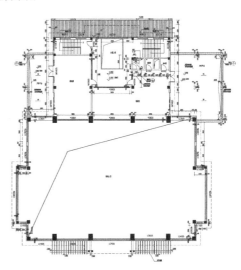

(b) 泳池二层建筑平面图

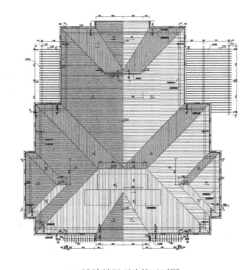

(c) 泳池坡屋顶建筑平面图

图 17-3　泳池建筑平面图

图 17-4 泳池建筑剖面图

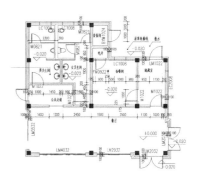

图 17-5 船坞一层建筑平面图

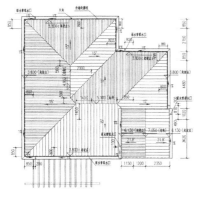

图 17-6 船坞坡屋顶建筑平面图

图 17-7 船坞建筑剖面图

2. 楼盖体系

泳池健身中心楼盖采用现浇钢筋混凝土梁板结构，一层因嵌固需要采用主梁加大板结构，其他层采用主、次梁结构，大跨度部位采用单向密肋梁楼盖，坡屋顶采用钢桁架结构，轻屋面。

船坞坡屋顶采用现浇钢筋混凝土梁板结构。

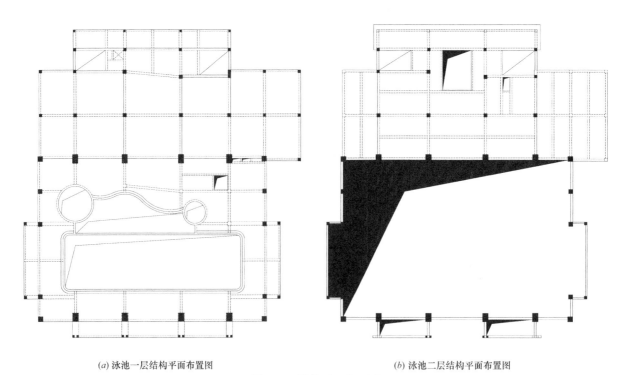

(a) 泳池一层结构平面布置图　　　　　(b) 泳池二层结构平面布置图

图 17-8 结构平面布置图

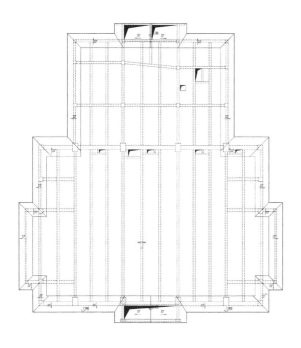

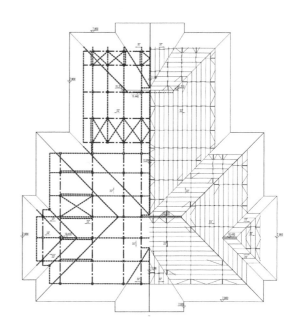

(c) 泳池闷顶层结构平面布置图   (d) 泳池坡屋顶钢桁架平面布置图

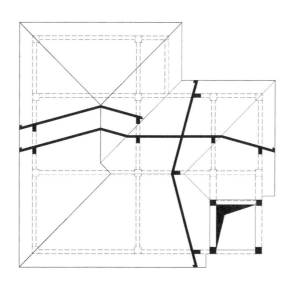

(e) 船坞坡屋顶结构平面布置图

图 17-8 结构平面布置图（续）

三、地基基础方案

由于现有人工堆填土层不宜直接作为地基持力层，且厚度满足换填垫层法处理的条件，因此本工程采用换填垫层法进行地基处理。泳池健身中心采用筏板基础。船坞采用柱下独立基础，设置基础拉梁。

结构方案评审表　　　　　　　结设质量表（2016）

项目名称	文安鲁能生态旅游度假区泳池健身中心及船坞		项目等级	A/B级□、非A/B级■
			设计号	13449-02
评审阶段	方案设计阶段□	初步设计阶段□		施工图设计阶段■
评审必备条件	部门内部方案讨论　有■　无□		统一技术条件　有■　无□	
工程概况	建设地点　河北省廊坊市文安县		建筑功能　泳池、餐厅	
	层数(地上/地下)　2/1		高度(檐口高度)　10m	
	建筑面积(m²)　2160		人防等级:/	
主要控制参数	设计使用年限　50年			
	结构安全等级　二级			
	抗震设防烈度、设计基本地震加速度、设计地震分组、场地类别、特征周期 7度、0.15g 第二组、Ⅲ类、0.55s			
	抗震设防类别　标准设防类(丙类)			
	主要经济指标			
结构选型	结构类型　钢筋混凝土　框架结构			
	概念设计、结构布置　现浇楼板体系			
	结构抗震等级　大跨部分按框架二级,其余按框架三级			
	计算方法及计算程序　YJK计算软件			
	主要计算结果有无异常(如:周期、周期比、位移、位移比、剪重比、刚度比、楼层承载力突变等)　无			
	伸缩缝、沉降缝、防震缝　无			
	结构超长和大体积混凝土是否采取有效措施　无			
	有无结构超限　无			
基础选型	基础设计等级　乙级			
	基础类型　筏板基础、独立基础			
	计算方法及计算程序　YJK计算软件			
	防水、抗渗、抗浮　抗渗等级P6			
	沉降分析			
	地基处理方案　级配砂石换填			
新材料、新技术、难点等				
主要结论	注意悬挑梁设计、大跨结构宜用上边框柱,屋顶采用双向受力结构,注意泳池的抗浮设计,比较地基处理方案 (全部内容均在此页)			
工种负责人:彭永宏		日期:2016.8.15	评审主持人:朱炳寅	日期:2016.8.17

注意：1. 评审申请时间：一般项目应在初步设计完成之前，无初步设计的项目在施工图1/2阶段。

2. 工种负责人、审核人必须参加评审会，审定人以及项目组其他人员应尽量参会。工种负责人负责项目组与会人员的通知事宜，在必要时可邀请建筑专业相关人员出席。

3. 评审后工种负责人应填写《结构方案评审意见回复表》，逐条回复《结构方案评审表》和《会议纪要》中提出的评审意见，并在签署齐全后归档。

18 委内瑞拉海水淡化项目

设计部门：范重结构设计工作室
主要设计人：许庆、朱丹、胡纯炀、尤天直

工 程 简 介

一、工程概况

委内瑞拉海水淡化项目位于委内瑞拉马格丽特岛西岛的西海岸边，厂区距离海岸线约 50m。按照规划，海水淡化项目包括主厂房、变压器室、配电及柴发机房及储油间、综合办公楼、预处理加药房、水泵房、水池、中合池及缓冲池、取水池、V 型滤池、混凝沉淀池子项。

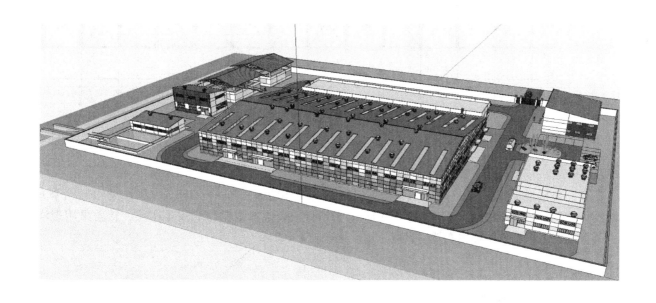

图 18-1 建筑效果图

二、结构方案

根据当地实际情况及甲方要求，主厂房、预处理加药房均采用混凝土柱与屋顶钢梁组成的结构体系，混凝土柱顶设置钢靴与钢梁刚接，钢梁上覆轻屋面。主厂房采用 8m×6m 的规则柱网，轻屋面的荷载较小，结构在地震作用下的抗侧力性能较好。在屋面上设置了 6 道拉杆支撑，保证屋面体系的稳定性。为解决梁的面外稳定问题，在跨度为 6m 的主梁中部，利用檩条设置了面外支撑。由于甲方要求尽可能利用库存钢材，而且现有钢材的截面较小（最大为 H400×180×7×11mm），因此跨度 6m 处的屋面主梁、拉杆支撑采用现有库存钢材，跨度 8m 处通过连接缀板将两个较小钢梁拼接成双梁，作为屋面主梁。

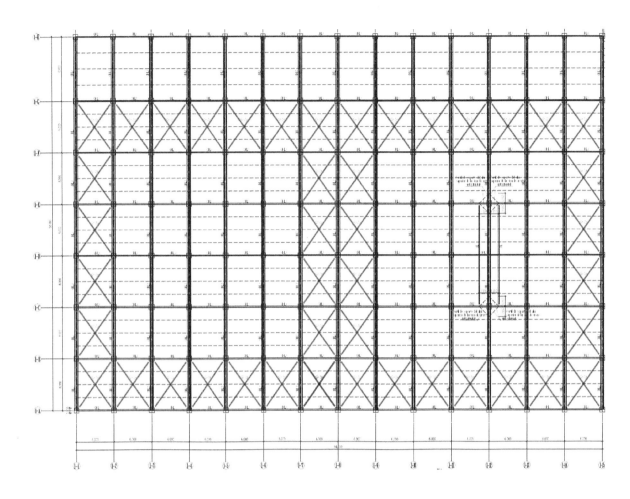

图 18-2　主厂房屋顶结构平面布置图

　　综合办公楼地上两层，采用混凝土框架结构，屋顶结构的做法与主厂房基本相同。办公楼两个方向的跨度均达到（或接近）8m，为利用库存钢材，采用拼接而成的双梁作为屋顶主梁。楼盖采用现浇混凝土梁板结构，根据建筑隔墙布置，设置 1 道次梁。

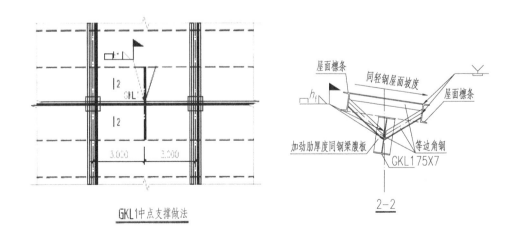

图 18-3　主厂房跨度 6m 处主梁面外支撑做法示意图

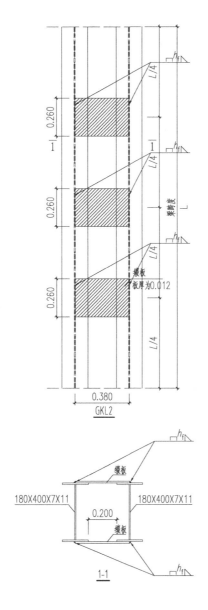

图 18-4　主厂房跨度 8m 处主梁拼接构造示意图

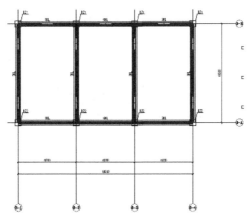

图 18-5　预处理加药房屋顶结构平面布置图

水池及取水池均为工艺要求的功能型建筑，其工艺布置要求为封闭的钢筋混凝土水池，抗侧力体系采用剪力墙结构。池顶在过水洞口部位设置截面为 250mm×600mm 的连梁。

发电机房及配电室均为单层建筑，柱网尺寸分别为 7.8m×8m 及 6m×8m，双向柱网比较均衡，采用混凝土框架结构，屋盖采用现浇混凝土梁板结构，为洞口设置次梁。

三、地基基础方案

根据地勘报告建议，并结合结构受力特点及当地施工经验，主厂房、综合办公楼、发电机房、配电室及预处理加药房均采用独立基础，基础埋深为 3m。两个水池均采用筏板基础。

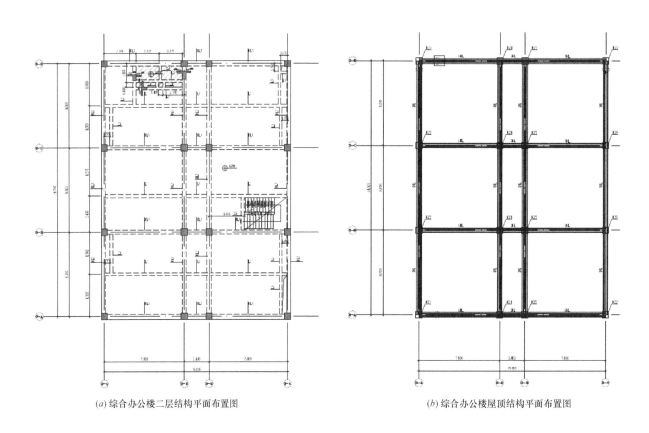

(a)综合办公楼二层结构平面布置图　　　　　　(b)综合办公楼屋顶结构平面布置图

图 18-6　综合办公楼结构平面布置

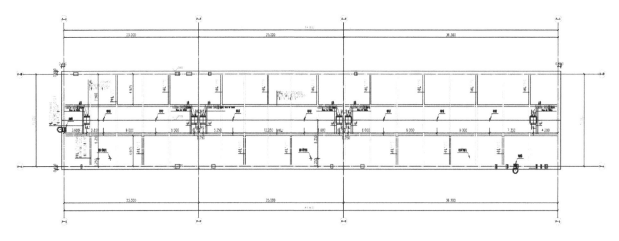

图 18-7　水池顶板结构平面布置图

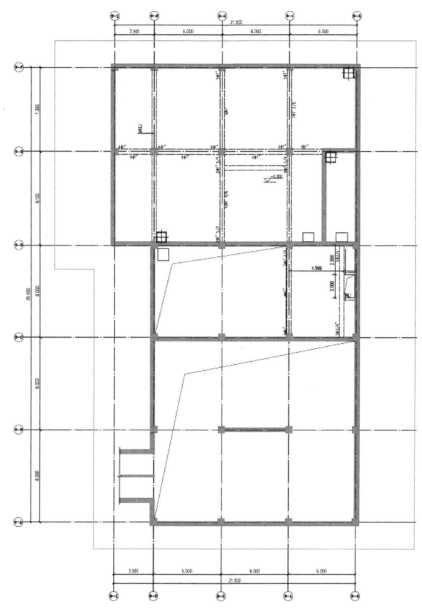

图 18-8　取水池顶板结构平面布置图

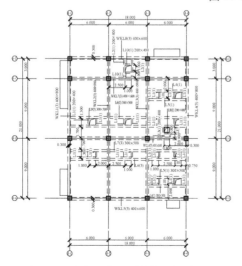

图 18-9　发电机房屋顶结构平面布置图

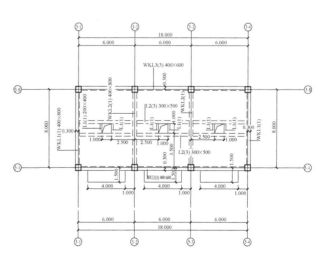

图 18-10　配电室屋顶结构平面布置图

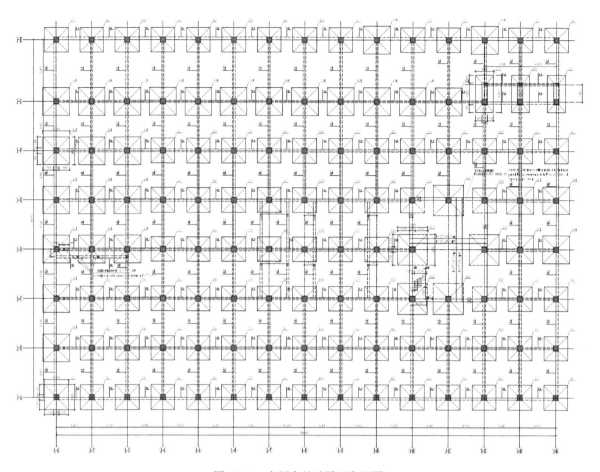

图 18-11　主厂房基础平面布置图

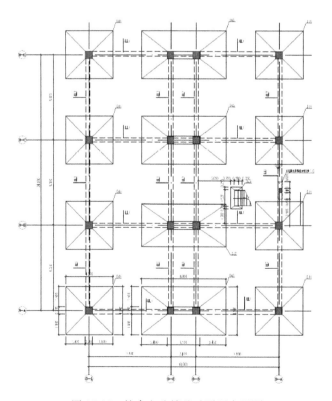

图 18-12　综合办公楼基础平面布置图

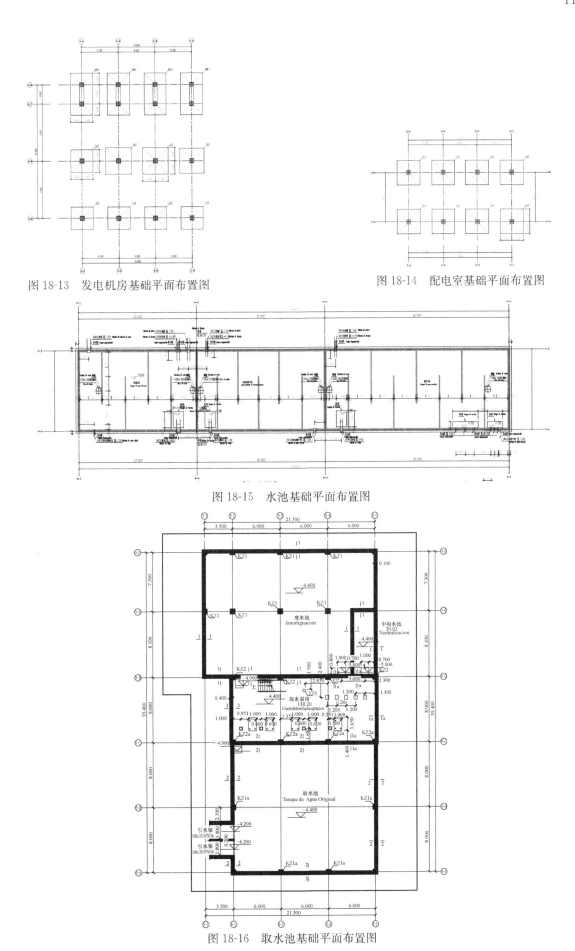

图 18-13 发电机房基础平面布置图

图 18-14 配电室基础平面布置图

图 18-15 水池基础平面布置图

图 18-16 取水池基础平面布置图

结构方案评审表

结设质量表（2016）

项目名称	委内瑞拉海水淡化项目	项目等级	A/B 级□、非 A/B 级■
		设计号	待定

评审阶段	方案设计阶段□	初步设计阶段□	施工图设计阶段■

评审必备条件	部门内部方案讨论　有■　无□	统一技术条件　有■　无□

工程概况	建设地点:委内瑞拉玛格丽塔岛西岛	建筑功能:海水淡化厂
	层数(地上/地下):2/1	高度(檐口高度):13m
	建筑面积(m²):0.96 万	人防等级:无

主要控制参数	设计使用年限:50 年
	结构安全等级:一级
	抗震设防烈度、设计基本地震加速度、设计地震分组、场地类别、特征周期: 8 度、0.3g、第一组、Ⅱ类、0.35s
	抗震设防类别:重点设防类
	主要经济指标

结构选型	结构类型:框架
	概念设计、结构布置
	结构抗震等级:框架二级
	计算方法及计算程序:YJK-A、SAP2000
	主要计算结果有无异常(如:周期、周期比、位移、位移比、剪重比、刚度比、楼层承载力突变等):无
	伸缩缝、沉降缝、防震缝:未设
	结构超长和大体积混凝土是否采取有效措施:无
	有无结构超限:无

基础选型	基础设计等级:甲级
	基础类型:筏板、独立基础
	计算方法及计算程序:YJK-F
	防水、抗渗、抗浮:抗渗一级
	沉降分析:无
	地基处理方案:无

新材料、新技术、难点等	材料使用受限。采用委内瑞拉当地规范并参考美国规范设计

主要结论	海岸环境应特别注意混凝土(C25)与钢结构的耐久性设计问题,宜采用柱顶铰接钢梁的排架结构,优化水池抗浮方案,完善防腐蚀措施,添加剂合理选用,优化屋顶支撑体系,适当增设柱间支撑,完善屋顶檩条与主体结构的连接,注意淡化工艺加药对工程的影响,工程应以满足中国规范作为设计底线,按单层工业厂房控制,优化细部设计,多层框架楼梯四角加柱

工种负责人:许庆	日期:2016.8.25	评审主持人:朱炳寅	日期:2016.8.25

注意:　**1.** 评审申请时间:一般项目应在初步设计完成之前,无初步设计的项目在施工图 1/2 阶段。

　　　　2. 工种负责人、审核人必须参加评审会,审定人以及项目组其他人员应尽量参会。工种负责人负责项目组与会人员的通知事宜,在必要时可邀请建筑专业相关人员出席。

　　　　3. 评审后工种负责人应填写《结构方案评审意见回复表》,逐条回复《结构方案评审表》和《会议纪要》中提出的评审意见,并在签署齐全后归档。

会议纪要

2016 年 8 月 25 日

"委内瑞拉海水淡化项目"施工图设计阶段结构方案评审会

评审人：谢定南、罗宏渊、王金祥、尤天直、陈文渊、徐琳、范重、朱炳寅、张亚东、彭永宏、王大庆

主持人：朱炳寅　记录：王大庆

介　绍：许庆

结构方案：本次评审主厂房、办公楼、水池、加药室等单体。办公楼两层，其他单体均为一层；采用框架结构（混凝土柱顶钢靴与屋顶钢梁刚接），金属轻屋面。

地基基础方案：采用天然地基上的独立基础＋拉梁、筏板基础。因当地无法施工桩基，水池抗浮采用下挖＋压重方案。

评审：

1. 工程应以满足中国规范作为设计底线，并结合所在地要求的相关规范，按单层工业厂房控制设计。

2. 工程位于海岸环境，且采用 C25 级混凝土；应特别注意混凝土与钢结构的耐久性设计问题，注意淡化工艺加药对工程（尤其是钢结构）的影响，完善防腐蚀措施，合理选用添加剂（如钢筋阻锈剂等）。

3. 低强度混凝土（C25 级）是影响混凝土耐久性提高的主要因素之一，建议进一步协商提高混凝土强度的可能性，或考虑选用国内预制混凝土柱的可行性，以提高强度、控制质量。

4. 柱顶钢靴与钢梁刚接方案施工复杂，技术要求高，质量不易保证；宜采用柱顶铰接钢梁的排架结构，适当增设柱间支撑，优化屋顶支撑体系；建议优先选用标准图，简化结构设计和施工。

5. 注意海边风荷载对轻屋面的影响，完善屋面板、屋顶檩条、主体结构之间的连接。

6. 优化细部设计（如节点等）。

7. 多层框架的楼梯间四角加设框架柱，形成封闭框架。

8. 下挖＋压重方案的抗浮效率不高，且海边降水困难；应优化水池抗浮方案，建议比选水池底板外扩＋压重方案或水池上抬＋压重方案。

9. 适当优化基础方案（如布置、埋深、平面及截面尺寸等），并与当地注册工程师进一步沟通、落实。

10. 注意理清设计范围。尽早落实所在地的外审要求及施工技术水平等情况，避免返工。

结论：

建议根据结构方案评审表的主要结论以及会议纪要内容，进一步优化结构设计。

19 福建宁德金禾雅居

设计部门：第二工程设计研究院
主要设计人：何相宇、刘连荣、朱炳寅

工 程 简 介

一、工程概况

本工程位于福建省宁德市，由 7 栋 14～18 层住宅楼（房屋高度最高为 54.4m）、4 栋 26 层住宅楼（房屋高度为 79.3m）、1 栋 16 层办公楼（房屋高度为 67.8m）、1 栋 3 层物业房（房屋高度为 10m）和 1 层大底盘地下车库（局部设人防）组成，总建筑面积约 16 万 m²。

图 19-1 建筑效果图

二、结构方案

1. 抗侧力体系

综合考虑建筑的功能、布置以及结构的合理性，并参考业主单位的比选意见，各楼分别采用下列抗侧力体系：

2 号～5 号楼为 26 层住宅楼，建筑平面相对规则，结合竖向交通核布置和房间分隔，设置剪力墙，采用现浇钢筋混凝土剪力墙结构。剪力墙自下而上的厚度为 250～200mm。

6 号～12 号楼为 14～18 层住宅楼，建筑平面布置基本对称，结合楼、电梯等竖向交通核的墙体，布置剪力墙，采用现浇钢筋混凝土框架-剪力墙结构。剪力墙自下而上的外墙厚度为 250～200mm，内墙厚度为 200mm。框架柱的最大柱距为 7.05m，框架柱与剪力墙的距离为 1.40～7.05m。框架柱的截面尺寸：9 层以下为 500mm×700mm、550mm×600mm、400mm×700mm、400mm×500mm，9 层以上为 550mm×400mm、400mm×400mm。

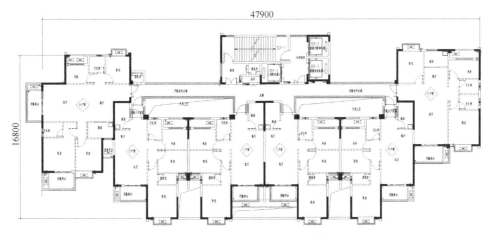

图 19-2　2 号、3 号、5 号楼标准层建筑平面图

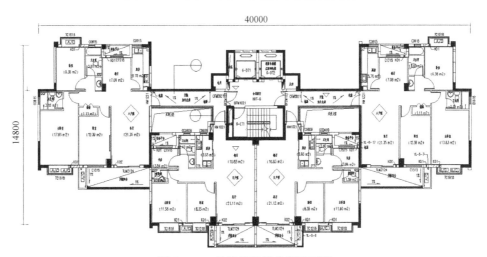

图 19-3　6 号楼标准层建筑平面图

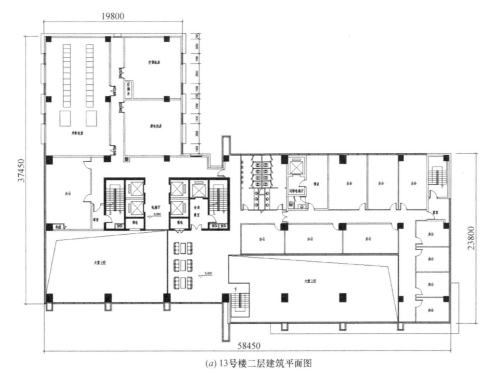

(a) 13 号楼二层建筑平面图

图 19-4　13 号楼建筑平面图

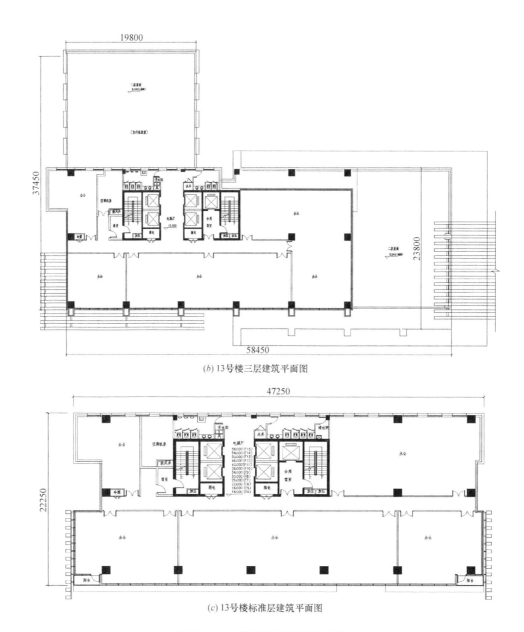

(b) 13号楼三层建筑平面图

(c) 13号楼标准层建筑平面图

图 19-4　13 号楼建筑平面图（续）

13 号楼为 16 层办公楼，两层裙房的平面呈 L 形，塔楼平面为矩形，且设有 1 个独立的筒状交通核，采用现浇钢筋混凝土框架-核心筒结构，将筒状交通核设置成剪力墙筒体。核心筒的平面尺寸为 17.95m×7.35m，核心筒自下而上的墙厚为 350～200mm。框架柱的最大柱距为 10.1m，框架柱与核心筒的距离为 2.8～10.1m。框架柱的截面尺寸：9 层以下为 900mm×1000mm、800mm×1000mm、700mm×1000mm、800mm×900mm 等，9 层以上为 700mm×800mm、600mm×700mm、500mm×700mm 等。

概念设计及计算分析表明，在充分满足建筑使用要求的前提下，各楼所采用的抗侧力体系具有较好的结构安全性和经济性。

2. 楼盖体系

本工程的楼盖采用现浇钢筋混凝土梁板结构，考虑建筑使用功能要求，一般为主、次梁结构，局部采用主梁加大板结构。依据楼板跨度及荷载条件，住宅楼的板厚为 100～120mm，办公楼的板厚为 100～150mm。地下室顶板厚度取 180～300mm，以满足结构嵌固及人防顶板要求。

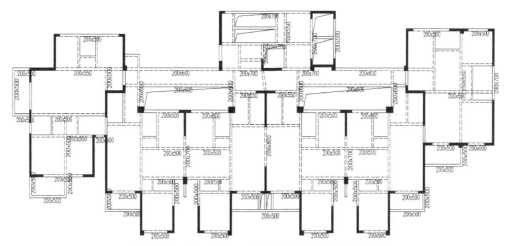

图 19-5 2号、3号、5号楼标准层结构平面布置图

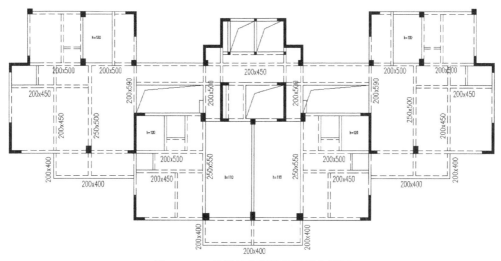

图 19-6 6号楼标准层结构平面布置图

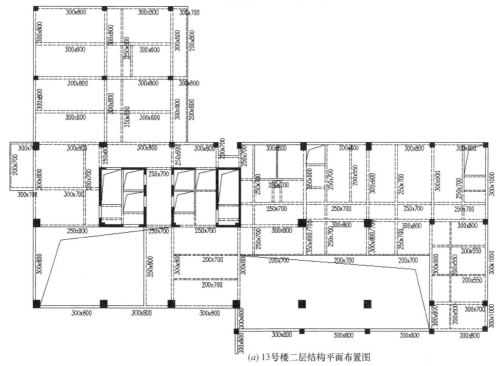

(a) 13号楼二层结构平面布置图

图 19-7 13号楼结构平面布置图

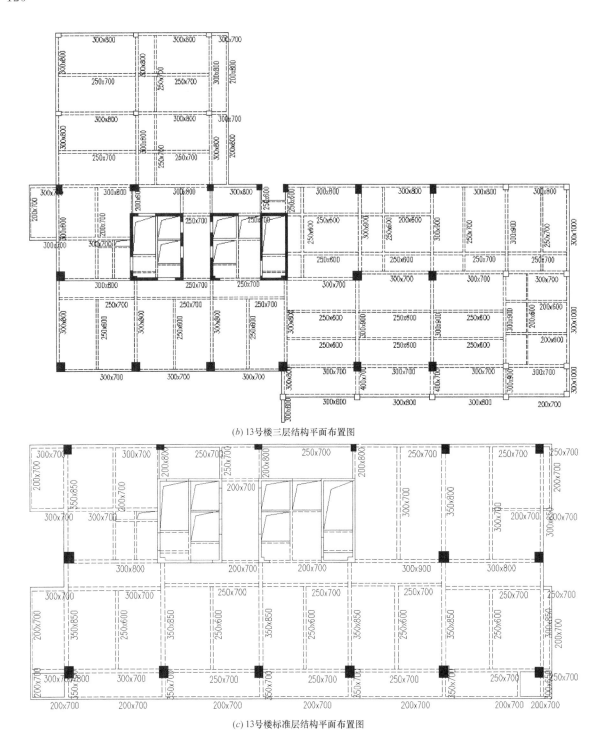

(b) 13号楼三层结构平面布置图

(c) 13号楼标准层结构平面布置图

图 19-7　13 号楼结构平面布置图（续）

三、地基基础方案

根据地勘报告建议，并结合结构受力特点及宁德地区经验，2 号～5 号楼采用冲孔灌注桩基础，桩径为 800mm，桩端持力层为中风化～微风化花岗岩，入岩深度取 1 倍桩径，综合考虑单桩抗压承载力特征值取 4800kN。6 号～13 号楼采用预应力预制管桩基础，桩端持力层为强风化花岗岩，入岩深度取 1 倍桩径，预制管桩采用开口型桩尖，有效减小挤土效应。6 号～12 号楼的桩径为 500mm，综合考虑单桩抗压承载力特征值取 2000kN。13 号楼的桩径为 600mm，综合考虑单桩抗压承载力特征值取 2700kN。

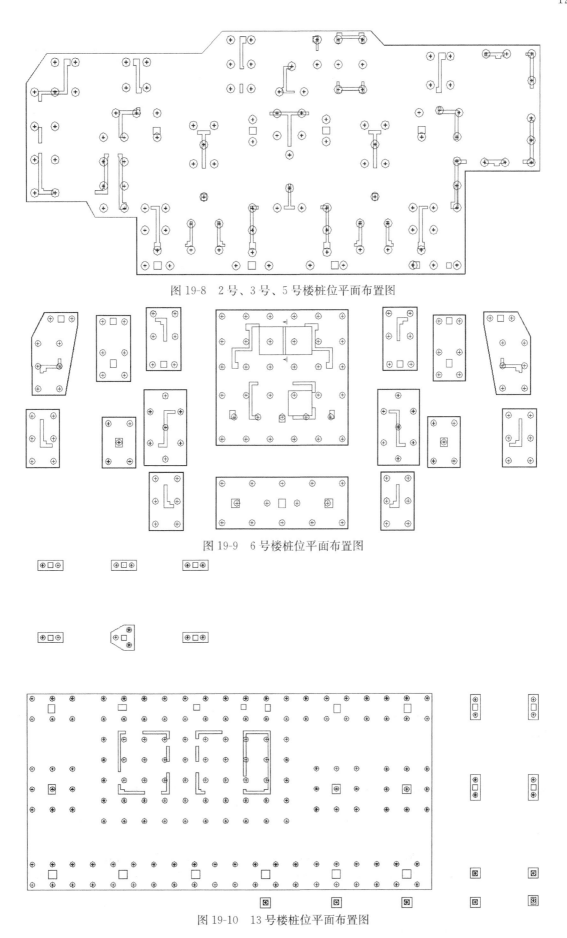

图 19-8　2 号、3 号、5 号楼桩位平面布置图

图 19-9　6 号楼桩位平面布置图

图 19-10　13 号楼桩位平面布置图

结构方案评审表 　　　　　　　　　结设质量表（2016）

项目名称	福建宁德金禾雅居	项目等级	A/B 级□、非 A/B 级■
		设计号	

评审阶段	方案设计阶段□	初步设计阶段□	施工图设计阶段■

评审必备条件	部门内部方案讨论　有■　无□		统一技术条件　有■　无□

工程概况	建设地点:福建省宁德市	建筑功能:住宅、办公
	层数(地上/地下):14～26/1	高度(檐口高度):79.3m
	建筑面积(m²):16 万	人防等级:核 6 级

主要控制参数	设计使用年限:50 年
	结构安全等级:二级
	抗震设防烈度、设计基本地震加速度、设计地震分组、场地类别、特征周期
	6 度、0.05g、第二组、Ⅲ类、0.55s
	抗震设防类别:标准设防类
	主要经济指标

结构选型	结构类型:住宅框架-剪力墙、剪力墙结构;办公楼框架-核心筒结构
	概念设计、结构布置:主楼框架-剪力墙结构、剪力墙结构、办公楼框架-核心筒结构
	结构抗震等级:住宅框架-剪力墙结构框架四级、剪力墙三级;剪力墙结构剪力墙四级;办公楼框架核心筒结构框架三级、核心筒二级
	计算方法及计算程序:SATWE
	主要计算结果有无异常(如:周期、周期比、位移、位移比、剪重比、刚度比、楼层承载力突变等):位移比大于 1.2
	伸缩缝、沉降缝、防震缝　无
	结构超长和大体积混凝土是否采取有效措施:
	有无结构超限:无

基础选型	基础设计等级:乙级
	基础类型:桩基
	计算方法及计算程序:JCCAD
	防水、抗渗、抗浮　有抗浮问题
	沉降分析
	地基处理方案

新材料、新技术、难点等	抗浮设计

主要结论	进一步调研细化落实本工程场地采用预应力管桩的可能性,同一单体工程宜采用同一桩型,桩长悬殊,应明确桩底标高控制要求及施工措施,选择适合本工程场地特点的桩基型式,上部结构大跨长梁与剪力墙墙厚方向连接,宜调整,太多的半跨框架,细化结构布置,13 号楼细化结构布置

工种负责人:何相宇	日期:2016.8.30	评审主持人:朱炳寅	日期:2016.8.30

注意：1. 评审申请时间：一般项目应在初步设计完成之前，无初步设计的项目在施工图 1/2 阶段。

2. 工种负责人、审核人必须参加评审会，审定人以及项目组其他人员应尽量参会。工种负责人负责项目组与会人员的通知事宜，在必要时可邀请建筑专业相关人员出席。

3. 评审后工种负责人应填写《结构方案评审意见回复表》，逐条回复《结构方案评审表》和《会议纪要》中提出的评审意见，并在签署齐全后归档。

会议纪要

2016 年 8 月 30 日

"福建宁德金禾雅居"施工图设计阶段结构方案评审会

评审人：谢定南、罗宏渊、王金祥、陈文渊、朱炳寅、彭永宏、王大庆

主持人：朱炳寅　记录：王大庆

介　绍：何相宇

结构方案：多栋住宅楼和 1 栋办公楼坐落于 1 层大底盘地下室。14～18 层住宅楼采用框架-剪力墙结构，26 层住宅楼采用剪力墙结构。办公楼地上 16 层，采用框架-核心筒结构。

地基基础方案：采用桩基＋承台、防水板，桩型：26 层住宅楼为冲孔灌注桩，其余为预应力管桩。

评审：

1. 场地表层为淤泥，其下依次为卵石层（5～6m 厚）以及全风化、中风化岩等，应进一步调研并细化落实本工程场地采用预应力管桩的可能性。

2. 桩长悬殊（同一单体的桩长 8～43m 不等），应选择适合本工程场地特点的桩基型式，应明确桩底标高控制要求及施工措施，并优化基础方案，以控制桩长，如：适当增加桩数，优化承台布置，26 层住宅楼考虑桩筏基础等。

3. 本工程桩型较多，建议适当统一，同一单体工程宜采用同一桩型。

4. 注意桩周负摩阻力对桩基的影响。

5. 各单体的上部结构有很多处大跨长梁与剪力墙墙厚方向连接，半跨框架很多，应细化、优化结构布置，将不利的连接方式、布置方式调整合理。

6. 26 层住宅楼的剪力墙偏少，梁跨度较大（且支承于较薄剪力墙），梁搭梁现象较普遍，应优化结构布置，结合减小梁跨度，适当增设剪力墙（或翼墙），保证梁的支承和钢筋锚固，并尽量避免梁搭梁（尤其是多重梁搭梁）情况，使传力直接、明确。

7. 从建筑布置来看，14～18 层住宅楼宜考虑剪力墙结构，建议进一步协商采用剪力墙结构的可能性。

8. 办公楼（13 号楼）按框架-剪力墙结构设计，并细化、优化结构布置，如：裙房端部适当设置剪力墙，以控制结构扭转；优化筒体的剪力墙布置，适当增设翼墙，保证梁的支承和钢筋锚固；优化邻近筒体的梁、柱设计；根据悬挑长度不同，优化悬挑部位设计，并注意梁的悬挑段与其内跨的截面匹配问题。

结论：

建议根据结构方案评审表的主要结论以及会议纪要内容，进一步优化结构设计。

20　中铁青岛世界博览城会展及配套项目

设计部门：第一工程设计研究院
主要设计人：梁伟、孙海林、尤天直、陈文渊、刘会军、董越、孙庆唐、陆颖、岳琪

工 程 简 介

一、工程概况

中铁青岛世界博览城会展及配套项目位于山东省青岛市。本项目的建筑功能为会展中心和停车楼，包含12座独立展馆、1个展廊和两座停车楼。会展中心地下1层，地上两层，展馆的结构最高点为23.35m，展廊的结构最高点为34.65m。停车楼无地下室，地上4层，屋面结构高度为16.65m，屋顶钢架高度为22.50m。设计条件如下表：

项　目	取　值	项　目	取　值
设计使用年限	50年	设计地震分组	第三组
建筑抗震设防类别	会展中心：重点设防类 停车楼：标准设防类	基本风压	0.60kN/m²(重现期50年) 0.70kN/m²(重现期100年)
抗震设防烈度	7度	地面粗糙度	A类
设计基本地震加速度值	0.10g		

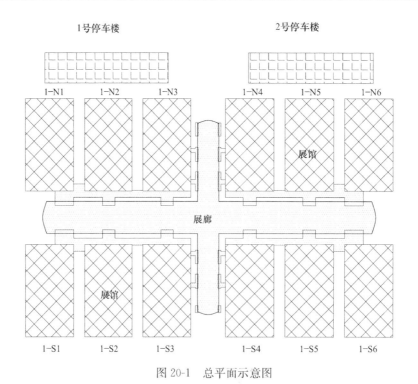

图 20-1　总平面示意图

图 20-2　建筑效果图

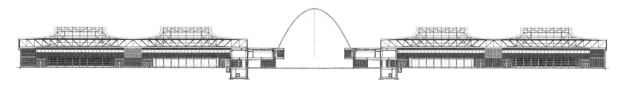

图 20-3　主拱方向建筑立面图

二、结构方案

1. 抗侧力体系

根据本工程的建筑特点，展馆采用现浇钢筋混凝土框架-剪力墙结构，展廊、停车楼采用现浇钢筋混凝土框架结构。抗震等级：展馆为框架二级、剪力墙二级、钢结构三级；展廊为框架二级；停车楼为框架三级。

展廊的混凝土结构超长，4 个结构单元为对称关系，单个结构单元的长度为 250m。根据展廊屋盖钢结构的分缝位置，将其下的每个混凝土结构单元分为 160m 和 90m 两部分。分缝后的结构单元仍超长，对其采取相应的计算和构造措施，尽量减小温度应力对超长结构的影响。

2. 屋盖体系

展廊屋盖采用预应力索拱钢结构，主拱跨度为 47m，次拱跨度为 31.5m，主、次拱的矢跨比均为0.6。索拱支座落在两侧展廊的混凝土柱顶，采用固定支座。

展馆屋盖采用钢管桁架结构，各展馆的平面尺寸均为 135m×72m，采用相同的结构布置，桁架支承点落在 6 个混凝土筒体上，支座采用双向弹性支座。

展廊和展馆屋盖均考虑温度应力的影响。

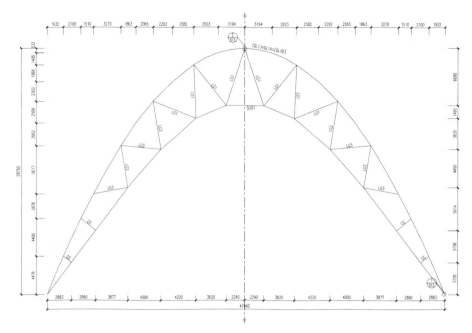

图 20-4 展廊屋盖典型主拱结构布置图

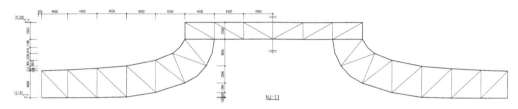

图 20-5 展馆屋盖典型桁架结构布置图

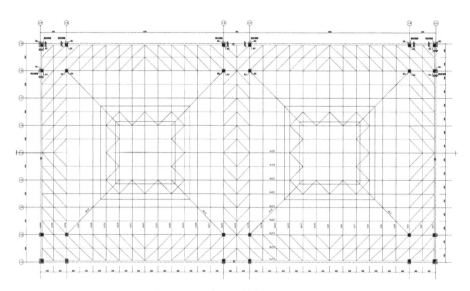

图 20-6 展馆屋盖结构平面布置图

三、地基基础方案

根据勘察报告建议，本工程采用桩基础，地下室布置防水板，桩型为边长 450mm 的预制方桩，单桩承载力特征值为 1600kN，桩端持力层为第 16 层强风化石英二长岩层。由于地下水位较高，纯地下室抗浮不足，采用预制方桩作为抗拔桩，解决抗浮问题。

结构方案评审表　　　　　　　　结设质量表（2016）

项目名称	中铁青岛世界博览城会展及配套项目	项目等级	A/B级□、非A/B级■
		设计号	16075

评审阶段	方案设计阶段□	初步设计阶段□	施工图设计阶段■
评审必备条件	部门内部方案讨论　有■　无□		统一技术条件　有■　无□

工程概况	建设地点　山东省青岛市	建筑功能　会展　停车
	层数（地上/地下）　展馆展廊2/1　停车楼4/0	高度（檐口高度）　展馆23.35m　展廊34.65m　停车楼16.65m(钢架22.5m)
	建筑面积(m²)　26.08万	人防等级　无

主要控制参数	设计使用年限　50年
	结构安全等级　二级(钢结构支座等关键部位为一级)
	抗震设防烈度、设计基本地震加速度、设计地震分组、场地类别、特征周期 7度、0.10g、第三组、Ⅱ类、0.45s
	抗震设防类别　展馆展廊为重点设防类　停车楼为标准设防类
	主要经济指标

结构选型	结构类型　混凝土框架及框剪结构　展馆展廊采用钢桁架与索拱屋顶
	概念设计、结构布置　索拱稳定　钢桁架弹性支座
	结构抗震等级　展廊框架二级　展馆剪力墙二极/框架三级　停车楼框架三级
	计算方法及计算程序　盈建科　SAP2000　Midas Gen　ANSYS
	主要计算结果有无异常(如:周期、周期比、位移、位移比、剪重比、刚度比、楼层承载力突变等) 无异常
	伸缩缝、沉降缝、防震缝　展馆和展廊之间以及展廊内部设置防震缝分为各个单体
	结构超长和大体积混凝土是否采取有效措施　超长、设置收缩后浇带间距40m
	有无结构超限　无

基础选型	基础设计等级　乙级
	基础类型　展馆展廊:桩基础＋防水板　停车楼:桩基础
	计算方法及计算程序　盈建科
	防水、抗渗、抗浮　采用抗压兼抗拔桩
	沉降分析
	地基处理方案　展厅部位采用混凝土搅拌桩,其他区域挤压排水

新材料、新技术、难点等	预应力钢索拱结构　清水混凝土

主要结论	基础设计:优化诱导缝设计,注意展馆支承筒下桩抵抗水平力问题,注意超厚填土引起的地面沉降问题,展馆与建筑协商采用周边支承及网架的可能性,采用空间桁架时应研究桁架的施工可能性,优化屋顶钢结构的支座布置,展厅应关注索应力问题,索腹杆宜采用钢杆,注意索拱的成型及施工问题,注意防腐问题,建议采用拱架结构,并在拱顶设置纵向桁架,展厅支座宜采用转动铰(水平限位),补充弹性时程分析,按空间整体结构分析

工种负责人:梁伟　孙海林	日期:2016.8.31	评审主持人:朱炳寅	日期:2016.8.31

注意：1. 申请评审一般应在初步设计完成前，无初步设计的项目在施工图1/2阶段申请。
　　　2. 工种负责人负责通知项目相关人员参加评审会。工种负责人、审核人必须参会，建议审定人、设计人与会。工种负责人在必要时可邀请建筑专业相关人员参会。
　　　3. 评审后，填写《结构方案评审意见回复表》，逐条回复《结构方案评审表》和《会议纪要》中提出的评审意见，并由工种负责人、审定人签字。

会议纪要

2016 年 8 月 31 日

"中铁青岛世界博览城会展及配套项目"施工图设计阶段结构方案评审会

评审人：陈富生、谢定南、罗宏渊、王金祥、陈文渊、徐琳、朱炳寅、张亚东、彭永宏、王大庆

主持人：朱炳寅　记录：王大庆

介　绍：董越、刘会军、孙庆唐、陆颖、孙海林

结构方案：本工程含 12 座展馆、1 个展廊和两栋停车楼。展馆、展廊设 1 层局部地下室（最大长度 558m，设置诱导缝），停车楼无地下室。展馆、展廊、停车楼等各建筑之间设缝分开。各展馆均为单层建筑（局部两层）；结构体系和布置基本相同，未设缝；抗侧力体系采用混凝土框架-剪力墙结构，呈日字形布置 6 个相距 54m 的混凝土筒体；屋顶造型呈两个凸台形，屋盖体系采用空间钢桁架结构，设 24 个弹性支座（可滑移和转动）支承于下部筒体的角部。展廊平面呈十字形，东西向平面尺寸约 500m×83m，南北向平面尺寸约 280m×32m；设缝分为 5 个结构单元，典型的结构布置为 6m 高的混凝土框架结构支承上部的预应力索拱结构；索拱高近 30m，跨度约 48m，拱身采用方钢管，主索和腹索采用预应力钢拉索，拱脚附近的腹索代以钢杆。停车楼均为 4 层，各分为两个结构单元，采用混凝土框架结构。超长结构进行了温度应力分析，大跨度结构考虑了竖向地震作用。

地基基础方案：采用桩基础，桩型为预制方桩，抗浮不足时兼作抗拔桩。地面有较厚回填土，活荷载大（30～50kN/m²），采用搅拌桩或强夯法进行地坪处理。

评审：

1. 优化诱导缝设计，适当减小缝宽，注意诱导作用的有效性和发生开裂的可能性，可参考隧道标准图集。

2. 注意展馆屋盖支承筒下桩抵抗水平力问题，不能仅考虑小震下的水平力。

3. 注意超厚填土引起的地面沉降问题，推敲地坪处理方案，关注强夯法的可行性，建议设置刚性地坪。

4. 展馆屋盖采用复杂形式的空间桁架结构，技术要求高，施工难度大，部分节点 9 根杆件汇于一处焊接，建议与建筑专业进一步协商采用周边支承及网架结构的可能性。当确需采用空间桁架时，应仔细研究桁架的施工可能性，适当优化桁架结构布置，降低结构的复杂程度和施工难度。

5. 展馆屋顶钢结构存在较多受拉支座，应优化其支座布置，改善与下部筒体的支承关系；支座型式宜采用水平限位的转动铰支座。

6. 优化展馆屋顶钢结构及其杆件布置，使之符合实际受力状态。

7. 展廊索拱结构应关注索应力问题（应力松弛、应力变号），索腹杆宜采用钢杆。

8. 注意展廊索拱的成型及施工问题，可变因素较多，建议采用拱架结构，并在拱顶设置纵向桁架，确保拱的平面外稳定性。

9. 展廊屋盖外露，且处于海风环境，应注意防腐问题。

10. 展廊通透，屋盖外露，除风压力外，尚应考虑风吸力对结构的影响。

11. 注意拱脚推力的处理问题。

12. 展廊、展馆补充弹性时程分析，按空间连体结构分析。

13. 细化结构计算分析，展馆、展廊结构复杂，计算分析时不能仅考虑小震作用。

结论：

建议根据结构方案评审表的主要结论以及会议纪要内容，进一步优化结构设计。

21　舟山新城海洋文化艺术中心二期

设计部门：第二工程设计研究院
主要设计人：张猛、马玉虎、施泓、朱炳寅

工 程 简 介

一、工程概况

本工程位于浙江省舟山市，总建筑面积约 5.2 万 m^2，建筑功能为办公、展示、会议、活动等。本工程设局部 1 层地下室，地上 2～5 层，自室外地面算至最高屋面平均点的高度不超过 24m。建筑平面的最大轴线尺寸约 186m×146m，主要柱网呈等边三角形三向布置，柱距约 8.1m。地上建筑分为 5 个独立结构单体，采用钢筋混凝土框架结构或框架-剪力墙结构。

图 21-1　建筑效果图

二、结构方案

1. 抗侧力体系

因建设场地临近海边，受海风腐蚀较严重，故本工程不采用钢结构。

1 号、2 号单体的房屋高度相对较高，可选择的结构型式有：框架结构、框架-剪力墙结构、框架-支撑结构。经综合比选，两单体采用钢筋混凝土框架-剪力墙结构。

136

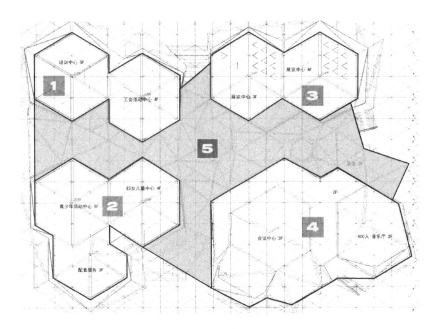

图 21-2　各结构单体平面关系图

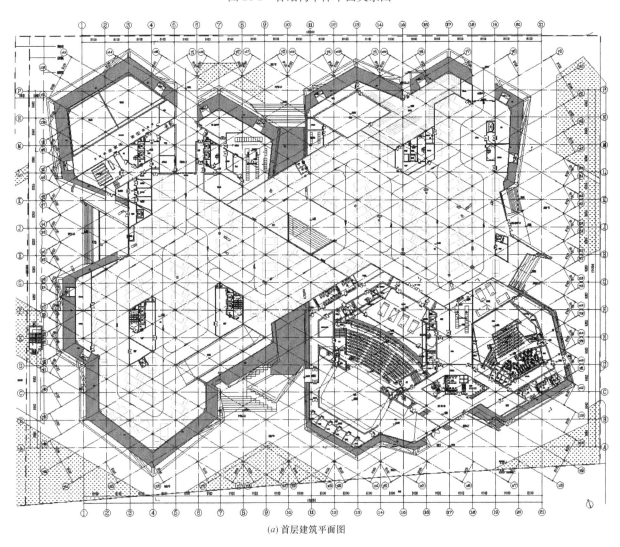

(a) 首层建筑平面图

图 21-3　建筑平面图

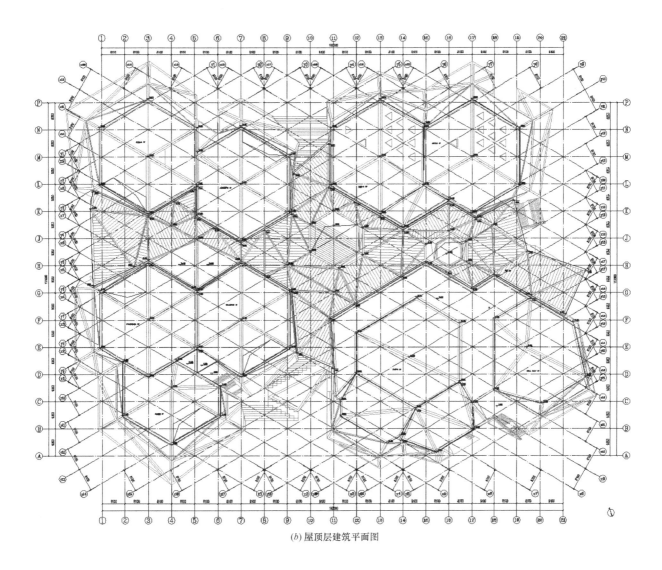

(b) 屋顶层建筑平面图

图 21-3　建筑平面图（续）

　　3 号单体的房屋高度较低，建筑平面内的交通核较小且偏置，无法布置能有效控制结构扭转的剪力墙，故采用钢筋混凝土框架结构。

　　4 号单体为空旷的演艺建筑，结合建筑功能，在观众厅及舞台周边布置剪力墙，构成抗侧刚度较好的钢筋混凝土框架-剪力墙结构。

　　5 号单体（罩棚）地上 3 层，其顶部为无楼板的空框架，采用钢筋混凝土框架结构。

　　2. 楼盖体系

　　本工程的楼盖采用现浇钢筋混凝土梁板结构，根据本工程的轴网特点（非正交轴网）以及建筑效果要求，沿 3 个轴网方向均匀布置 1 道次梁，形成三角形楼板。

　　4 号单体屋面的最大跨度为 26m，为保证会议厅、音乐厅的使用功能，屋面需采用混凝土楼板，考虑到大厅周边具有较完整的混凝土墙体作为支座，大跨度屋面采用双向或单向混凝土梁板结构。

三、地基基础方案

　　根据地勘报告建议，参考相邻建筑的设计经验，本工程采用预应力混凝土管桩基础，桩径为 600mm，桩长为 50m。

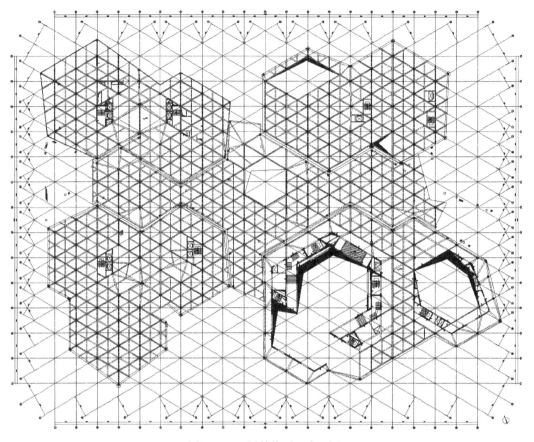

图 21-4　二层结构平面布置图

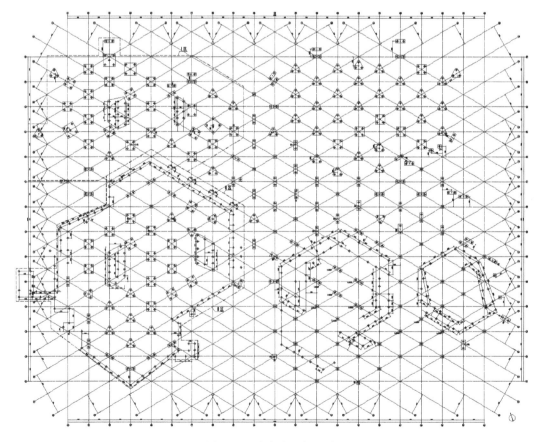

图 21-5　基础平面布置图

结构方案评审表

结设质量表（2016）

项目名称	舟山新城海洋文化艺术中心二期	项目等级	A/B级□、非A/B级■
		设计号	14511

评审阶段	方案设计阶段□	初步设计阶段■	施工图设计阶段□

评审必备条件	部门内部方案讨论　有■　无□	统一技术条件　有■　无□

工程概况	建设地点：浙江省舟山市	建筑功能：会议中心、音乐厅、展览中心等
	层数（地上/地下）：5/1	高度（檐口高度）：至主要屋面高度低于24m
	建筑面积(m²)：51937	人防等级：六级

主要控制参数	设计使用年限：50 年
	结构安全等级：二级
	抗震设防烈度、设计基本地震加速度、设计地震分组、场地类别、特征周期 7 度、0.10g、第一组、IV 类、0.65s
	抗震设防类别：会议中心、音乐厅所在 4 单体为乙类，其余为丙类
	主要经济指标

结构选型	结构类型：钢筋混凝土框架，钢筋混凝土框架-剪力墙
	概念设计、结构布置：合理取舍可用的结构构件，简化结构形式；适当设缝减少复杂性
	结构抗震等级：4 单体框架三级，抗震墙二级；3、5 单体框架三级；1、2 单体框架四级剪力墙三级
	计算方法及计算程序：盈建科建筑结构设计软件
	主要计算结果有无异常（如：周期、周期比、位移、位移比、剪重比、刚度比、楼层承载力突变等）：无
	伸缩缝、沉降缝、防震缝：设缝将结构自基础表面以上分为 5 个独立结构单体
	结构超长和大体积混凝土是否采取有效措施：是
	有无结构超限：无

基础选型	基础设计等级：
	基础类型：桩基础
	计算方法及计算程序：盈建科建筑结构设计软件
	防水、抗渗、抗浮：采取相关措施
	沉降分析：无异常
	地基处理方案：无

新材料、新技术、难点等	包含斜向构件的混凝土结构设计

主要结论	注意地面回填土对地基沉降及桩负摩阻力的影响，平面连廊适当分缝，利用楼电梯间适当设置剪力墙，优化结构平面布置，外斜柱宜由建筑装饰处理，细化温度应力分析，注意结构耐久性设计问题，核算管桩的抗震抗剪承载力，注意连接节点设计

工种负责人：张猛　　日期：2016.9.5	评审主持人：朱炳寅　　日期：2016.9.5

注意：
1. 评审申请时间：一般项目应在初步设计完成之前，无初步设计的项目在施工图1/2阶段。
2. 工种负责人、审核人必须参加评审会，审定人以及项目组其他人员应尽量参会。工种负责人负责项目组与会人员的通知事宜，在必要时可邀请建筑专业相关人员出席。
3. 评审后工种负责人应填写《结构方案评审意见回复表》，逐条回复《结构方案评审表》和《会议纪要》中提出的评审意见，并在签署齐全后归档。

会议纪要

2016 年 9 月 5 日

"舟山新城海洋文化艺术中心二期"初步设计阶段结构方案评审会

评审人： 谢定南、罗宏渊、王金祥、陈文渊、徐琳、朱炳寅、张亚东、王载、彭永宏、王大庆

主持人： 朱炳寅　　**记录：** 王大庆

介　　绍： 张猛

结构方案：本工程平面最大尺寸为186m×146m，地上2~5层，局部设1层地下室。设缝分为5个结构单体：单体1~3为各类活动中心，单体4为演艺建筑，单体5为平面连廊（罩棚）。单体1、2、4采用框架-剪力墙结构，单体3、5采用框架结构。超长结构进行温度应力分析，并采取相应措施。

地基基础方案：场地存在较厚的地面回填土和软弱土层，采用桩基＋承台和防水板，桩型为预应力管桩。

评审：

1. 场地存在较厚的地面回填土和软弱土层，应注意其对地基沉降及桩负摩阻力的影响。

2. 核算管桩的抗震抗剪承载力，并注意连接节点设计。

3. 平面连廊（罩棚）超长较多，且为半室外建筑，温度效应明显，建议适当分缝，细分温度区段。

4. 细化温度应力分析及相应的防裂措施。

5. 优化结构布置，如：利用楼、电梯间，适当设置剪力墙；优化平面结构布置，适当简化次梁布置；优化台口部位的结构布置，适当设置台口柱，注意台口剪力墙的稳定性等。

6. 外斜柱宜由建筑装饰处理，应注意并尽量弱化其对结构设计的影响。

7. 框架结构的楼梯间四周适当设置框架柱，使楼梯间形成封闭框架。

8. 建筑采用三向斜交柱网，注意补充最不利方向及多方向地震作用分析。

9. 工程距离海边较近，部分单体为半室外建筑，应注意结构耐久性设计问题。

10. 海边风大，注意轻屋面与主体结构的连接问题。

结论：

建议根据结构方案评审表的主要结论以及会议纪要内容，进一步优化结构设计。

22　濮阳市台前县体育馆

设计部门：第二工程设计研究院
主要设计人：张根俞、施泓、朱炳寅、张猛、芮建辉、马振庭

工 程 简 介

一、工程概况

濮阳市台前县体育馆位于河南省濮阳市台前县，用地面积约 8.28 万 m^2。本工程是县综合体育中心的一个子项，建筑功能集比赛、休闲、培训、会议、演出等功能于一体，总建筑面积约 2.1 万 m^2。主体结构为钢筋混凝土框架结构，屋顶采用钢桁架结构。基础型式为 CFG 桩复合地基上的柱下独立基础、墙下条形基础、筏板基础（局部）。

图 22-1　建筑效果图

二、结构方案

1. 抗侧力体系与结构计算分析

本工程的主体结构为钢筋混凝土框架结构，屋顶采用钢桁架结构。为充分了解结构的抗震性能，进

行了多模型对比计算：

整体模型 A：屋顶钢结构与下部混凝土结构存在协同作用，采用 YJK 软件，建立整体计算模型，考查结构整体计算指标，用于基础设计，构件配筋设计。

整体模型 B：将整体模型中屋盖的支座反力作为荷载，施加到下部混凝土结构的柱顶，对下部混凝土结构进行整体分析，与整体模型 A 进行对比，包络设计。

单榀模型：本工程结构空旷，补充单榀框架承载力计算，包络设计。

分体模型：采用 SAP2000 软件，对屋顶钢结构进行分析，优化杆件截面。

屋顶主桁架受力分析：补充不考虑次桁架共同作用的计算模型，对屋顶钢结构进行包络设计。

结构计算时，先按刚性板假定进行分析，读取结构整体计算指标。配筋计算时，将楼板改为弹性板，以真实反映结构的受力特点。

2. 屋盖体系

本工程的钢屋盖跨度为 80m×80m，长、短向跨度一致。因屋盖中间开洞，若按纵、横向布置钢桁架，则与建筑造型不符。经综合对比，沿径向、环向布置桁架，形成空间钢桁架结构，并结合建筑排水找坡要求，采取中心高、四周低的布置方式。

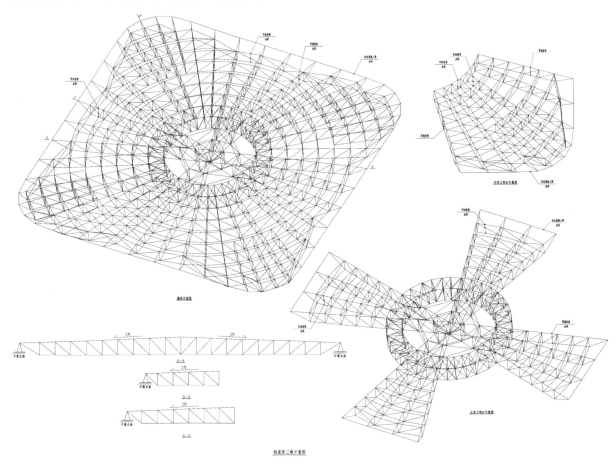

图 22-2　屋顶钢结构三维示意图

如上图所示，平面中间的直径 24m 的环为建筑采光区域，要求贯通的杆件尽量少，同时考虑到过多的桁架在中心点相交，施工困难，桁架布置时贯通了 4 榀主受力桁架，其余桁架在建筑采光环外截断。截断的桁架与建筑采光环处的环桁架相交，对环桁架产生较大的扭矩，因单榀环桁架的抗扭刚度弱，将两榀环桁架进行空间连接，形成类似箱形梁的立体桁架，加强其抗扭刚度。

为保证屋顶钢结构的整体稳定性，桁架上弦设置交叉支撑。

屋面采用金属屋面板，结合建筑屋面排水找坡要求，采用结构找坡做法，屋面中心高、四周低，以

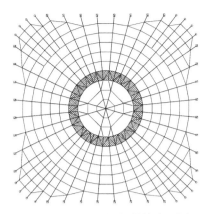

图 22-3　空间钢桁架结构布置图

减轻屋面重量，降低工程土建造价。

3. 楼盖体系

各层均采用现浇钢筋混凝土主、次梁楼盖结构。考虑到楼板内预埋设备线管要求，楼板的最小厚度为 120mm。

三、地基基础方案

本工程局部地下 1 层。地下室采用筏板基础，其他部位采用柱下独立基础、墙下条形基础，地基持力层为①层黏质粉土。因持力层的地基承载力较低，天然地基的承载力不能满足设计要求，故采用 CFG 桩复合地基，桩端持力层选在⑥层粉土，要求处理后的地基承载力特征值 f_{spk} 不小于 320kPa，最终沉降量不大于 30mm，相邻柱基的最大沉降差不大于 2/1000。

为避免无地下室区域的地面沉降对建筑使用造成不利影响，基础施工前先对房心土进行碾压，压实系数不小于 0.96，地基承载力特征值 f_{ak} 不小于 100kPa，并在无地下室区域设刚性地坪。

结构方案评审表

结设质量表（2016）

项目名称	濮阳市台前县体育馆		项目等级	A/B 级□、非 A/B 级☑
			设计号	
评审阶段	方案设计阶段□	初步设计阶段■		施工图设计阶段□
评审必备条件	部门内部方案讨论　有■　无□		统一技术条件　有■　无□	
工程概况	建设地点　濮阳市台前县		建筑功能　体育馆	
	层数（地上/地下）　4/1		高度（檐口高度）　28m	
	建筑面积（m²）　2 万		人防等级	
主要控制参数	设计使用年限　50 年			
	结构安全等级　二级			
	抗震设防烈度、设计基本地震加速度、设计地震分组、场地类别、特征周期 7 度、0.15g、第二组、Ⅲ类、0.55s			
	抗震设防类别　标准设防类（丙级）			
	主要经济指标			
结构选型	结构类型　框架＋钢桁架屋面			
	概念设计、结构布置			
	结构抗震等级　混凝土框架二级（构造一级）　钢屋面-四级			
	计算方法及计算程序　YJK 建筑结构设计计算软件、SAP2000			
	主要计算结果有无异常（如：周期、周期比、位移、位移比、剪重比、刚度比、楼层承载力突变等）			
	伸缩缝、沉降缝、防震缝			
	结构超长和大体积混凝土是否采取有效措施			
	有无结构超限　无			
基础选型	基础设计等级　丙级			
	基础类型　柱下独立基础、墙下条形基础，局部筏板基础			
	计算方法及计算程序　YJK 建筑结构设计计算软件			
	防水、抗渗、抗浮			
	沉降分析			
	地基处理方案　CFG 桩复合地基			
新材料、新技术、难点等				
主要结论	落实屋架上下弦荷载，注意屋架中部贯穿节点施工的可能性，考虑屋架施工的可行性，完善屋盖支撑体系，注意基础荷载的不均匀性，加强基础的整体性，明确屋盖传力路径，补充关键节点分析			
工种负责人：张根俞		日期：2016.9.5	评审主持人：朱炳寅	日期：2016.9.5

注意：1. 评审申请时间：一般项目应在初步设计完成之前，无初步设计的项目在施工图 1/2 阶段。

　　　2. 工种负责人、审核人必须参加评审会，审定人以及项目组其他人员应尽量参会。工种负责人负责项目组与会人员的通知事宜，在必要时可邀请建筑专业相关人员出席。

　　　3. 评审后工种负责人应填写《结构方案评审意见回复表》，逐条回复《结构方案评审表》和《会议纪要》中提出的评审意见，并在签署齐全后归档。

会议纪要

2016 年 9 月 5 日

"濮阳市台前县体育馆"初步设计阶段结构方案评审会

评审人：谢定南、罗宏渊、王金祥、陈文渊、徐琳、朱炳寅、张亚东、王载、彭永宏、王大庆

主持人：朱炳寅　记录：王大庆

介　绍：张根俞

结构方案：本工程平面最大尺寸为 115m×92m，地上 4 层，局部设 1 层地下室。主体结构采用混凝土框架结构，屋盖结构采用钢桁架结构。超长结构进行温度应力分析，并采取相应措施。

地基基础方案：采用 CFG 桩复合地基上的柱下独立基础、墙下条形基础、局部筏板基础。

评审：

1. 落实屋架上、下弦荷载。

2. 屋盖结构较复杂，且采用相贯节点，应注意屋架施工的可行性，宜考虑采用网架结构的可能性。

3. 注意屋架中部贯穿节点施工的可能性，优化贯通桁架的结构布置。

4. 明确屋盖结构的传力路径，强化贯通桁架、中部环桁架等主结构设计，建议中部环桁架设计成空间桁架。

5. 完善屋盖结构的支撑体系。

6. 补充关键节点分析。

7. 优化屋盖结构的支承方式，改用上弦支承。

8. 屋盖支承柱下的荷载较大，应注意基础的荷载不均匀性，加强基础的整体性。

9. 注意羽毛状装饰构件的稳定性问题以及轻屋面的扭曲问题。

结论：

建议根据结构方案评审表的主要结论以及会议纪要内容，进一步优化结构设计。

23　吕梁学院新校区教学行政楼

设计部门：第三工程设计研究院
主要设计人：鲁昂、袁琨、毕磊、尤天直、成博

工 程 简 介

一、工程概况

　　吕梁学院新校区教学行政楼项目位于山西省吕梁市，为学校的标志性建筑物，总建筑面积约18000m²。本项目主楼地上8层，房屋高度为34.35m，建筑面积约17000m²；局部设置1层地下室，建筑面积约1000m²。主体结构为钢筋混凝土框架-剪力墙结构，基础主要为平板式筏形基础，局部采用柱下独立基础。由于本工程的不规则项较多，针对薄弱部位及关键构件进行了抗震性能化设计，故就补充的抗震性能化设计的相关内容进行第二次评审。

图 23-1　建筑效果图

二、结构方案

1. 抗侧力体系

本工程为高层建筑，房屋高度为 34.35m，典型柱网尺寸为 8.0m×8.0m。根据房屋高度和建筑功能要求，本工程采用现浇钢筋混凝土框架-剪力墙结构，利用南、北四个交通核布置剪力墙筒体，与框架柱共同形成结构的抗侧力体系，剪力墙筒体作为第一道抗侧力防线，承担主要侧向力作用；结构的竖向荷载通过楼层水平构件传递给剪力墙及框架柱，最终传至基础。框架-剪力墙结构的体系组成简单明了，竖向及水平传力路径清晰，适合本工程。

2. 楼盖、屋盖结构

本工程的楼盖、屋盖均采用现浇钢筋混凝土梁板结构，一般情况下沿结构侧向刚度较弱的方向布置 1 道次梁，使多数楼层形成单向连续板楼（屋）盖。除首层外，各楼层的典型楼板厚度为 120mm。

三、地基基础方案

由于基底所处的①层素填土层较厚（最厚处约 11m），天然地基的地基承载力不足，而级配砂石换填的工程量巨大且难以控制质量，经方案比较并与相关单位沟通，本工程采用钻孔灌注桩基础，并采用后注浆技术，桩径为 1m，桩长为 13m，桩端持力层为③层混合土层（卵砾石、粉质黏土、中砂），单桩承载力特征值为 3500kN。

四、薄弱部位及关键构件的抗震性能化设计

1. 加强薄弱部位及关键构件

1）加强跃层柱、细腰部位（大洞口周边、凹口部位）楼板

(a) 二层跃层柱、细腰部位楼板示意图

图 23-2　细腰部位楼板示意图

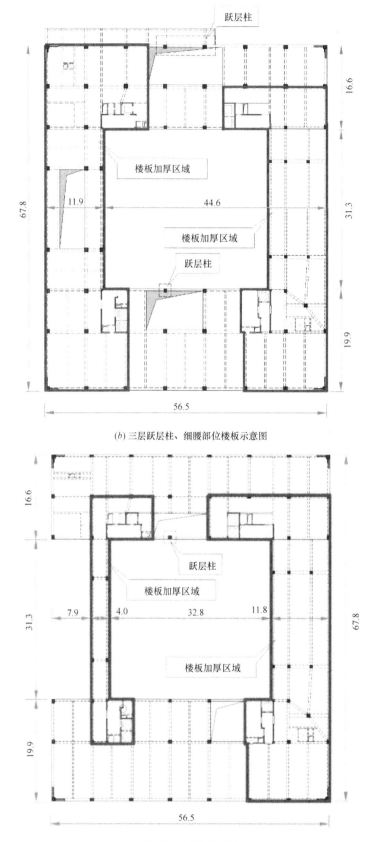

(b) 三层跃层柱、细腰部位楼板示意图

(c) 四层跃层柱、细腰部位楼板示意图

图 23-2　细腰部位楼板示意图（续）

(d) 五层跃层柱、细腰部位楼板示意图

(e) 六层跃层柱、细腰部位楼板示意图

图 23-2 细腰部位楼板示意图（续）

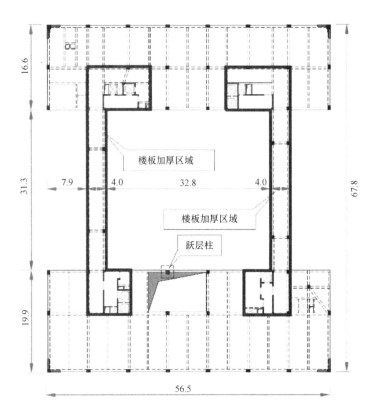

（f）七层跃层柱、细腰部位楼板示意图

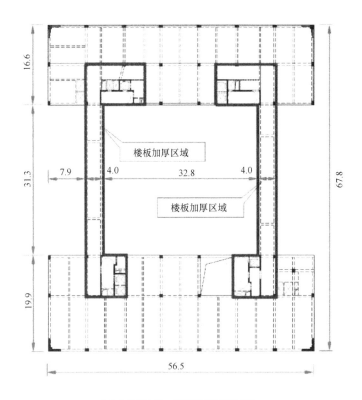

（g）八层跃层柱、细腰部位楼板示意图

图 23-2　细腰部位楼板示意图（续）

2）加强细腰部位的框架梁及周边竖向构件

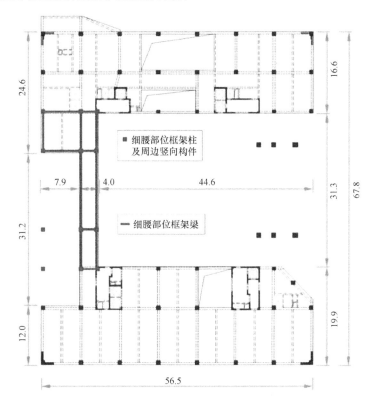

(a) 二层细腰部位框架梁及周边竖向构件示意图

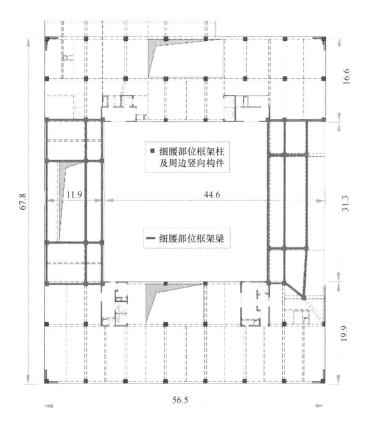

(b) 三层细腰部位框架梁及周边竖向构件示意图

图 23-3　细腰部位结构示意图

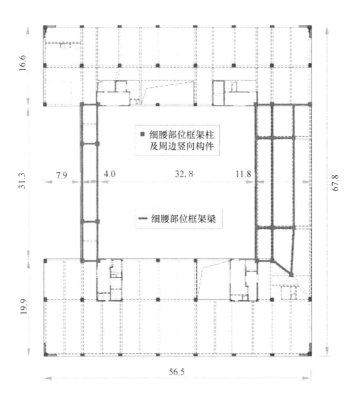

(c) 四层细腰部位框架梁及周边竖向构件示意图

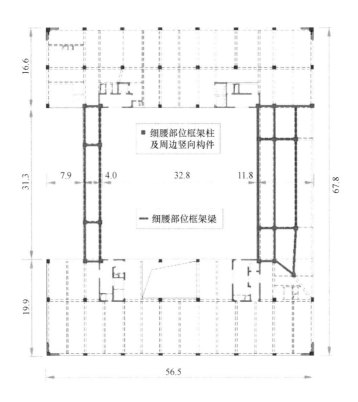

(d) 五层细腰部位框架梁及周边竖向构件示意图

图 23-3　细腰部位结构示意图（续）

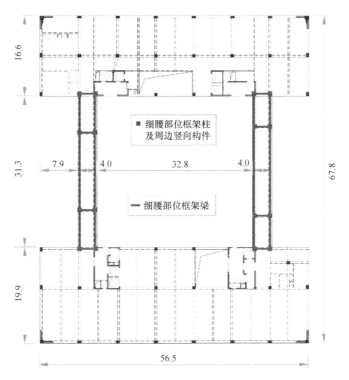

(e) 六层细腰部位框架梁及周边竖向构件示意图

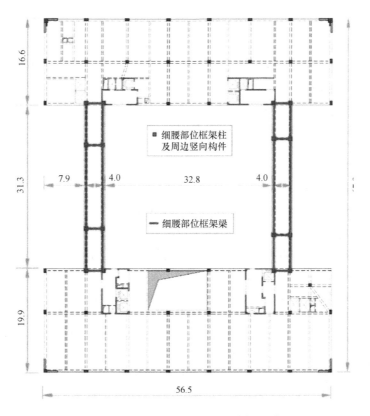

(f) 七层细腰部位框架梁及周边竖向构件示意图

图 23-3　细腰部位结构示意图（续）

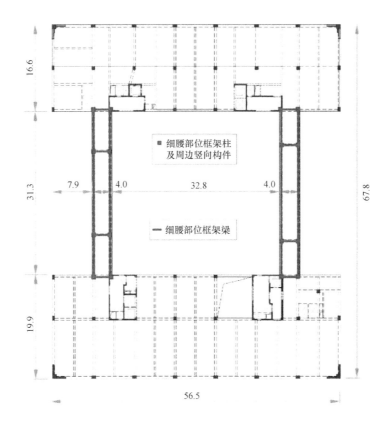

(g) 八层细腰部位框架梁及周边竖向构件示意图

图 23-3　细腰部位结构示意图（续）

2. 针对扭转不规则的措施

1）优化结构布置，减少质量与刚度偏心以及前两阶平动振型中的扭转成分。

2）增大结构整体扭转刚度，实现扭转为主的第一振型为结构的第三振型，并控制结构扭转为主的第一自振周期与平动为主的第一自振周期的比值不超过 0.9。

3）在考虑偶然偏心影响的规定水平地震力作用下，控制楼层的最大弹性水平位移（和层间位移）与该楼层两端弹性水平位移（和层间位移）平均值之比不大于 1.4。

3. 针对平面不规则及楼板不连续的措施

1）注意加强楼板的整体性，避免楼板的薄弱部位在地震下破坏。

2）结构计算模型中考虑楼板的弹性变形（采用弹性膜单元）。小震作用下，薄弱部位楼板混凝土核心区域不开裂。中震作用下，局部产生细微裂缝，开裂部位的混凝土退出工作，楼板中的主拉应力由上、下两个钢筋网承担，控制上、下层水平钢筋不发生屈服，对板内水平受力钢筋进行抗拉验算。

3）当楼板开洞较大时，为避免楼板的薄弱部位在中震下受剪破坏，进行截面受剪承载力验算。

4. 针对其他不规则（跃层柱、筒体拉应力）的措施

1）跃层柱的侧向刚度小，分担的地震力少，当其他框架柱在地震作用下进入塑性后，地震力将向跃层柱转移，形成逐个破坏的局面。为确保跃层柱具有足够的承受竖向荷载的能力，跃层柱需加强配筋，使其能承受更强的地震作用，满足中震弹性的设计要求。

2）为确保剪力墙筒体在设防地震下不发生受拉破坏，进行筒体在中震不屈服下的墙肢拉应力验算。当墙肢拉应力较大时，在墙肢内设置型钢。

5. 结构分块计算

本工程的楼层平面主要呈 C 字形或口字形，整个结构可分为四部分：北侧主楼、南侧主楼、西侧

走廊和东侧走廊，四部分之间连接较弱，地震时可能发生连接早于主体发生破坏的情况，此时四个部分独自承受地震作用。因此对上述四部分分别进行抗震计算，主要考察小震作用下结构构件的配筋计算结果，也分析南、北两个主楼单体模型的计算指标。当中间走廊结构失效时，确保南、北两个主楼的单体结构仍能有效抵抗地震作用。

6. 针对不规则情况的抗震构造措施

1）对于平面中楼板连接较弱的情况，弱连接部位的楼板适当加厚 20mm 以上，使板厚不小于 150mm，并采用双层双向配筋，使每层每个方向的配筋率不小于 0.25%。

2）对于平面中凹凸不规则的情况，局部凸出部分的根部楼板适当加厚 20mm 以上，使板厚不小于 150mm，并采用双层双向配筋，使每层每个方向的配筋率不小于 0.25%。

3）对于平面中楼板开大洞的情况，加强洞口周围楼板的厚度和配筋，使板厚不小于 150mm，每层每个方向的配筋率不小于 0.25%。

4）跃层柱沿全高采用复合箍筋并加密设置，间距不大于 100mm。

结构疑难问题、结构质量问题评审表　　结设质量表（2016）

项目名称	吕梁学院新校区教学行政楼	项目等级	A/B级□、非 A/B级■
		设计号	13268

评审阶段	方案设计阶段□	初步设计阶段□	施工图设计阶段■

评审必备条件	部门内部方案讨论　　有■　无□	统一技术条件　　有■　无□

工程概况	建设地点:山西省吕梁市	建筑功能:办公楼
	层数(地上/地下):8/1	高度(檐口高度):34.350m
	建筑面积(m²):18000	人防等级:无

主要控制参数	设计使用年限:50 年
	结构安全等级:二级
	抗震设防烈度、设计基本地震加速度、设计地震分组、场地类别、特征周期 7 度、0.10g、第三组、Ⅱ类、0.45s
	抗震设防类别:丙级
	主要经济指标:

结构选型	结构类型:框架-剪力墙结构体系
	概念设计、结构布置:详见结构超限报告
	结构抗震等级:三级剪力墙、二级框架
	计算方法及计算程序:盈建科设计软件 YJK-A 和 PKPM 设计软件
	主要计算结果有无异常(如:周期、周期比、位移、位移比、剪重比、刚度比、楼层承载力突变等):位移比大于 1.2,小于 1.4,其他指标无异常
	有无结构超限:有

基础选型	基础设计等级:乙级
	基础类型:桩基础＋防水板
	计算方法及计算程序:北京理正系列结构设计软件
	地基处理方案:无

主要问题	本工程为超限高层建筑,超限判别及所采取的计算、构造措施是否得当;超限报告内容是否满足递交超限审查的要求

主要结论	在上次超限报告的基础上进一步完善分块模型分析、南北两楼分块模型应满足小震计算要求,中震墙肢拉应力控制要求,补充全楼的弹塑性时程分析/细化嵌固端做法,完善计算模型,结合首层地面设首层地面梁板层,门头大柱下设联合基础,与建筑协商完善门头悬挑梁及大跨梁的结构布置,优化二、三、四层连廊布置,注意结构的均匀性,减少结构的扭转,在正 C 与反 C 之间(四层)应形成平面较完整的过渡层

工种负责人:鲁昂	日期:2016.9.7	评审主持人:朱炳寅	日期:2016.9.7

注意: 1. 工种负责人、审核人必须参加评审会,审定人以及项目组其他人员应尽量参会。工种负责人负责项目组与会人员的通知事宜,在必要时可邀请建筑专业相关人员出席。

2. 评审后工种负责人应填写《结构疑难问题、结构质量问题评审意见回复表》,逐条回复《结构疑难问题、结构质量问题评审表》和《会议纪要》中提出的评审意见,并在签署齐全后归档。

会议纪要

2016 年 9 月 7 日

"吕梁学院教学行政楼"施工图设计阶段结构方案评审会

评审人：罗宏渊、王金祥、陈文渊、徐琳、朱炳寅、张亚东、彭永宏、王大庆

主持人：朱炳寅　记录：王大庆

介　绍：毕磊

　　结构方案：本工程于 2016 年 6 月 12 日进行院公司方案评审，本次就超限情况判别及相应的结构措施问题再次评审。本工程地上 8 层，结构高度 34.35m，局部设 1 层地下室；平面形状复杂：一～三层呈正 C 形，四、五层呈反 C 形，六～八层呈口形。未设缝，采用框架-剪力墙结构，并按超限工程进行多模型计算分析和抗震性能化设计。

　　地基基础方案：采用桩基础＋防水板，桩型为后压浆钻孔灌注桩。地下水位低，无抗浮问题。

评审：

　　1. 平面复杂、不完整，且楼层之间不断变化，与建筑专业协商，优化二、三、四层的连廊布置，在正 C 形与反 C 形平面之间（四层）应形成平面较完整的过渡层，二、三层宜适当弱化连廊。

　　2. 结构刚度偏大，且分布不均匀，应适当优化结构布置和构件截面尺寸（重点是南、北两楼的剪力墙布置和厚度），完善结构的均匀性和刚度的合理性，尽可能减少结构的扭转。

　　3. 理清设计思路，注重主要依靠的分析模型，注意超限应对措施的针对性和有效性，以完善超限报告。

　　4. 在上次超限报告的基础上，进一步完善分块模型分析，南、北两楼分块模型除承载力包络设计外，尚应满足小震计算要求、中震下墙肢拉应力控制要求，使其成为牢固、可靠的结构主体。

　　5. 补充全楼的弹塑性时程分析，以找出其他分析方法不易发现的问题。

　　6. 补充、完善计算模型（如合理考虑楼板面内刚度，补充分塔模型，按零刚度板模型计算连廊拉力等），合理取用计算参数（如阻尼比等），使计算分析真实、合理。

　　7. 本工程局部设地下室，首层板不完整，且与承台顶存在较大高差，应细化嵌固端做法，结合首层地面的 6～7m 高厚填土处理，设置首层地面梁、板层，以保证嵌固条件，完善计算模型。

　　8. 优化基础方案，加强基础整体性，如门头大柱下设置联合基础，增设承台拉梁等。

　　9. 完善平面布置，如优化悬挑梁布置，保证其根部的可靠性；优化大跨梁布置，保证强柱弱梁等。

　　10. 穿层柱除设定适当的抗震性能目标外，其内力尚应按相应非穿层柱内力进行调整，以有效提高承载力。

结论：

　　建议根据结构方案评审表的主要结论以及会议纪要内容，进一步优化结构设计。

24 保定徐水博物馆

设计部门：国住人居工程顾问有限公司
主要设计人：娄霓、蔡玉龙、张兰英、尤天直、刘长松

工 程 简 介

一、工程概况

本项目位于河北省保定市徐水县，总建筑面积约1.16万 m²；不设地下室，地上4层，房屋高度为23.3m。一层的主要功能为临时展厅、博物馆库房、设备用房，层高为5.7m；二、三层为博物馆，层高分别为6.3m、5.7m；四层为美术馆，层高为5.6m。主体结构采用钢筋混凝土框架结构，基础为天然地基上的条形基础、独立基础。

子项	层数	房屋高度(m)	结构型式	基础	地基
博物馆主楼	4	23.3	框架结构	条形基础	天然地基
室外台阶	1	5.6	框架结构	独立基础	天然地基
柴油发电机房	1	4.8	框架结构	独立基础	天然地基

二、结构方案

1. 抗侧力体系

博物馆的平面长度约90m，无地下室，地上4层，一～四层层高依次为5.7m、6.3m、5.7m、5.6m，房屋的结构高度为23.3m，建筑高度为29.5m，属于7度乙类多层建筑。建筑的长边沿南北向，楼、电梯间位于建筑的偏北侧和中部，为非对称布置，而且中部有1个楼梯间不落地。若采用框架-剪力墙结构，则需在南侧布置剪力墙，方可控制结构扭转，势必严重影响建筑使用

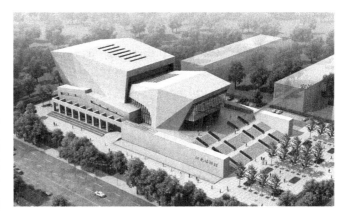

图 24-1　建筑效果图

功能，故本工程采用现浇钢筋混凝土框架结构，框架抗震等级为二级，柱截面尺寸主要为800mm×800mm、700mm×700mm，梁截面尺寸主要为400mm×900mm。室外大台阶与主楼之间设缝分开，柴油发电机房为独立建筑，均为单层，采用现浇钢筋混凝土框架结构。

2. 楼盖体系

楼盖和屋盖采用现浇钢筋混凝土梁板结构。由于楼板开洞较多，开洞面积较大，洞口周边楼板需要加强，三、四层楼板和屋面板的厚度不小于150mm，并采用双层双向配筋，提高配筋率，以加强薄弱部位的连接。

扶梯造成框架梁中断（例如四层扶梯截断G轴的框架梁），局部形成大跨度次梁，传力不直接，设计时加大冗余度，并复核该处舒适度。

考虑到主楼中部楼板开洞较多，中间区段为平面连接的薄弱环节，故主楼未设置结构缝。针对南北向

结构超长问题，设计时在 C 轴~D 轴、F 轴~G 轴之间设置两道收缩后浇带，将主楼分为约 30m 的区段。

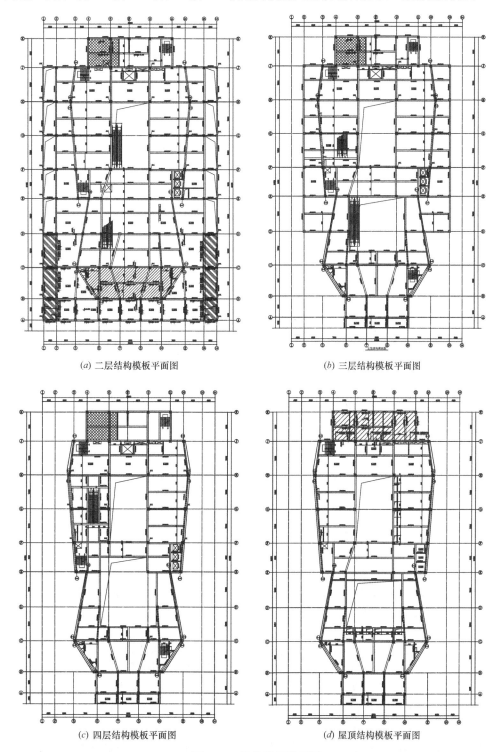

(a) 二层结构模板平面图   (b) 三层结构模板平面图

(c) 四层结构模板平面图   (d) 屋顶结构模板平面图

图 24-2 结构模板平面图

三、地基基础方案

　　由于当地施工条件较差，难以完成 CFG 桩复合地基或桩基础施工，根据实际情况并应甲方要求，本工程采用天然地基上的条形基础、独立基础，以④层粉土层及局部③层粉质黏土层作为主要的地基持力层。

　　本工程无地下室，不存在抗浮问题。

结构方案评审表

结设质量表（2016）

项目名称	保定徐水博物馆		项目等级	A/B级□、非A/B级■
			设计号	16197
评审阶段	方案设计阶段□	初步设计阶段■		施工图设计阶段□
评审必备条件	部门内部方案讨论　有■　无□		统一技术条件　有■　无□	
工程概况	建设地点　河北省保定市		建筑功能　博物馆、美术馆展厅	
	层数（地上/地下）　4/0		高度（檐口高度）　23.3m	
	建筑面积（m²）　1.16万		人防等级　无	
主要控制参数	设计使用年限　50年			
	结构安全等级　一级			
	抗震设防烈度、设计基本地震加速度、设计地震分组、场地类别、特征周期 7度、0.10g、第二组、Ⅲ类、0.55s			
	抗震设防类别　重点设防类（乙类）			
	主要经济指标			
结构选型	结构类型　框架结构			
	概念设计、结构布置			
	结构抗震等级　二级			
	计算方法及计算程序　YJK			
	主要计算结果有无异常（如：周期、周期比、位移、位移比、剪重比、刚度比、楼层承载力突变等）　无			
	伸缩缝、沉降缝、防震缝　无			
	结构超长和大体积混凝土是否采取有效措施　设置后浇带，必要时补充温度计算			
	有无结构超限　无			
基础选型	基础设计等级　乙级			
	基础类型　条形基础			
	计算方法及计算程序　YJK基础、理正基础			
	防水、抗渗、抗浮　无			
	沉降分析　满足			
	地基处理方案　天然地基			
新材料、新技术、难点等	1）跨度普遍较大（10m～13m，局部约15m），设计时梁柱截面适当加大，配筋适当加强；2）结构中部楼板大开洞（12m×21m，18m×21m），造成楼板连接薄弱，设计时三～四层楼面、屋面板厚≥150mm，并加强配筋；3）设置扶梯使框架梁中断，造成局部大跨和荷载传力路径复杂			
主要结论	楼梯间四周加柱，进一步细化房屋的抗震设防分类，细化房屋高度判别，细化平面布置优化构件布置，注重结构平面的完整性，注意出屋顶棚架对结构设计的影响，主体结构分析应考虑其影响，应按高层建筑采取相应的结构措施，比较采用框-剪结构的可行性，利用楼电梯间设置剪力墙，注意高大填充墙问题，注意大跨结构采用条基的合理性，比较采用柱下桩基或CFG桩的可能性			
工种负责人：娄霓　蔡玉龙		日期：2016.9.9	评审主持人：朱炳寅	日期：2016.9.9

注意：1. 评审申请时间：一般项目应在初步设计完成之前，无初步设计的项目在施工图1/2阶段。

2. 工种负责人、审核人必须参加评审会，审定人以及项目组其他人员应尽量参会。工种负责人负责项目组与会人员的通知事宜，在必要时可邀请建筑专业相关人员出席。

3. 评审后工种负责人应填写《结构方案评审意见回复表》，逐条回复《结构方案评审表》和《会议纪要》中提出的评审意见，并在签署齐全后归档。

会议纪要

2016 年 9 月 9 日

"保定徐水博物馆"初步设计阶段结构方案评审会

评审人：陈富生、谢定南、罗宏渊、王金祥、陈文渊、朱炳寅、彭永宏、王大庆

主持人：朱炳寅　记录：王大庆

介　绍：刘长松

结构方案：本工程地上 4 层，无地下室。设缝将室外大台阶与主体结构分开，均采用混凝土框架结构。

地基基础方案：采用天然地基上的柱下条形基础。

评审：

1. 进一步细化、复核房屋的抗震设防类别。

2. 细化房屋高度判别，注意出屋面棚架对结构设计的影响，主体结构分析应考虑其影响，应按高层建筑采取相应的结构措施。

3. 场地为较厚的偏软土层，应注意大跨结构采用条形基础的合理性，补充沉降分析，比较采用柱下桩基或 CFG 桩的可能性。

4. 本工程层高较高（5.7～6.3m）、柱网较大（10～13m，局部 15m），且位于 7 度区Ⅲ类场地，建议利用楼、电梯间设置剪力墙，比较采用框架-剪力墙结构的可能性。

5. 框架结构的楼梯间四周加设框架柱，使楼梯间形成封闭框架。

6. 细化平面布置，优化构件布置，注重结构平面的完整性，如：延伸楼面梁（必要时设柱），尽量减少不连续的框架，有效加强平面连接；优化斜向梁的悬臂段布置、自动扶梯处楼面梁布置等。

7. 适当优化梁、板的截面尺寸。

8. 结构设有斜交抗侧力构件，应补充最不利方向及各抗侧力构件方向的地震作用计算。

9. 本工程层高较高，应注意高大填充墙的稳定性。

10. 落实屋顶玻璃天窗设计，注意其对主体结构的影响。

结论：

建议根据结构方案评审表的主要结论以及会议纪要内容，进一步优化结构设计。

25 北京有色金属研究总院怀柔基地二期建设项目

设计部门：第三工程设计研究院
主要设计人：邵筠、陈文渊、尤天直、王子征、许炎彬

工 程 简 介

一、工程概况

本工程位于北京市怀柔区雁栖工业开发区，总用地面积为 164783.48m²，其中建设用地面积为 132253.92m²。北京有色金属研究总院怀柔基地是集科研、办公、生产于一体的综合产业园区，分两阶段建设。本次设计为第二阶段项目，建筑面积为 65140m²，包括 04 号～07 号生产厂房。厂房地上 5 层，房屋高度为 23.1m，采用钢筋混凝土框架结构，框架抗震等级为二级。基础为独立柱基。

图 25-1 建筑效果图

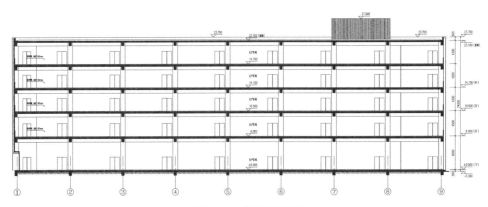

图 25-2 建筑剖面图

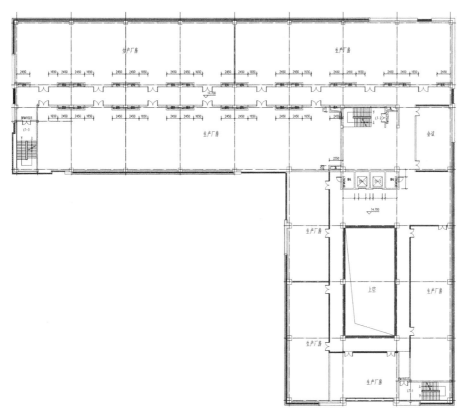

图 25-3 二层建筑平面图

二、结构方案

1. 结构设计条件

建筑结构的安全等级	二级	抗震设防烈度	8度
设计使用年限	50年	设计基本地震加速度值	$0.20g$
建筑抗震设防类别	丙类	设计地震分组	第二组
地基基础设计等级	三级	场地类别	Ⅱ类

2. 抗侧力体系

本工程根据建筑功能及布置，采用现浇钢筋混凝土框架结构，抗震等级为二级。柱网尺寸为10m×11m、10m×10m。框架柱截面尺寸：一层为900mm×1000mm，二层为900mm×900mm，三层～屋顶为700mm×700mm。框架梁截面尺寸为500mm×900mm、500mm×1300mm。

3. 楼盖体系

本工程框架柱的柱距较大，楼盖采用现浇钢筋混凝土梁板结构，不设次梁，板跨为10m，板厚为300mm。

三、地基基础方案

本工程根据北京昆仑利时勘察基础工程有限公司2016年7月编制，且经审查通过的《北京有色金属研究总院怀柔基地建设项目第二阶段岩土工程勘察报告》（工程编号：2016-KC-14）进行结构施工图设计。

场地属冲洪积平原地貌单元，地势比较平坦，位于平原地段，场地内未发现不良地质作用，处于建筑抗震一般地段，适宜建筑。基础型式为天然地基上的独立基础，地基持力层为卵石层。

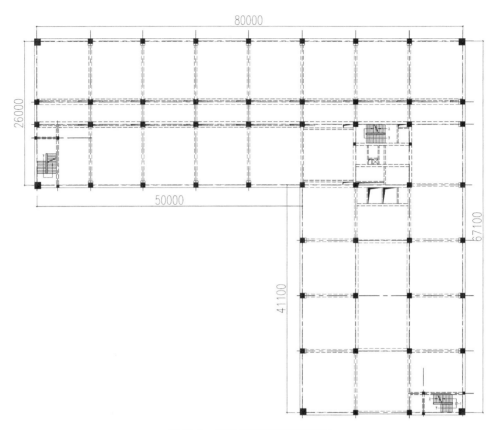

图 25-4　标准层结构平面布置图

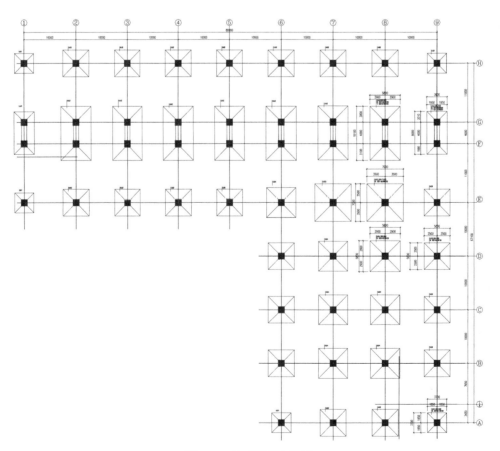

图 25-5　基础平面布置图

结构方案评审表

结设质量表（2016）

项目名称	北京有色金属研究总院怀柔基地二期建设项目	项目等级	A/B 级□、非 A/B 级☑
		设计号	15313
评审阶段	方案设计阶段□	初步设计阶段☑	施工图设计阶段☑
评审必备条件	部门内部方案讨论　有☑　无□	统一技术条件　有☑　无□	

工程概况	建设地点　北京市怀柔区	建筑功能　生产厂房
	层数(地上/地下)　5/0	高度(檐口高度)　23.1m
	建筑面积(m²)　6.5 万	人防等级　无

主要控制参数	设计使用年限　50
	结构安全等级　二级
	抗震设防烈度、设计基本地震加速度、设计地震分组、场地类别、特征周期 8 度、0.20g、第二组、Ⅱ类、0.40s
	抗震设防类别　丙类
	主要经济指标

结构选型	结构类型　框架
	概念设计、结构布置　梁板
	结构抗震等级　框架为二级
	计算方法及计算程序　YJK-A
	主要计算结果有无异常(如：周期、周期比、位移、位移比、剪重比、刚度比、楼层承载力突变等)
	伸缩缝、沉降缝、防震缝
	结构超长和大体积混凝土是否采取有效措施　超长　后浇带　拉通钢筋
	有无结构超限　无

基础选型	基础设计等级　丙级
	基础类型　独立柱基
	计算方法及计算程序　YJK-F
	防水、抗渗、抗浮
	沉降分析
	地基处理方案

新材料、新技术、难点等	超长

主要结论	建议可考虑采用空心楼板,减轻结构重量,活荷载应有依据,细化相应做法,比较采用框-剪结构的可能性,注意主梁+大板结构的强柱弱梁问题,适当减小框架梁的梁端弯矩,也可考虑采用主次梁结构,注意首层地面问题,明确地面回填措施及刚性地坪板设置要求

工种负责人：邵筠	日期：2016.9.12	评审主持人：朱炳寅	日期：2016.9.19

注意：**1.** 评审申请时间：一般项目应在初步设计完成之前，无初步设计的项目在施工图 1/2 阶段。

　　　2. 工种负责人、审核人必须参加评审会，审定人以及项目组其他人员应尽量参会。工种负责人负责项目组与会人员的通知事宜，在必要时可邀请建筑专业相关人员出席。

　　　3. 评审后工种负责人应填写《结构方案评审意见回复表》，逐条回复《结构方案评审表》和《会议纪要》中提出的评审意见，并在签署齐全后归档。

会议纪要

2016 年 9 月 19 日

"北京有色金属研究总院怀柔基地二期建设项目"施工图设计阶段结构方案评审会

评审人：谢定南、罗宏渊、王金祥、陈文渊、徐琳、朱炳寅、张淮湧、彭永宏、王大庆

主持人：朱炳寅　　记录：王大庆

介　绍：邵筠

结构方案：本次评审的二期项目含 4 栋工业厂房。建筑平面呈 L 形，地上 5 层，无地下室，采用框架结构。

地基基础方案：采用天然地基上的柱下独立基础，地基持力层为卵石层。

评审：

1. 本工程为工业厂房，各部位的活荷载及吊挂荷载等应有依据，建议尽早提请甲方书面明确，以便细化相应做法。

2. 本工程为 8 度区的 5 层框架结构，层高较高，柱网较大，荷载较重，结构的侧向刚度不足，导致梁、柱截面较大，建议适当设置剪力墙，主体结构比较采用框架-剪力墙结构的可能性。布置剪力墙时，应注意避免矮长墙肢。

3. 楼盖采用主梁＋大板结构，板厚大部分为 300mm，应结合工艺要求，尽量减轻结构重量，建议可考虑采用空心楼板，也可考虑采用主、次梁结构。

4. 细化楼盖结构设计，如：注意主梁＋大板结构的强柱弱梁问题，适当减小框架梁的梁端弯矩；注意大、小跨部位的小跨梁设计问题；注意大跨板的挠度控制等。

5. 注意首层地面处理问题，结合工艺要求，明确地面回填措施及刚性地坪板设置要求。

6. 进一步摸清地基持力层中软弱夹层的情况，以细化地基处理措施。

7. 注意蓄电池的防腐做法引起的荷载增大问题。

结论：

建议根据结构方案评审表的主要结论以及会议纪要内容，进一步优化结构设计。

26 德辰·成韵府小区

设计部门：第三工程设计研究院
主要设计人：邵筠、崔青、陈文渊、尤天直、袁琨、杨洋、韦申、陈熹、张志远、成博、
　　　　　　卢媛媛、周方伟、田京涛、刘文阳

工 程 简 介

一、工程概况

德辰·成韵府小区位于安徽省安庆市，总建筑面积约 305092.99m²。

一期的地上建筑面积约 120005.58m²，地下约 33812.19m²，由 6 栋住宅楼及配套商业楼组成。住宅建筑面积为 105586.45m²，1 号～4 号住宅楼地上 33 层，5 号住宅楼地上 25 层，6 号住宅楼地上 23 层，均设两层地下室。配套商业楼地上 3 层、地下 1 层，建筑面积为 12991.57m²。

二期的地上建筑面积约 114115.42m²，地下约 35406.32m²，由 6 栋住宅楼及配套商业楼组成。住宅建筑面积为 93235.87m²，7 号、9 号住宅楼地上 33 层，8 号住宅楼地上 20 层，10 号住宅楼地上 24 层，11 号住宅楼地上 32 层，12 号住宅楼地上 30 层，地下均为两层。配套商业楼地上 3 层、地下 1 层，建筑面积为 16944.77m²。

住宅楼采用钢筋混凝土剪力墙结构，抗震等级为三级或四级。商业楼采用钢筋混凝土框架结构，抗震等级为四级。基础为筏板基础。本工程无人防地下室。

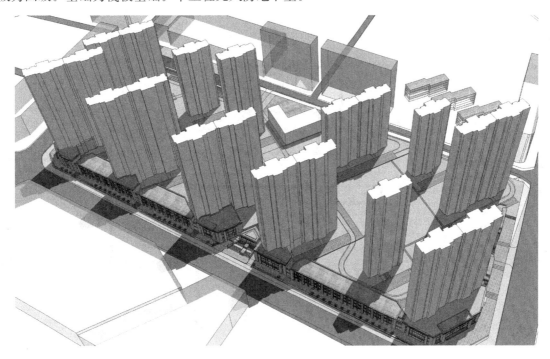

图 26-1　建筑效果图

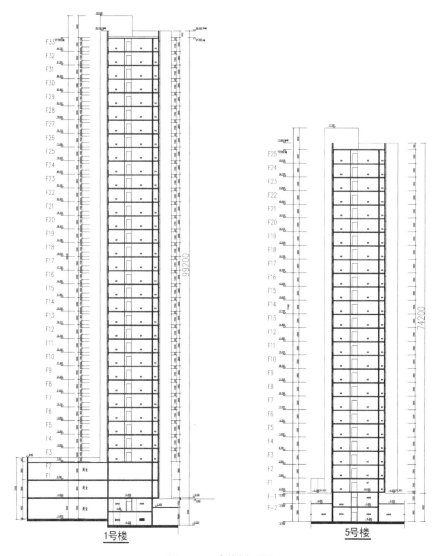

图 26-2 建筑剖面图

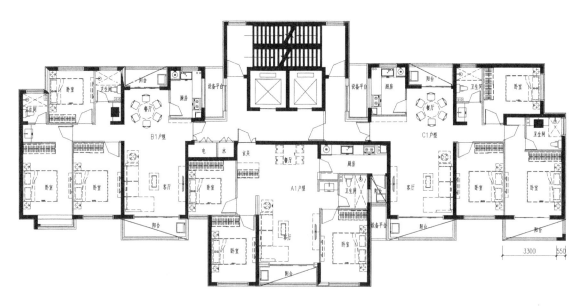

(a) U1单元户型平面图

图 26-3 户型平面

(*b*) U2单元户型平面图

图 26-3 户型平面（续）

二、结构方案

1. 结构设计条件

建筑结构的安全等级	二级
设计使用年限	50 年
建筑抗震设防类别	丙类
地基基础设计等级	甲级
抗震设防烈度	6 度
设计基本地震加速度值	0.05g
设计地震分组	第一组
场地类别	Ⅱ类

2. 抗侧力体系

住宅楼采用现浇钢筋混凝土剪力墙结构，抗震等级为三级或四级，墙厚为 200mm。30 层以上的住宅楼的剪力墙混凝土强度等级：地下～5 层为 C45，6～11 层为 C40，12～22 层为 C35，23 层～屋顶为 C30。30 层以下的住宅楼的剪力墙混凝土强度等级：地下～3 层为 C40，4 层～屋顶为 C35。以地下室顶板作为上部结构的嵌固端。

配套商业楼和地下车库均采用现浇钢筋混凝土框架结构，抗震等级为四级。框架柱的截面尺寸为 600mm×600mm、700mm×700mm，混凝土强度等级为 C40。

3. 楼盖体系

本工程的楼盖均采用现浇钢筋混凝土梁板结构，混凝土强度等级：住宅楼为 C30，配套商业楼和地下车库为 C35。

三、地基基础方案

根据勘察报告建议，1 号楼的地质条件较复杂，开挖较深，采用桩筏基础，桩型为人工挖孔桩。其余各楼采用天然地基上的筏板基础，高层建筑物以④层中风化砂岩作为地基持力层，多层建筑物以②层

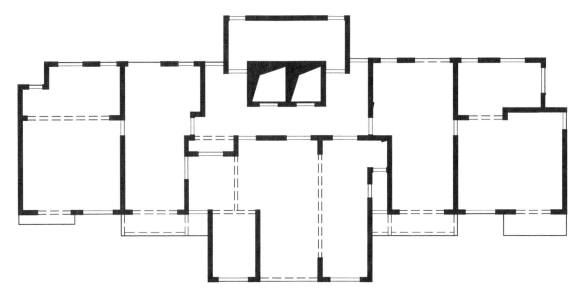

(a) U1单元结构平面布置图

(b) U2单元结构平面布置图

图 26-4　结构平面布置

粉质黏土或④层中风化砂岩作为地基持力层。本工程的抗浮设防水位较高,局部纯地下室存在抗浮问题,抗浮采用抗浮锚杆。

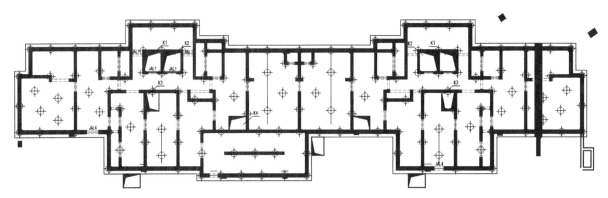

图 26-5　1 号楼基础平面布置图

结构方案评审表

结设质量表（2016）

项目名称	德辰·成韵府小区	项目等级	A/B级□、非A/B级☑
		设计号	15313

评审阶段	方案设计阶段□	初步设计阶段☑	施工图设计阶段☑

评审必备条件	部门内部方案讨论　有☑　无□	统一技术条件　有☑　无□

工程概况	建设地点　安徽安庆	建筑功能　住宅和商业
	层数（地上/地下）　33/2　25/2　3/0	高度（檐口高度）　99.8m、68.4m、14.85m
	建筑面积（m²）　30.2万	人防等级　无

主要控制参数	设计使用年限　50
	结构安全等级　二级
	抗震设防烈度、设计基本地震加速度、设计地震分组、场地类别、特征周期
	6度、0.05g、第一组、Ⅱ类、0.35s
	抗震设防类别　丙类
	主要经济指标

结构选型	结构类型　剪力墙和框架
	概念设计、结构布置　梁板
	结构抗震等级　剪力墙三级和四级　框架为四级
	计算方法及计算程序　YJK-A
	主要计算结果有无异常（如：周期、周期比、位移、位移比、剪重比、刚度比、楼层承载力突变等）
	伸缩缝、沉降缝、防震缝　防震缝
	结构超长和大体积混凝土是否采取有效措施　超长　后浇带　拉通钢筋
	有无结构超限　无

基础选型	基础设计等级　甲级
	基础类型　筏板
	计算方法及计算程序　YJK-F
	防水、抗渗、抗浮　YJK-F
	沉降分析
	地基处理方案

新材料、新技术、难点等	超长，抗浮

主要结论	1号楼房屋超长、建议设缝分开，注意楼梯间墙的面外稳定性，采取相应计算措施和结构措施，注意梁与墙厚方向的连接，复杂形状的楼板应采取简化措施复核，并采取相应措施连接，注意复杂楼板的阳角配筋，地下车库可采用独立基础加防水板，房屋高宽比大，注意风载下的舒适度问题，主楼与地下车库之间设沉降后浇带，补充大地下室的温度应力分析，外墙适当加厚注意小墙垛问题

工种负责人：邵筠	日期：2016.9.13	评审主持人：朱炳寅	日期：2016.9.19

注意：1. 评审申请时间：一般项目应在初步设计完成之前，无初步设计的项目在施工图1/2阶段。

2. 工种负责人、审核人必须参加评审会，审定人以及项目组其他人员应尽量参会。工种负责人负责项目组与会人员的通知事宜，在必要时可邀请建筑专业相关人员出席。

3. 评审后工种负责人应填写《结构方案评审意见回复表》，逐条回复《结构方案评审表》和《会议纪要》中提出的评审意见，并在签署齐全后归档。

会议纪要

2016 年 9 月 19 日

"德辰·成韵府小区"施工图设计阶段结构方案评审会

评审人：谢定南、罗宏渊、王金祥、陈文渊、徐琳、朱炳寅、张淮湧、彭永宏、王大庆

主持人：朱炳寅　记录：王大庆

介　绍：邵筠

结构方案：本工程含 1 层大地下室（覆土 2.5m）、12 栋 20～33/−2 层住宅楼、多栋 3 层配套商业楼。住宅楼采用剪力墙结构，大地下室和配套商业楼采用框架结构。

地基基础方案：采用天然地基上的筏板基础，地基持力层为中风化砂岩。经验算，无抗浮问题。

评审：

1. 本工程的地质条件较好，适当优化基础方案，地下车库可采用独立基础加防水板，主楼与地下车库之间设置沉降后浇带，并注意地下车库基础方案变化对主楼的影响。

2. 注意复核基础埋深。

3. 大地下室超长，补充大地下室的温度应力分析，并相应采取可靠的防裂措施。

4. 1 号楼房屋超长（66m 长的剪力墙住宅），建议设缝分开，减小温度区段。

5. 注意楼梯间墙的平面外稳定性，并相应采取有效的计算措施和结构措施。

6. 补充不考虑楼梯间一字形外墙的计算模型，包络设计。

7. 地上部分采用 200mm 厚剪力墙，应注意复核较高房屋的墙肢轴压比，必要时适当增加墙厚。

8. 优化剪力墙设计，如：注意梁与墙厚方向的连接；外墙适当加厚（如外纵墙、大开间处的外山墙等）；注意小墙垛、短肢墙问题等。

9. 优化楼板设计，如：复杂形状楼板应采取等代措施复核，并采取相应措施连接；注意复杂楼板的阴角配筋等。

10. 房屋高宽比大，注意风荷载下的舒适度问题。

11. 注意复核配套商业部分的楼面梁截面尺寸。

结论：

建议根据结构方案评审表的主要结论以及会议纪要内容，进一步优化结构设计。

27 北京通州区运河核心区 13 号地综合体项目（裙房部分）

设计部门：合作设计事业部、医疗科研建筑设计研究院
主要设计人：王载、刘新国、王文宇、尤天直、叶垚

工 程 简 介

一、工程概况

北京通州区运河核心区 13 号地综合体项目（裙房部分）的主要建筑功能为商业，总建筑面积为 10.5 万 m²，地上为 4.5 万 m²，地下为 6 万 m²，房屋结构高度为 23.72m，建筑高度为 25.23m，地上、地下均为 4 层。裙房采用钢筋混凝土框架-剪力墙结构，设置结构缝与公寓塔楼分开。

图 27-1 建筑效果图

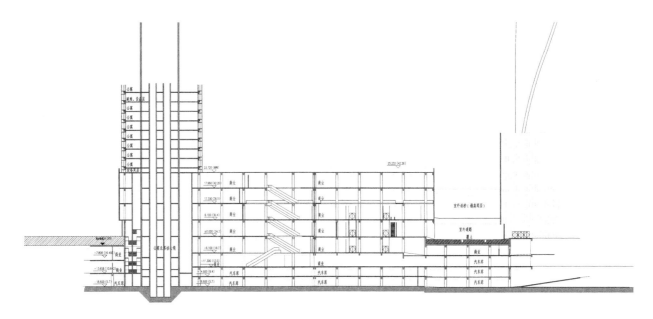

图 27-2　建筑剖面图

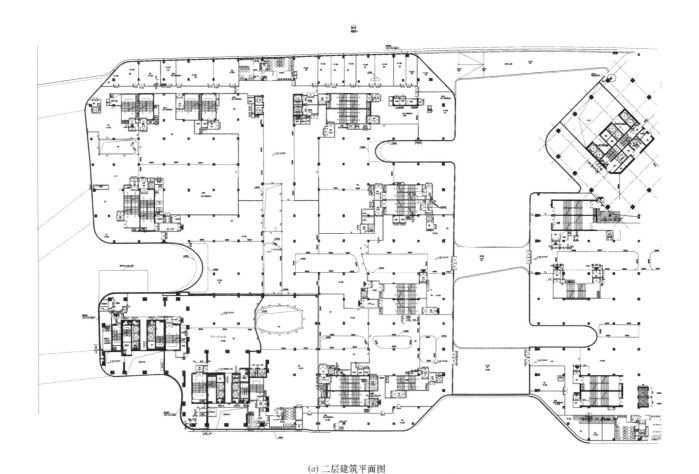

(a) 二层建筑平面图

图 27-3　建筑平面

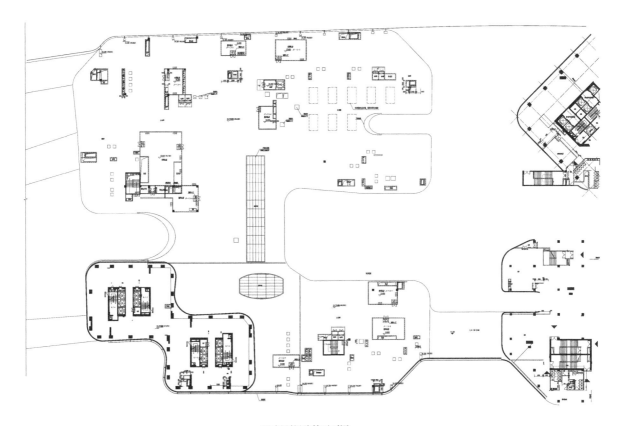

(b) 屋顶层建筑平面图

图 27-3 建筑平面（续）

二、结构方案

1. 抗侧力体系

综合考虑建筑功能和布置、结构传力明确和经济合理等多种因素，采用现浇钢筋混凝土框架-剪力墙结构。竖向荷载通过楼面梁传至剪力墙和框架柱，再传至基础。水平作用由钢筋混凝土框架和剪力墙共同承担。

钢筋混凝土剪力墙：围绕电梯间、楼梯间布置剪力墙，墙厚根据受力及稳定要求定为 $300 \sim 400$mm。

钢筋混凝土框架：柱距为 8.4m×8.4m，柱截面尺寸一般为 700mm×700mm，与大跨梁相连的柱为 900mm×900mm。

2. 楼盖体系

地上各层均采用现浇钢筋混凝土主、次梁楼盖，梁布置及梁高适应管线布置及净高要求，板厚主要为 120mm。首层楼盖为嵌固层，板厚为 210mm。地下一层楼盖布置单向单次梁，板厚为 $120 \sim 150$mm。地下三、四层为人防层，板厚符合人防要求。

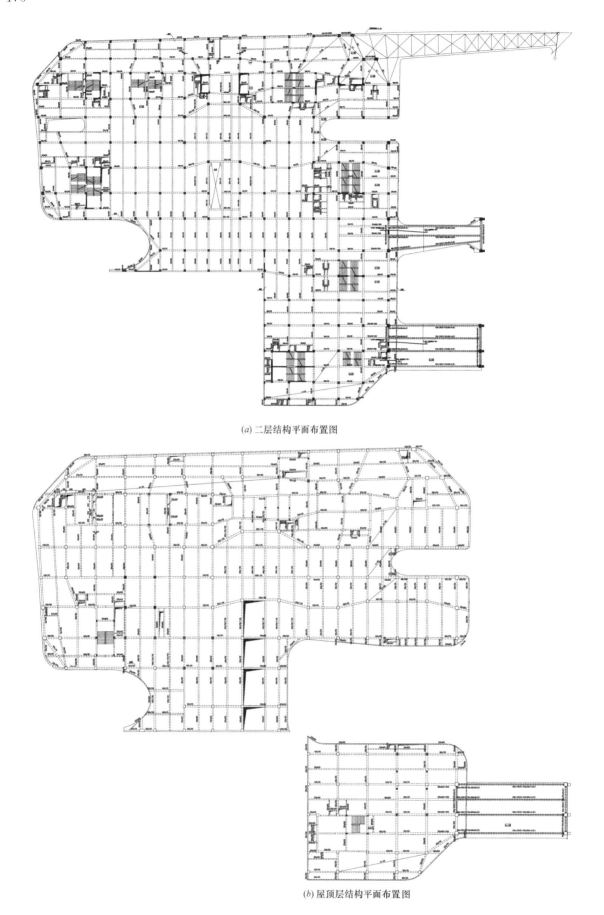

(a) 二层结构平面布置图

(b) 屋顶层结构平面布置图

图 27-4　二层结构平面布置

三、地基基础方案

根据勘察报告建议，并结合结构受力特点，裙房部分采用天然地基，基底位于第 4 大层细砂及其各亚层中下部、第 5 大层及其各亚层上部，地基承载力标准值均不小于 170kPa。基础型式为平板式筏形基础，筏板厚度为 800mm，并在柱下及墙下进行加厚处理。

根据勘察报告，抗浮设防水位为绝对标高 20.0m。采用抗浮桩作为附加抗浮措施，桩型为钻孔灌注桩，桩径为 600mm，集中布置于柱下及墙下。

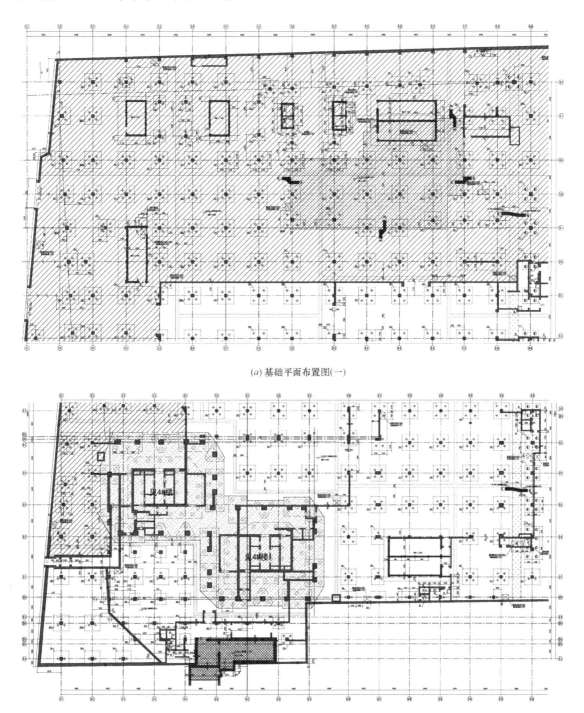

(a) 基础平面布置图(一)

(b) 基础平面布置图(二)

图 27-5　基础平面布置

<h2 style="text-align:center">结构方案评审表</h2>

结设质量表（2016）

项目名称	北京通州区运河核心区 13 号地综合体项目(裙房部分)	项目等级	A/B 级□、非 A/B 级■
		设计号	13219-13

评审阶段	方案设计阶段□	初步设计阶段□	施工图设计阶段■

评审必备条件	部门内部方案讨论 有■ 无□		统一技术条件 有■ 无□

工程概况	建设地点 北京市通州区	建筑功能 商业
	层数(地上/地下) 4/4	高度(檐口高度):23.72m
	建筑面积(m²) 10.5 万	人防等级:地下三、四层核六级、常六级

主要控制参数	设计使用年限 50 年
	结构安全等级 二级
	抗震设防烈度、设计基本地震加速度、设计地震分组、场地类别、特征周期 8 度、0.20g、第一组、Ⅲ类、0.45s
	抗震设防类别 重点设防类
	主要经济指标

结构选型	结构类型 框架-剪力墙结构
	概念设计、结构布置
	结构抗震等级 框架二级,剪力墙一级
	计算方法及计算程序 YJK
	主要计算结果有无异常(如:周期、周期比、位移、位移比、剪重比、刚度比、楼层承载力突变等) 无
	伸缩缝、沉降缝、防震缝
	结构超长和大体积混凝土是否采取有效措施:设置伸缩后浇带
	有无结构超限 无

基础选型	基础设计等级 一级
	基础类型 平板筏基
	计算方法及计算程序 理正、盈建科
	防水、抗渗、抗浮 混凝土抗渗等级 P8,采用抗浮桩抗浮
	沉降分析 沉降差计算满足要求
	地基处理方案 无

新材料、新技术、难点等	

主要结论	连桥补充单榀框架计算,左下角圆弧墙处按有无端部框架柱包络设计、与建筑协商优化 60m 跨桥的结构方案,建议桥楼分开,60m 跨桥宜适当增加桥支座,细化地基基础方案,优化抗浮抗压桩设计,地下室超长地上结构超长应采取减小温度应力措施,明确与其他地块地下室关系,楼梯间周边宜加柱,平面优化

工种负责人:王载	日期:2016.9.26	评审主持人:朱炳寅	日期:2016.9.26

注意：1. 评审申请时间：一般项目应在初步设计完成之前，无初步设计的项目在施工图 1/2 阶段。

　　　2. 工种负责人、审核人必须参加评审会，审定人以及项目组其他人员应尽量参会。工种负责人负责项目组与会人员的通知事宜，在必要时可邀请建筑专业相关人员出席。

　　　3. 评审后工种负责人应填写《结构方案评审意见回复表》，逐条回复《结构方案评审表》和《会议纪要》中提出的评审意见，并在签署齐全后归档。

会议纪要

2016 年 9 月 26 日

"北京通州区运河核心区 13 号地综合体项目（裙房部分）"施工图设计阶段结构方案评审会

评审人：谢定南、罗宏渊、王金祥、陈文渊、朱炳寅、张亚东、王载、王大庆

主持人：朱炳寅　　记录：王大庆

介　绍：叶垚、刘新国

　　结构方案：裙房与主楼之间设缝分开，本次仅评审裙房部分。裙房平面呈 L 形，地下、地上均为 4 层，采用框架-剪力墙结构。裙房与相邻的 14 号地房屋之间设有 3 座连桥，跨度为：连桥 1 约 60m，连桥 2、连桥 3 约 30m；3 座连桥与 13 号地裙房连为一体，设柱与 14 号地房屋分开。

　　地基基础方案：采用天然地基上的平板式筏形基础。抗浮采用抗浮桩，桩型为钻孔灌注桩。

评审：

　　1. 明确桩在不同工况下的受力机理以及基础设计、抗浮设计的思路，细化地基基础方案，优化抗浮抗压桩设计。

　　2. 地下、地上结构均超长，应补充温度应力分析，采取减小温度应力的可靠措施，防止房屋开裂；并应明确与其他地块地下室之间的关系，相应采取有效措施。

　　3. 60m 跨连桥与裙房之间协同作用很弱，连接部位传力不明确，应与建筑专业协商，优化 60m 跨连桥的结构方案，建议桥、楼分开，并宜适当增加桥支座。

　　4. 30m 跨连桥与裙房之间协同作用弱，应补充单榀框架计算分析，包络设计。

　　5. 平面左下角圆弧造型处的端部框架柱无侧向约束，应按有、无端部框架柱模型分别计算，对该部位进行包络设计，并应采取有效措施，确保该框架柱的侧向稳定。

　　6. 楼梯间周边宜加设框架柱，以形成封闭框架。

　　7. 优化结构平面设计，如：结合抗浮压重需要，地下室楼盖考虑采用主梁＋大板方案的可能性；适当优化扶梯等洞口周边的楼面梁布置和截面尺寸等。

结论：

　　建议根据结构方案评审表的主要结论以及会议纪要内容，进一步优化结构设计。

28　青海丝绸之路国际物流城项目南区工程（一期库房部分）

设计部门：合作设计事业部
主要设计人：王载、王文宇、尤天直、陈明

工 程 简 介

一、工程概况

本项目位于青海省西宁市，总建筑面积为 75.64 万 m²，地上为 66.57 万 m²，地下为 9.07 万 m²，分为两期建设。

本次设计为一期工程，建筑面积约 11.2 万 m²，包括 0 号服务中心及 1 号～4 号库房，建筑功能分别为商业、办公及库房。1 号和 2 号库房设 1 层地下室，为汽车库和设备用房。工程的总体概况如下：

子项号	子项名	建筑功能	层数（地上/地下）	房屋高度（m）
02	0 号服务中心	商业	2/0	23.6
03	1 号、2 号库房	仓库	2/-1	23.6
04	3 号、4 号库房	仓库	2/0	23.6

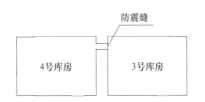

图 28-1　建筑分区示意图

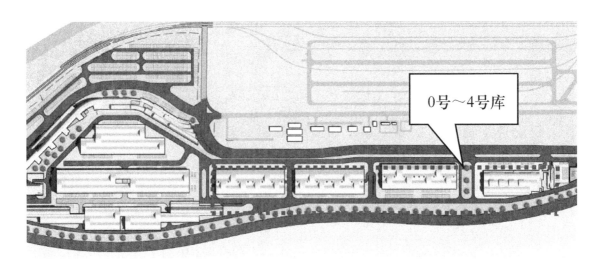

图 28-2　总平面图

图 28-3　建筑效果图

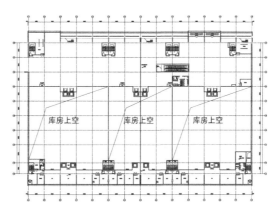

(a) 1号库房一层夹层建筑平面图

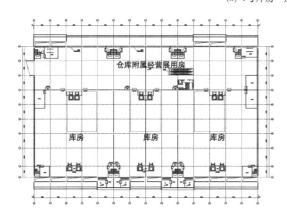

(b) 1号库房二层建筑平面图

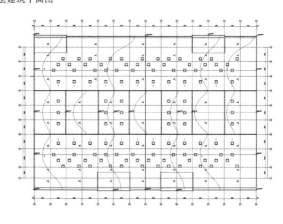

(c) 1号库房屋顶建筑平面图

图 28-4　建筑平面

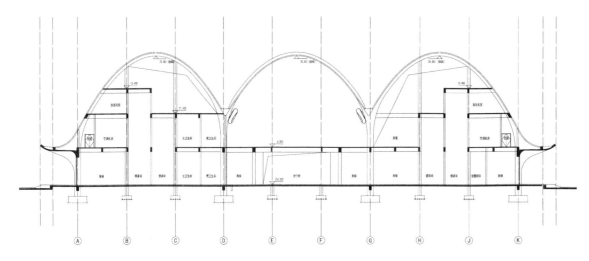

图 28-5　1 号库房建筑剖面图

二、结构方案

1. 抗侧力体系

本工程的抗侧力体系采用现浇钢筋混凝土框架结构。拱柱的截面尺寸为 $800mm \times 1000mm$，普通柱的截面为 $600mm \times 600mm$。

2. 楼盖、屋盖体系

本工程采用经济性好的现浇钢筋混凝土肋梁楼盖，梁布置及梁高适应管线布置及净高需求。一层夹层的梁截面尺寸为 $400mm \times 700mm$，二层的梁截面为 $400mm \times 1000mm$。

屋盖采用带拱肋的钢筋混凝土连续柱面壳（3 跨，单跨跨度为 24m）。

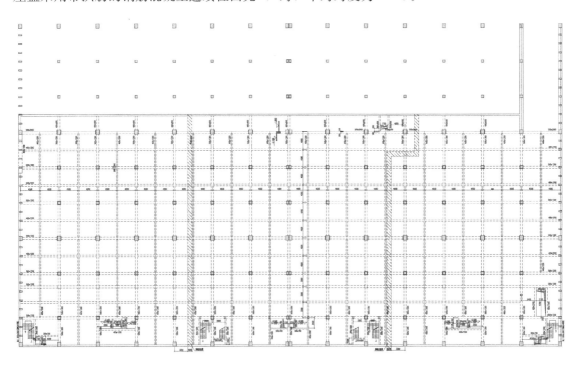

(a) 1 号库房首层结构平面布置图

图 28-6　结构布置图

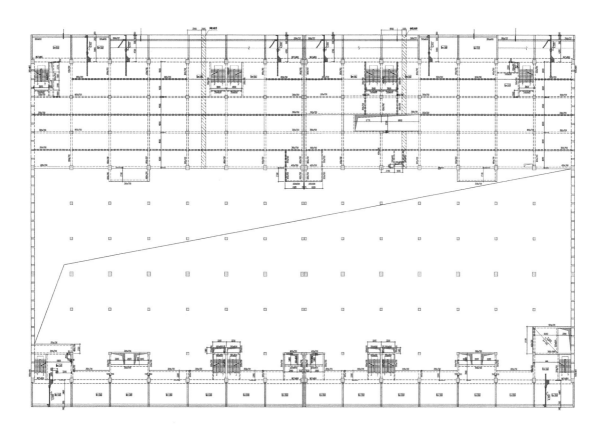

（b）1号库房一层夹层结构平面布置图

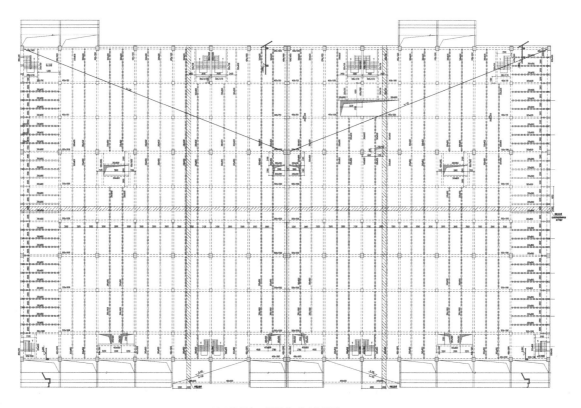

（c）1号库房二层结构平面布置图

图 28-6　结构布置图（续）

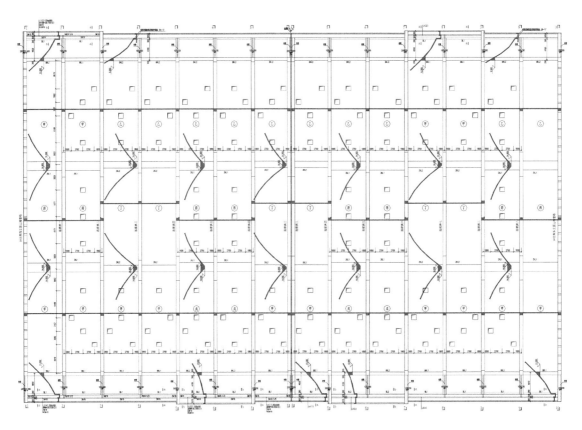

(d) 1号库房屋顶结构平面布置图

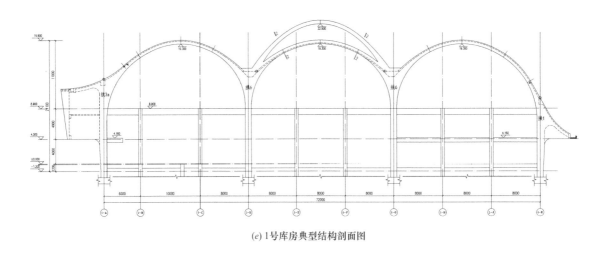

(e) 1号库房典型结构剖面图

图 28-6　结构布置图（续）

三、地基基础方案

本工程场地的②1层为湿陷性黄土状土，采用灰土挤密桩进行地基处理，处理至②2层非湿陷性黄土状土层，且桩长不小于3m，处理后的地基承载力特征值为250kPa。0号服务中心以及3号、4号库房采用独立基础，并设基础拉梁。1号、2号库房采用筏板基础及独立基础。

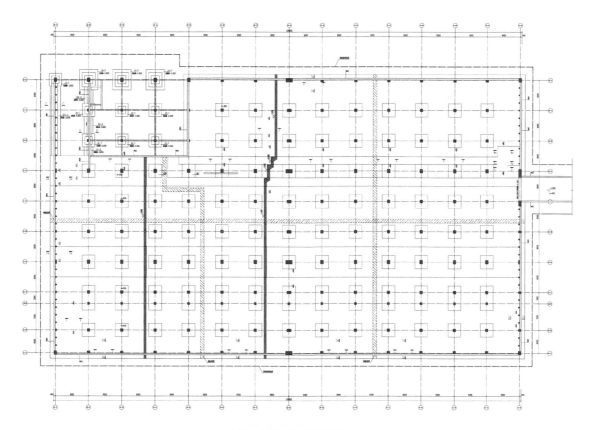

(a) 2号库房基础平面布置图

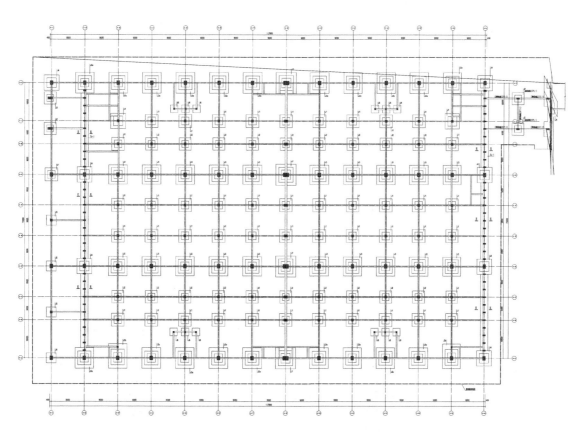

(b) 4号库房基础平面布置图

图 28-7　基础平面布置

<h2 style="text-align:center">结构方案评审表</h2>

结设质量表（2016）

项目名称	青海丝绸之路国际物流城项目南区工程（一期库房部分）	项目等级	A/B级□、非A/B级■
		设计号	15421

评审阶段	方案设计阶段□	初步设计阶段■	施工图设计阶段□

评审必备条件	部门内部方案讨论　有■　无□	统一技术条件　有■　无□

工程概况	建设地点　青海省西宁市	建筑功能　库房、办公、商业
	层数（地上/地下）：0号～13号库房（2/1或0）	高度（檐口高度）　23.1m
	建筑面积（m²）　75.64万	人防等级

主要控制参数	设计使用年限　50年
	结构安全等级　二级
	抗震设防烈度、设计基本地震加速度、设计地震分组、场地类别、特征周期 7度、0.10g、第三组、Ⅲ类、0.45s
	抗震设防类别　标准设防类
	主要经济指标

结构选型	结构类型　框架
	概念设计、结构布置
	结构抗震等级　框架二级
	计算方法及计算程序　YJK、SAP2000
	主要计算结果有无异常（如：周期、周期比、位移、位移比、剪重比、刚度比、楼层承载力突变等） 无
	伸缩缝、沉降缝、防震缝
	结构超长和大体积混凝土是否采取有效措施
	有无结构超限

基础选型	基础设计等级　乙级
	基础类型　筏基、独立基础
	计算方法及计算程序　理正、盈建科
	防水、抗渗、抗浮
	沉降分析　沉降差计算满足要求
	地基处理方案　灰土挤密桩

新材料、新技术、难点等	

主要结论	明确传力路径，简化传力关系，形成明确的拱拉杆模型，取消悬挑墙，注意不对称荷载、温度作用、风沙及冰雪冻融对局部荷载的影响，补充单榀框架承载力分析，按零刚度板计算拉杆层的拉力（承载力），注意坡屋面混凝土施工质量（变形验算可考虑空间作用），注意竖向荷载的不均匀性，基础形式的不均匀性引起的差异沉降对拱内力的影响，完善嵌固端措施

工种负责人：王载	日期：2016.9.26	评审主持人：朱炳寅	日期：2016.9.26

注意：1. 评审申请时间：一般项目应在初步设计完成之前，无初步设计的项目在施工图1/2阶段。

2. 工种负责人、审核人必须参加评审会，审定人以及项目组其他人员应尽量参会。工种负责人负责项目组与会人员的通知事宜，在必要时可邀请建筑专业相关人员出席。

3. 评审后工种负责人应填写《结构方案评审意见回复表》，逐条回复《结构方案评审表》和《会议纪要》中提出的评审意见，并在签署齐全后归档。

会议纪要

2016 年 9 月 26 日

"青海丝绸之路国际物流城项目南区工程（一期库房部分）"初步设计阶段结构方案评审会

评审人：谢定南、罗宏渊、王金祥、陈文渊、朱炳寅、张亚东、王载、王大庆

主持人：朱炳寅　　记录：王大庆

介　绍：陈明

结构方案：本次评审南区一期的 1 号～4 号库房。四座库房均地上两层，房屋高度为 23.1m；1 号、2 号库房地下一层，3 号、4 号库房无地下室。四座库房分别设缝，各分为两个结构单元；主体采用框架结构，屋盖采用带拱肋的连续柱面壳（3 跨、每跨 24m）。大跨度构件、长悬臂构件考虑了竖向地震作用。采用有限元进行壳体弹塑性分析。

地基基础方案：场地含湿陷性黄土（轻微），采用灰土挤密桩进行地基处理。基础形式为筏形基础、独立基础。

评审：

1. 明确传力路径，简化传力关系，形成明确的拱-拉杆模型。

2. 悬挑墙传力不清晰，计算模拟不真实，应取消悬挑墙，并优化该部位的结构设计。

3. 注意不对称荷载（包括活荷载、温度作用、风沙、积水、冰雪冻融等）以及可能的不利组合对局部荷载的影响。

4. 细化结构计算分析，如：补充单榀框架承载力分析，包络设计；承载力分析时，按零刚度板模型计算拉杆层的拉力；变形验算可考虑空间作用等。

5. 注意竖向荷载不均匀性、基础形式不均匀性引起的差异沉降对拱内力的影响，完善相应的计算分析和结构措施。

6. 完善嵌固端措施，并注意堆载的影响。

7. 注意坡屋面混凝土施工质量的影响，取用混凝土强度时宜适当留有余量。

8. 优化房屋端部密柱框架的结构布置和计算分析，保证其平面外稳定性，并减小对结构扭转的影响。

9. 壳板可适当考虑空间作用，合理优化板厚。

结论：

建议根据结构方案评审表的主要结论以及会议纪要内容，进一步优化结构设计。

29　北京西郊汽配城改造项目

设计部门：第三工程设计研究院
主要设计人：孔江洪、白晶晶、陈文渊、尤天直

工 程 简 介

一、工程概况

本项目位于北京市海淀区。本项目为既有建筑改、扩建工程，现有建筑的总建筑面积为79549.01m²。A、B座建于20世纪90年代，总建筑面积为24376.66m²，南、北对称，地上两层，地下一层，主体为钢筋混凝土框架结构。C、D座建于2008年，总建筑面积为47500.45m²，东、西对称，地上三层，地下两层，主体为钢筋混凝土框架结构。广场下的地下建筑为一层。

改、扩建概况：建筑功能由商业改建为办公，原则上新功能的荷载不大于原有设计荷载。加建部分为地下一层，地上四层，建筑最高点的高度为22.35m。贴建部分采用钢框架结构，基础为独立基础＋防水板和部分桩基础＋防水板。局部地下部分采用钢筋混凝土框架结构，基础为独立基础＋防水板。

图 29-1　建筑效果图

二、结构方案

贴建部分采用钢框架结构，钢材采用 Q345B。局部地下部分采用钢筋混凝土框架结构，墙、柱、梁、板的混凝土强度等级为 C40。嵌固端在±0.0。

三、地基基础方案

贴建部分采用独立基础＋防水板和部分桩基础＋防水板，局部地下部分采用独立基础＋防水板。独立基础的地基持力层为第3层卵石层，地基承载力标准值为300kPa。桩端持力层为第4层卵石层，采用直径为800mm的旋挖成孔灌注桩，单桩抗压承载力标准值为2000kN，最小桩长为10m和16m（贴近原结构处）。

结构方案评审表　　　　　　　　　结设质量表（2016）

项目名称	北京西郊汽配城改造项目	项目等级	A/B 级□、非 A/B 级■
		设计号	15337

评审阶段	方案设计阶段□	初步设计阶段□	施工图设计阶段■

评审必备条件	部门内部方案讨论　有■　无□	统一技术条件　有■　无□

<table>
<tr><td rowspan="4">工程概况</td><td colspan="2">建设地点:北京</td><td colspan="2">建筑功能:办公</td></tr>
<tr><td colspan="2">层数(地上/地下):4/1</td><td colspan="2">高度(檐口高度):22.35m</td></tr>
<tr><td colspan="2">建筑面积(m²):原有 79000,新建 9700</td><td colspan="2">人防等级:无</td></tr>
<tr><td colspan="2"></td><td colspan="2"></td></tr>
</table>

<table>
<tr><td rowspan="6">主要控制参数</td><td>设计使用年限:50 年</td></tr>
<tr><td>结构安全等级:二级</td></tr>
<tr><td>抗震设防烈度、设计基本地震加速度、设计地震分组、场地类别、特征周期
8 度、0.20g、第二组、Ⅱ类、0.35s</td></tr>
<tr><td>抗震设防类别:标准设防类</td></tr>
<tr><td>主要经济指标</td></tr>
<tr><td></td></tr>
</table>

<table>
<tr><td rowspan="9">结构选型</td><td>结构类型:地上钢框架,地下钢筋混凝土框架</td></tr>
<tr><td>概念设计、结构布置:</td></tr>
<tr><td>结构抗震等级:钢框架:三级、钢筋混凝土框架:二级</td></tr>
<tr><td>计算方法及计算程序:YJK</td></tr>
<tr><td>主要计算结果有无异常(如:周期、周期比、位移、位移比、剪重比、刚度比、楼层承载力突变等):计算结果无异常</td></tr>
<tr><td>伸缩缝、沉降缝、防震缝</td></tr>
<tr><td>结构超长和大体积混凝土是否采取有效措施:超长部分进行温度应力计算</td></tr>
<tr><td>有无结构超限:无</td></tr>
<tr><td></td></tr>
</table>

<table>
<tr><td rowspan="6">基础选型</td><td>基础设计等级:二级</td></tr>
<tr><td>基础类型:桩基、天然地基</td></tr>
<tr><td>计算方法及计算程序:YJK</td></tr>
<tr><td>防水、抗渗、抗浮:</td></tr>
<tr><td>沉降分析:</td></tr>
<tr><td>地基处理方案:</td></tr>
</table>

新材料、新技术、难点等	

主要结论	建议与建筑协商,新建与老建筑宜分开,钢框架结构分缝间距可适当加大,优化天幕结构布置,明确斜柱传力路径,与建筑协商斜柱折点在楼层或基础,注意屋顶抗风设计,注意基础施工对原有建筑的影响 （全部内容均在此页）

工种负责人:孔江洪　白晶晶	日期:2016.9.27	评审主持人:朱炳寅	日期:2016.9.27

注意：1. 评审申请时间：一般项目应在初步设计完成之前，无初步设计的项目在施工图1/2阶段。

　　　2. 工种负责人、审核人必须参加评审会，审定人以及项目组其他人员应尽量参会。工种负责人负责项目组与会人员的通知事宜，在必要时可邀请建筑专业相关人员出席。

　　　3. 评审后工种负责人应填写《结构方案评审意见回复表》，逐条回复《结构方案评审表》和《会议纪要》中提出的评审意见，并在签署齐全后归档。

30 承德市磬棰湾传统商业街项目（二期）

设计部门：第一工程设计研究院
主要设计人：张剑涛、梁伟、陈文渊、朱为之、徐志伟

工程简介

一、工程概况

承德市磬棰湾传统商业街项目位于河北省承德市，是集购物、休闲、娱乐、养生于一体的综合性传统特色街区。项目的总建筑面积 4.7 万 m²，地上约 2.3 万 m²，地下约 2.4 万 m²；包括两栋酒店建筑、1 栋集中商业建筑及 14 栋商业小院。项目各单体关系示意图如下：

图 30-1 总平面图

项目分两期建设，本次设计为二期工程，建筑面积约 2.2 万 m²，包括 9 栋商业小院，地上二层地下一层，房屋高度 7m，采用钢筋混凝土框架结构，基础为独立基础、条形基础＋防水板。

二、结构方案

1. 抗侧力体系

本工程的各建筑物地上均为两层，坡屋顶屋脊的建筑高度为 7.0m，地下室为一层～两层不等，抗侧力体系采用钢筋混凝土框架结构，抗震等级为四级。

根据建筑物的平面、立面布置，本工程结构主要特点如下：

（1）平面尺寸超长。3-2 号商业小院的平面尺寸较大，超过规范的伸缩缝间距要求，属于超长结构。

图 30-2　建筑效果图

（2）各独立结构单元的不规则项主要包括扭转不规则、凹凸不规则、楼板局部不连续。

（3）坡屋顶下无水平拉梁。由于建筑造型需要，各建筑物在单跨坡屋顶下均无法设置水平拉梁来平衡水平推力。

根据以上特点，本工程主要采用如下技术措施：

（1）采取相应措施，减小温度和混凝土收缩对结构的影响。

（2）采取下列措施，改善结构各项不规则的影响：

1）扭转不规则：合理调整结构平面布置，加大结构抗扭刚度，同时计算单向水平地震作用下偶然偏心以及双向水平地震作用的影响。

2）楼板局部不连续：局部楼层结构楼板开洞较大处，加强开洞后楼板的整体刚度。本工程对开洞后的楼板及上下层楼板加厚至 130～150mm，配筋拟双层双向拉通。同时，为考虑楼板开洞对整体刚度的影响，在整体计算分析时，亦对地上部分被削弱的部分楼板按弹性膜单元进行模拟。

3）凹凸不规则：加厚两侧展廊楼板及凹凸位置处楼板的厚度，做法同上。

（3）补充单榀框架模型、零刚度屋面板模型的计算，校核坡屋顶对单跨框架梁、柱的影响，并进行包络设计。

2. 楼盖体系

本工程的楼盖采用钢筋混凝土梁板结构，酒店地下一层荷载较大部位的地下车库梁、板采用双向井字梁楼盖体系。一般楼板的厚度：一层为 180mm，二层为 120mm，屋面板为 120mm。

三、地基基础方案

根据地勘报告，本工程采用天然地基，地基持力层为④层圆砾，地基承载力特征值 f_{ak} 为 320kPa；基底未到持力层部位采用换填垫层法进行地基处理，地基处理时先开挖至④层圆砾，后采用天然级配砂卵石换填（按 30cm/层，分层碾压、振实至基底设计标高，压实系数为 0.97），换填后的地基承载力特征值 f_{ak} 为 230kPa。基础型式为钢筋混凝土独立基础、条形基础，有地下室部位另设防水板，防水板厚度为 250mm。

本工程的抗浮设防水位为 336.6m，低于基底标高，无抗浮问题。

结构方案评审表　　　　　结设质量表（2016）

项目名称	承德市磬槌湾传统商业街项目(二期)	项目等级	A/B级□、非 A/B级■
		设计号	13142

评审阶段	方案设计阶段□	初步设计阶段□	施工图设计阶段■

评审必备条件	部门内部方案讨论　有■　无□	统一技术条件　有■　无□

工程概况	建设地点　河北省承德市	建筑功能　商业
	层数(地上/地下)　2/1	高度(檐口高度)　7.0/5.4m
	建筑面积(m²)　2.2万	人防等级

主要控制参数	设计使用年限　50年
	结构安全等级　二级
	抗震设防烈度、设计基本地震加速度、设计地震分组、场地类别、特征周期 6度、0.05g、第二组、Ⅱ类、0.45s
	抗震设防类别　标准设防类
	主要经济指标

结构选型	结构类型　钢筋混凝土框架结构
	概念设计、结构布置
	结构抗震等级　四级
	计算方法及计算程序　YJK
	主要计算结果有无异常(如:周期、周期比、位移、位移比、剪重比、刚度比、楼层承载力突变等) 无
	伸缩缝、沉降缝、防震缝
	结构超长和大体积混凝土是否采取有效措施　有
	有无结构超限　无

基础选型	基础设计等级　丙级
	基础类型　筏板、独立基础、条形基础、防水板
	计算方法及计算程序　YJK
	防水、抗渗、抗浮
	沉降分析
	地基处理方案　级配砂石换填

新材料、新技术、难点等	无

主要结论	注意坡屋顶荷载取值,注意积水和积雪荷载,注意坡屋顶混凝土施工质量问题,弱连接部位按连接与不连接分别计算包络设计,与建筑商量有条件时,适当分缝,结构空间作用弱,应补充单榀结构承载力分析,注意短柱问题、错层问题,错层柱按中震设计

工种负责人:张剑涛	日期:2016.9.29	评审主持人:朱炳寅	日期:2016.9.29

注意： 1. 评审申请时间：一般项目应在初步设计完成之前，无初步设计的项目在施工图1/2阶段。

　　　2. 工种负责人、审核人必须参加评审会，审定人以及项目组其他人员应尽量参会。工种负责人负责项目组与会人员的通知事宜，在必要时可邀请建筑专业相关人员出席。

　　　3. 评审后工种负责人应填写《结构方案评审意见回复表》，逐条回复《结构方案评审表》和《会议纪要》中提出的评审意见，并在签署齐全后归档。

会议纪要

2016 年 9 月 29 日

"承德市磐棰湾传统商业街项目（二期）"施工图设计阶段结构方案评审会

评审人：谢定南、罗宏渊、王金祥、陈文渊、徐琳、朱炳寅、彭永宏、王大庆

主持人：朱炳寅　　记录：王大庆

介　绍：朱为之、张剑涛

结构方案：二期含 9 座商业小院，均为地下一层、地上两层、坡屋顶，采用框架结构。

地基基础方案：采用天然地基（级配砂石局部换填）上的独立基础、条形基础、局部筏板基础＋防水板。

评审：

1. 关注重力荷载的影响，注意坡屋顶荷载取值，尤其应重视连续坡屋顶凹处的积水荷载和积雪荷载。

2. 注意坡屋顶混凝土施工质量问题，取用混凝土强度时宜适当留有余量。

3. 结构超长，且存在平面弱连接，与建筑专业协商，有条件时适当分缝。当确实无法设缝时，弱连接部位应按连接与不连接模型分别计算，包络设计；补充零刚度板模型，计算弱连接部位的梁拉力；并对相应部位采取有效加强措施，确保可靠传力。

4. 结构空间作用弱，应补充单榀结构承载力分析，包络设计。

5. 补充最不利方向等多方向地震作用计算。

6. 注意短柱问题、错层问题，细化坡屋顶的标高关系，优化结构布置。

7. 错层柱应按中震设计。

8. 可考虑坡屋顶的空间作用，比较采用去掉次梁的折板方案的可能性。

结论：

建议根据结构方案评审表的主要结论以及会议纪要内容，进一步优化结构设计。

31　厦门翔安国际机场-办公楼及能源中心子项

设计部门：第一工程设计研究院
主要设计人：郝国龙、徐杉、段永飞、尤天直、刘迅

工程简介

一、工程概况

厦门翔安国际机场位于福建省厦门市翔安区。办公楼紧贴航站楼指廊建设，含南、北两个办公楼，单个办公楼的平面尺寸为41m×253m，两楼的总建筑面积为6.0万m²，无地下室，坡屋顶最高点标高为20.5m。南办公楼地上4层，1~3层层高依次为5.4m、3.9m、3.9m，首层为车库，2层以上为办公。北办公楼地上3层，1、2层层高分别为5.4m、5.8m，首层为车库，2层以上为设备机房。能源中心的平面尺寸为34.3m×59.5m，总建筑面积为0.4万m²。地上1层，层高为5.9m，建筑功能为高、低压配电室、能源中心监控室和办公用房。地下1层，层高为8m，建筑功能为制冷机房及水泵房。

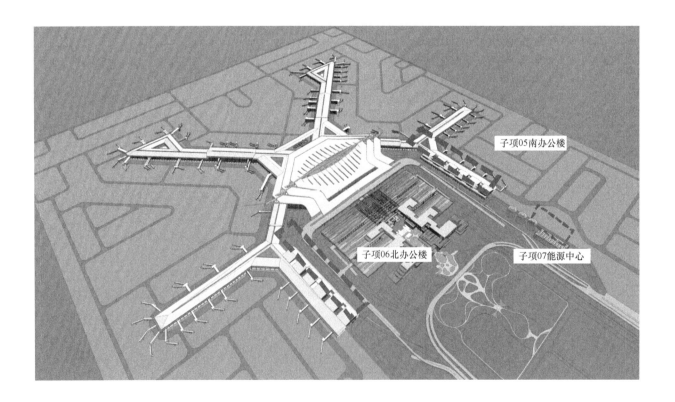

图 31-1　南、北办公楼及能源中心平面位置示意图

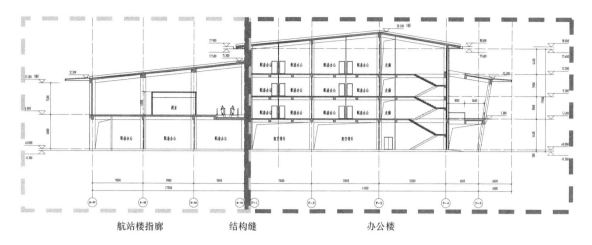

图 31-2　建筑剖面图

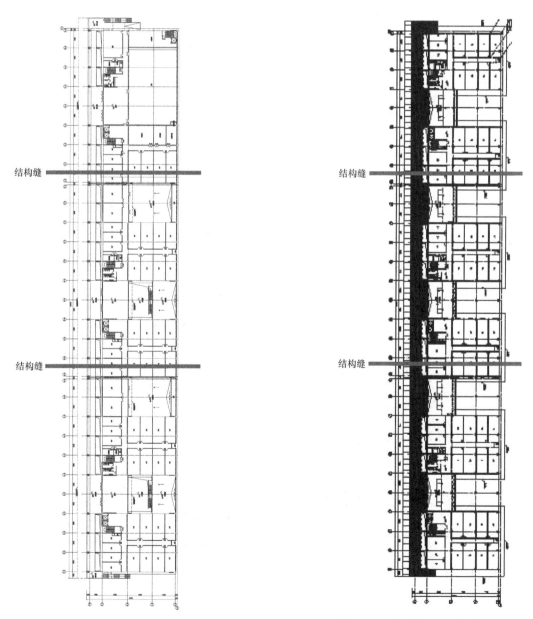

图 31-3　南办公楼 2 层平面图　　　　　　图 31-4　南办公楼 3、4 层平面图

二、结构方案

1. 抗侧力体系

南、北办公楼设缝，各分为 3 个结构单体，每座办公楼各有两个结构单体的平面尺寸为 41m×90m，另一个为 41m×70m。抗侧力体系采用现浇钢筋混凝土框架结构，抗震等级为三级，按二级采取抗震构造措施。柱网尺寸为 12m×9m，柱截面尺寸为 800mm×800mm。

能源中心采用现浇钢筋混凝土框架结构，抗震等级为三级，按二级采取抗震构造措施。柱网尺寸为 8.4m×8.4m，柱截面尺寸为 600mm×600mm。

2. 楼盖体系

办公楼的首层不设结构板，其他各层楼盖采用现浇钢筋混凝土梁板结构，布置单向双次梁，次梁间距为 3~4.5m。依据楼板跨度及荷载条件，楼板厚度为 120~140mm；弱连接部位楼板加强，楼板厚度采用 150mm。

能源中心的首层楼盖以及屋盖采用现浇钢筋混凝土梁板结构，布置单向单次梁，次梁间距为 4.2m。首层楼板由于嵌固需要，板厚为 180mm；屋面板厚度为 120mm。

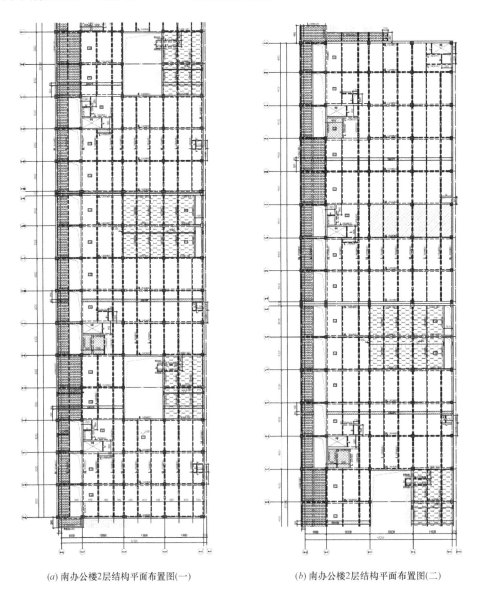

(a) 南办公楼2层结构平面布置图(一)　　　　　(b) 南办公楼2层结构平面布置图(二)

图 31-5　南办公楼结构平面布置

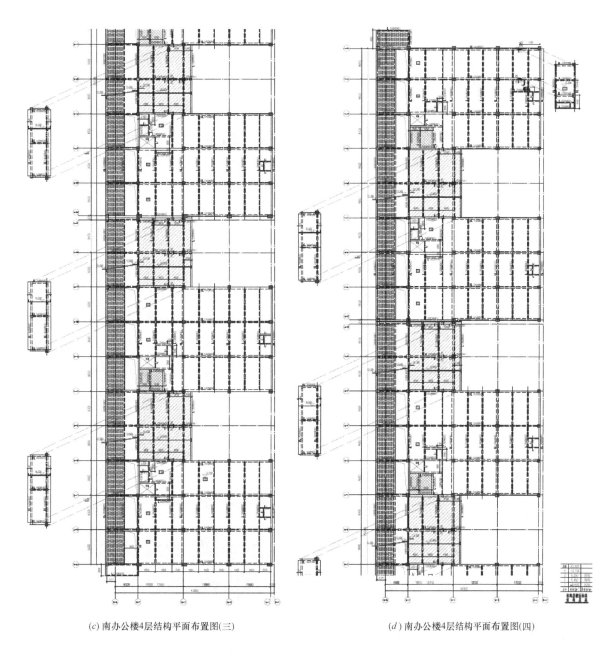

(c) 南办公楼4层结构平面布置图(三)

(d) 南办公楼4层结构平面布置图(四)

图 31-5　南办公楼结构平面布置（续）

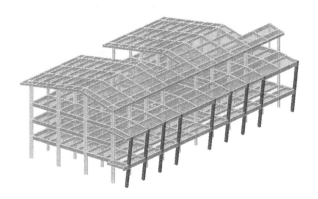

图 31-6　南办公楼计算模型

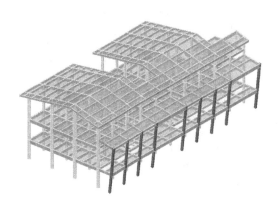

图 31-7　北办公楼计算模型

三、地基基础方案

根据地勘报告建议，并结合当地经验，本工程采用直径为 700mm 的静压沉管灌注桩基础，桩端持力层为⑦层砂砾状强风化花岗岩，桩长约 25～34m，桩端进入持力层的深度为 2 倍桩径，单桩竖向承载力特征值为 2500kN。

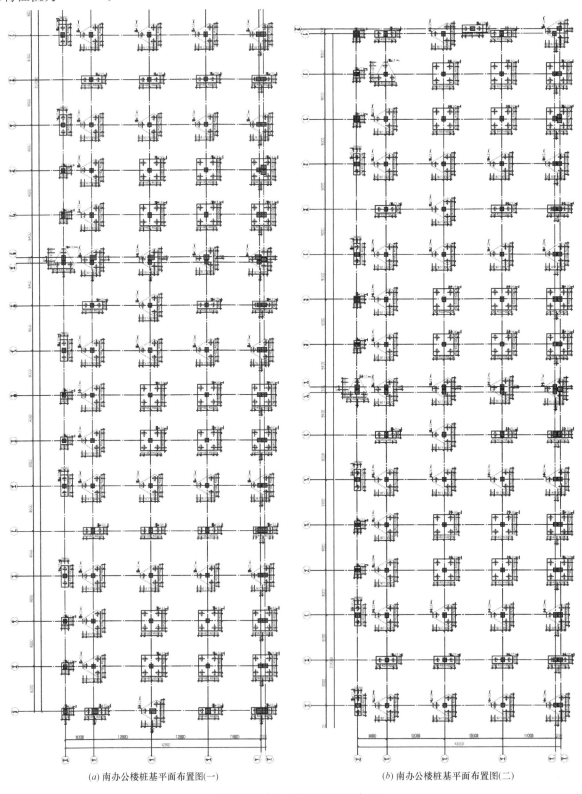

(a) 南办公楼桩基平面布置图(一)　　　　(b) 南办公楼桩基平面布置图(二)

图 31-8　南办公楼桩基平面布置

结构方案评审表   结设质量表（2016）

项目名称	厦门翔安国际机场-办公楼及能源中心子项	项目等级	A/B 级□、非 A/B 级☑
		设计号	16018

评审阶段	方案设计阶段□	初步设计阶段☑	施工图设计阶段□

评审必备条件	部门内部方案讨论　有☑　无□	统一技术条件　有☑　无□	

工程概况	建设地点　厦门市翔安区	建筑功能　办公及能源中心
	层数（地上/地下）办公楼 4/0；能源中心 1/1	高度（檐口高度）办公 20.5m；能源中心 6m
	建筑面积（m²）　6.4 万	人防等级　无人防

主要控制参数	设计使用年限　50 年
	结构安全等级　二级
	抗震设防烈度、设计基本地震加速度、设计地震分组、场地类别、特征周期 　　7 度、0.15g、第二组、Ⅲ类、0.55s
	抗震设防类别　标准设防类
	主要经济指标

结构选型	结构类型　框架结构
	概念设计、结构布置
	结构抗震等级　办公楼及能源中心：抗震等级为三级，按二级采取抗震构造措施
	计算方法及计算程序　盈建科（YJK-A）
	主要计算结果有无异常（如：周期、周期比、位移、位移比、剪重比、刚度比、楼层承载力突变等）　无
	伸缩缝、沉降缝、防震缝　防震缝
	结构超长和大体积混凝土是否采取有效措施　后浇带
	有无结构超限　无

基础选型	基础设计等级　甲级
	基础类型　桩基
	计算方法及计算程序　盈建科（YJK-F）
	防水、抗渗、抗浮　能源中心通过抗拔桩解决抗浮
	沉降分析
	地基处理方案

新材料、新技术、难点等	

主要结论	屋顶大开洞且连廊偏置、补充多塔模型分析。全工程补充单榀框架承载力分析，注意回填地基的自重固结对基桩负摩阻力的影响，注意自重固结对首层地面沉降的影响，错层柱按中震设计、完善温度应力分析、外露连廊宜加密温度缝或诱导缝、采取相应措施、注意高厚填土对场地类别的影响、楼梯间加柱、优化平面设计

工种负责人：郝国龙	日期：2016.10.13	评审主持人：朱炳寅	日期：2016.10.13

注意：**1.** 申请评审一般应在初步设计完成之前，无初步设计的项目在施工图 1/2 阶段申请。

    2. 工种负责人负责通知项目相关人员参加评审会。工种负责人、审核人必须参会，建议审定人、设计人与会。工种负责人在必要时可邀请建筑专业相关人员参会。

    3. 评审后，填写《结构方案评审意见回复表》，逐条回复《结构方案评审表》和《会议纪要》中提出的评审意见，并由工种负责人、审定人签字。

会议纪要

2016 年 10 月 13 日

"厦门翔安国际机场-办公楼及能源中心子项"初步设计阶段结构方案评审会

评审人：谢定南、罗宏渊、王金祥、徐琳、朱炳寅、彭永宏、王大庆

主持人：朱炳寅　记录：王大庆

介　绍：郝国龙

结构方案：南、北办公楼（4/0层）分别设缝，各分为 3 个结构单元（单元最大长度约 90m），能源中心（1/－1层）未设缝，均采用框架结构。采用零刚度板模型，计算斜柱相关梁的拉力。超长结构单元进行温度应力分析，并采取措施。

地基基础方案：工程位于海边吹填形成的陆地，场地表面为高厚吹填层和淤泥层，采用插板排水堆载预压＋强夯方案进行地基处理。工程采用沉管灌注桩基础，设置承台和基础拉梁。能源中心抗浮采用抗拔桩。

评审：

1. 场地上覆高厚吹填层，应注意其对场地类别的影响。

2. 场地表面为高厚吹填层和淤泥层，应注意自重固结对桩基负摩阻力的影响，合理确定桩的承载力和布置；注意自重固结对首层地面沉降的影响，采取相应措施。

3. 推敲斜柱下的桩基布置。

4. 办公楼屋顶开大洞且连廊偏置，形成多个大凹口，应补充多塔模型分析，包络设计。

5. 全工程补充单榀框架承载力分析，包络设计。

6. 错层柱应按中震设计。

7. 结构单元超长且一侧外露，受温度作用影响大，应完善温度应力分析及相应措施；外露连廊宜加密温度缝或诱导缝，相应采取有效措施。

8. 框架结构的楼梯间周边加设框架柱，以形成封闭框架。

9. 适当优化结构布置和构件截面尺寸，注意重点部位加强及细部处理。

10. 工程位于海边，风荷载大，应注意抗风设计。

结论：

建议根据结构方案评审表的主要结论以及会议纪要内容，进一步优化结构设计。

32　八宝山绿化隔离带综合改造工业区改造升级项目

设计部门：第二工程设计研究院
主要设计人：何相宇、陈越、周岩、施泓、朱炳寅

工 程 简 介

一、工程概况

　　本项目位于北京市石景山区。项目的总用地面积为35196m²，分为3个地块，分别为改造升级项目厂房A号楼（原精密螺栓车间改造及加建）、厂房B号楼（原1号厂房改造）以及厂房C号楼（新建）；总建筑面积为62625m²，地上为35196m²，地下为27429m²；改造及加建部分的主要建筑功能为厂房、车间，同时设有少量办公、商业、餐饮服务等配套设施。

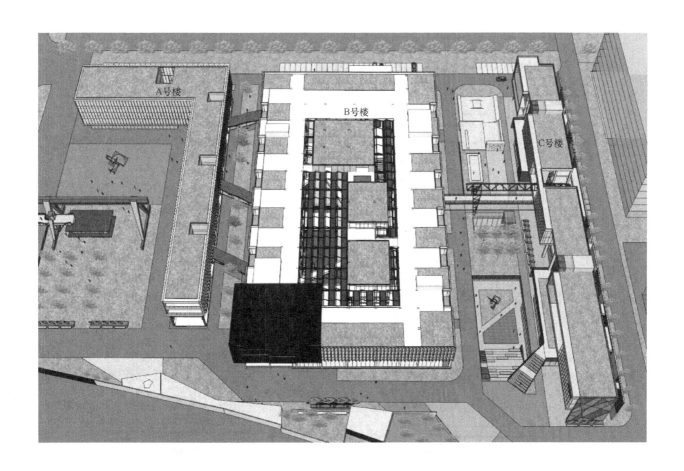

图 32-1　鸟瞰图

202

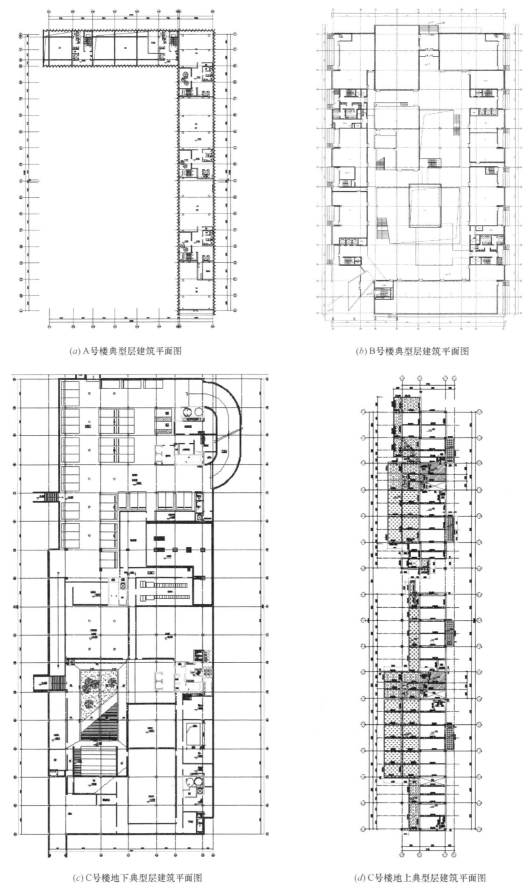

(a) A号楼典型层建筑平面图

(b) B号楼典型层建筑平面图

(c) C号楼地下典型层建筑平面图

(d) C号楼地上典型层建筑平面图

图 32-2　建筑平面图

二、结构方案

1. 抗侧力体系

A号楼地上4层，无地下室。平面为L形，在拐角处设缝将其分为两个一字形建筑。东、西走向的为新建建筑，长为50m，宽为9m，结构型式为钢框架-中心支撑结构。南、北走向的为旧工业厂房改造，保留原厂房的排架柱、柱间支撑及屋面梁，拆除原大型屋面板，补设屋面水平支撑，增设钢框架-中心支撑结构。钢框架柱主要为500mm×500mm×20mm×20mm的箱形柱，框架梁主要为H500mm×250mm×16mm×30mm的H型钢梁。

B号楼原为单层钢结构工业厂房，原结构体系为排架（5跨）+中心支撑结构，现将其改造为地上3层、地下1层的钢框架结构。对于原结构，保留钢柱及基础，拆除大型屋面板、屋面支撑及钢梁。此外，开挖地面至基础底标高，增设1层地下室，并拆除不用的基础及拉梁。钢柱长细比由原150变为按100控制，原工字形柱需加固改为箱形柱，故现场施焊难度较大。因荷载由原1层轻屋面+吊车荷载变为1层种植土屋面+3层楼面荷载，为减轻原有基础的负荷，在每个柱网间增加1排新柱网。由于增加了框架柱排数，且原工字形柱改为箱形柱，结构两个方向的侧向刚度均有增长，故可不采用钢框架-中心支撑结构。新地勘报告提供的地基承载力标准值由原550kPa变为现400kPa，原基础的基底面积不足，采用放大的混凝土刚性基础，进行基础加固。地上结构长为120m，宽为72m，首层采用钢筋混凝土主、次梁楼盖，设置后浇带（横向两道、纵向一道），地上钢结构设置两道水平合拢跨，以控制施工期间的温度应力。钢框架柱主要为600mm×400mm×20mm×20mm的箱形柱，原钢柱改为750mm×450mm×25mm×20mm的箱形柱，框架梁主要为H600mm×200mm×12mm×25mm的H型钢梁。

C号楼为新建建筑。地下3层，为车库、设备机房等，平面尺寸为50m×134m，设置3道收缩后浇带、1道沉降后浇带。地上4层，均为办公，平面尺寸为14.4m×134m，在平面中部设缝，分为南、北两个结构单元，北单元长为50m，南单元长为75m。抗侧力体系采用钢筋混凝土框架-剪力墙结构。

2. 楼盖体系

A号、B号楼均采用钢筋桁架楼承板，除嵌固层外，板厚为120mm。

C号楼楼盖采用现浇钢筋混凝土梁板结构。首层及以下楼层采用主梁+大板结构，板跨为8.4m×8.4m，板厚为200mm~350mm。地上各层采用主、次梁结构，板厚为120mm~150mm。

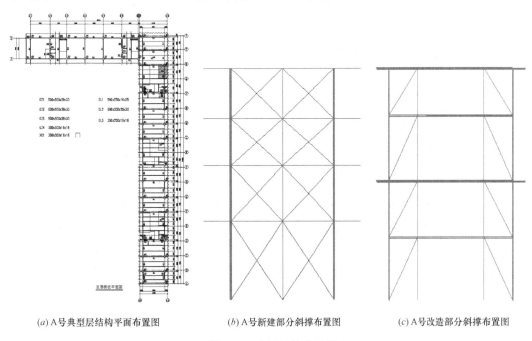

(a) A号典型层结构平面布置图　　　(b) A号新建部分斜撑布置图　　　(c) A号改造部分斜撑布置图

图 32-3　A号结构布置图

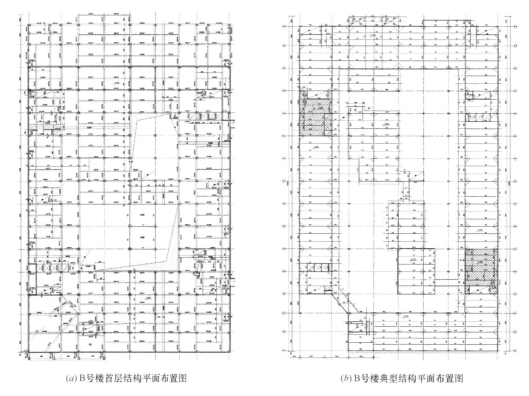

(a) B号楼首层结构平面布置图　　　　　　　　(b) B号楼典型结构平面布置图

图 32-4　B号结构布置图

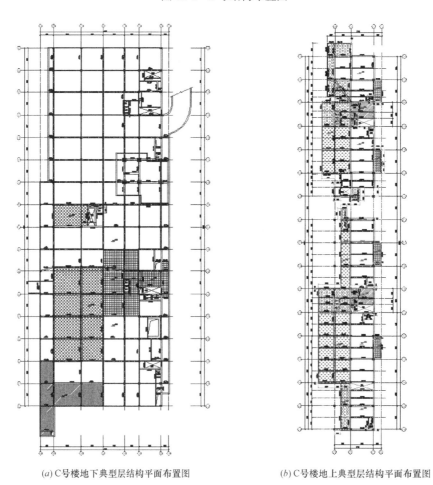

(a) C号楼地下典型层结构平面布置图　　　　　　　(b) C号楼地上典型层结构平面布置图

图 32-5　C号结构平面布置图

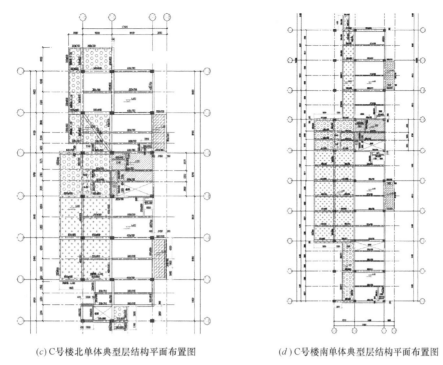

(c) C号楼北单体典型层结构平面布置图　　　　(d) C号楼南单体典型层结构平面布置图

图 32-5　C 号结构平面布置图（续）

三、地基基础方案

根据新地勘报告并结合原基础图纸，本工程采用天然地基。A 号楼的新建建筑采用柱下独立基础，改造建筑的新增钢柱落于原基础之上，并根据新计算结果加固原基础，地基承载力标准值取 140kPa。B 号楼采用柱下独立基础＋防水板，加固原有的柱下独立基础，地基承载力标准值取 400kPa。C 号楼采用柱下独立基础＋防水板，剪力墙下采用局部筏板或条形基础，地基承载力标准值取 400kPa。

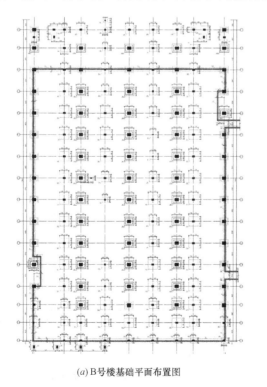 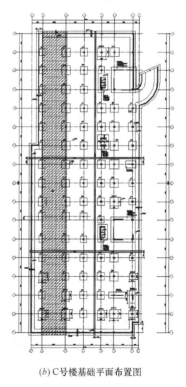

(a) B号楼基础平面布置图　　　　　　　　(b) C号楼基础平面布置图

图 32-6　基础平面布置图

<h2 style="text-align:center">结构方案评审表</h2>

结设质量表（2016）

项目名称	八宝山绿化隔离带综合改造工业区改造升级项目	项目等级	A/B 级□、非 A/B 级■
		设计号	16242

评审阶段	方案设计阶段□	初步设计阶段□	施工图设计阶段■

评审必备条件	部门内部方案讨论　有■　无□		统一技术条件　有■　无□

工程概况	建设地点:北京市	建筑功能:办公、商业等
	层数(地上/地下):4/0(A 号)、3/1(B 号)、4/3(C 号)	高度(檐口高度):A 号 17.1m;B 号 14.6m,C 号 18m
	建筑面积(m²):6.35 万	人防等级:无

主要控制参数	设计使用年限:50 年
	结构安全等级:二级
	抗震设防烈度、设计基本地震加速度、设计地震分组、场地类别、特征周期 8 度、0.20g、第二组、Ⅱ类、0.40s
	抗震设防类别:标准设防类
	主要经济指标

结构选型	结构类型:A 号钢框架-中心支撑、B 号钢框架、C 号框架-剪力墙
	概念设计、结构布置:
	结构抗震等级:A 号 B 号三级钢框架;C 号二级剪力墙、三级框架
	计算方法及计算程序:盈建科(YJK)、PKPM-SATWE
	主要计算结果有无异常(如:周期、周期比、位移、位移比、剪重比、刚度比、楼层承载力突变等):位移比大于 1.2
	伸缩缝、沉降缝、防震缝:有
	结构超长和大体积混凝土是否采取有效措施:超长部分设置后浇带;
	有无结构超限:无

基础选型	基础设计等级:乙级
	基础类型:A 号独立柱基,B 号 C 号独立柱基＋防水板
	计算方法及计算程序:盈建科(YJK)、JCCAD
	防水、抗渗、抗浮
	沉降分析

新材料、新技术、难点等	

主要结论	A 楼补设钢支撑间距≤30m,原有结构先加固后拆除,A 楼也可采用钢筋混凝土剪力墙钢框架体系。C 楼注意凹口处平面连接问题,注意挡土墙的支柱问题,B 楼钢柱宜拆除、补新柱,补充单榀框架承载力计算、补充中间多塔模型,注意屋顶错层钢柱按中震计算复核,连桥按零刚度板模型计算梁拉力

工种负责人:何相宇　陈越　周岩	日期:2016.10.27	评审主持人:朱炳寅	日期:2016.10.27

注意：**1.** 评审申请时间：一般项目应在初步设计完成之前，无初步设计的项目在施工图 1/2 阶段。

2. 工种负责人、审核人必须参加评审会，审定人以及项目组其他人员应尽量参会。工种负责人负责项目组与会人员的通知事宜，在必要时可邀请建筑专业相关人员出席。

3. 评审后工种负责人应填写《结构方案评审意见回复表》，逐条回复《结构方案评审表》和《会议纪要》中提出的评审意见，并在签署齐全后归档。

会议纪要

2016 年 10 月 27 日

"八宝山绿化隔离带综合改造工业区改造升级项目"施工图设计阶段结构方案评审会

评审人：谢定南、罗宏渊、王金祥、朱炳寅、彭永宏、王大庆

主持人：朱炳寅　　记录：王大庆

介　绍：陈越、周岩、何相宇

结构方案：含 A、B、C 楼三座建筑。A 楼（部分）、B 楼为原有厂房改造项目，原结构为单层排架结构，竣工于 1996～2000 年，有鉴定报告，改造加固的后续使用年限为 50 年。A 楼的新建部分与改造部分设缝分开，均为 4/0 层，采用钢框架-中心支撑结构。B 楼改造为 3/－1 层的钢框架结构。C 楼为 4/－3 层的新建建筑，设缝分为两个结构单元，采用混凝土框架-剪力墙结构。

地基基础方案：均采用天然地基，基础型式：A 楼为独立基础，B、C 楼为独立基础＋防水板。

评审：

一、A 楼

1. 结构设缝后为长矩形平面（宽约 10m），钢支撑的间距较大（近 70m），难以保证支撑之间的楼盖面内刚度，应补设钢支撑，使其间距不超过 30m；也可适当布置剪力墙，采用钢框架-钢筋混凝土剪力墙结构体系。

2. 本楼改造部分的旧厂房与新建筑关联性不强，需保留的旧厂房建议尽量保持原有结构体系；若部分拆除，也应注意恢复。

3. 处理好新增基础与原有基础的关系。

4. 注意钢梁两端的节点形式。

二、C 楼

1. 结构存在多处凹口，平面连接弱，相应补充单榀结构承载力分析，包络设计；并优化弱连接部位的结构布置，采取加强平面连接的有效措施。

2. 优化结构布置，尤其注意完善悬挑部位的平面布置。

3. 注意挡土墙（例如楼板开洞、下沉庭院等部位）的支承问题，使土、水压力有效传递至可靠构件。

4. 细化抗浮设计，适当增加防水板厚度，注意防水板下软垫层做法。

5. 坡道应设缝与主体结构脱开。

三、B 楼

1. 保留的工字形钢柱改为箱形钢柱，需在现场进行大量立焊，应注意落实实施可能性，建议拆除钢柱，补新柱。

2. 楼板不连续，导致结构空旷，空间作用弱，应补充单榀框架承载力分析，补充中间多塔模型计算分析，包络设计。

3. 按零刚度板模型，计算连桥的梁拉力。

4. 错层钢柱应按中震计算复核。

5. 格栅 3 层通高，应注意其平面外稳定性。

6. 优化基础加固做法。

四、原有结构的改造、加固应注意拆除、加固的各自顺序以及拆除、加固之间的关系，做到先加固、后拆除，确保安全。

结论：

建议根据结构方案评审表的主要结论以及会议纪要内容，进一步优化结构设计。

33 赤峰旅游综合服务管理中心

设计部门：第三工程设计研究院
主要设计人：刘松华、袁琨、毕磊、尤天直、成博、贾月光

工程简介

一、工程概况

赤峰旅游综合服务管理中心（旅游大厦）位于内蒙古赤峰市。本项目的主要建筑使用功能为旅游服务和酒店，总建筑面积为 31098m²。本项目地下两层，主要为配套功能用房、地下车库和设备机房（含人防）等；地上主楼 23 层，房屋高度近 100m，主要为办公和酒店客房等；裙房 2～3 层，环布于主楼四周，主要为旅游综合服务管理中心和酒店餐饮等。主楼采用钢筋混凝土框架-核心筒结构，裙房和展廊采用钢筋混凝土框架结构。

图 33-1 建筑效果图

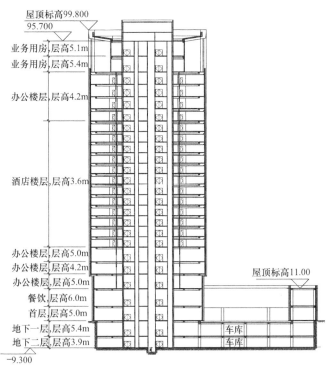

图 33-2 建筑剖面图

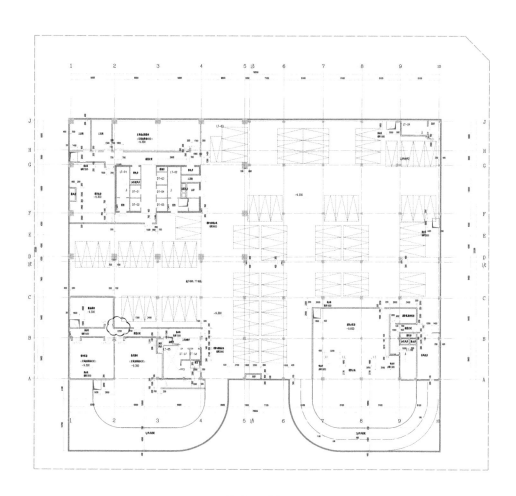

(a) 地下二层建筑平面图

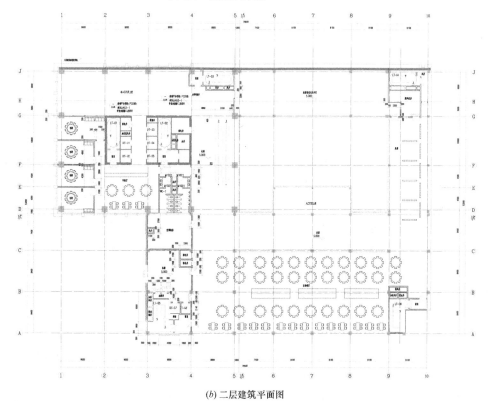

(b) 二层建筑平面图

图 33-3　建筑平面

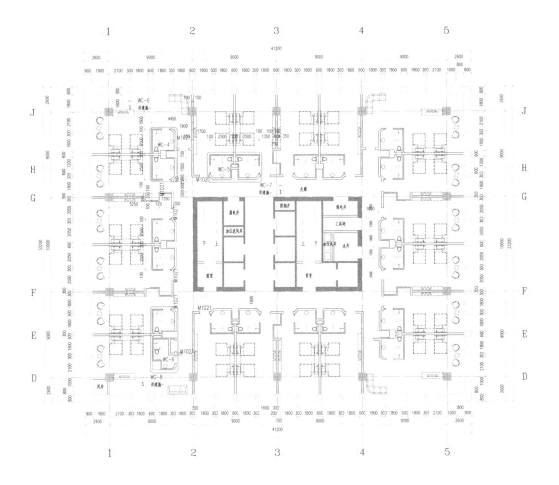

(c) 标准层建筑平面图

图 33-3 建筑平面（续）

二、结构方案

1. 抗侧力体系

主楼的房屋高度近100m，结合建筑功能要求，采用现浇钢筋混凝土框架-核心筒结构，利用平面中部的交通核墙体以及部分建筑隔墙，设置剪力墙核心筒，与周边框架形成具有两道抗震防线的抗侧力体系。竖向荷载通过楼面梁传到剪力墙核心筒和框架柱，最终传至基础；水平荷载由钢筋混凝土框架和核心筒共同承担。下部楼层的核心筒外墙厚度为500mm，随着高度增加墙厚逐渐减薄至300mm。下部楼层的框架柱截面尺寸为1200mm×1200mm，随着层数增加柱截面逐渐减小为1100mm×1100mm、1000mm×1000mm、800mm×800mm、700mm×700mm。

裙房2~3层，房屋高度不超过24m，为多层建筑。结合建筑功能要求，采用现浇钢筋混凝土框架结构，框架柱截面尺寸为600mm×800mm。

2. 楼盖体系

本工程的楼盖采用现浇钢筋混凝土梁板结构。二层及以上各层采用主、次梁楼盖，梁布置及梁高适应管线布置及净高要求，板厚一般为120mm。一层楼板因嵌固需要，板厚不小于180mm；纯地下室顶板采用主梁加大板结构，板厚为250~300mm。地下一层采用单向单次梁布置，板厚为120~150mm。

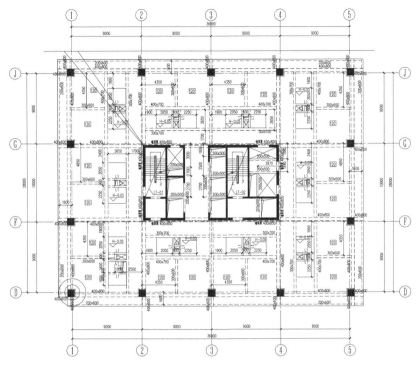

图 33-4　标准层结构平面布置图

三、地基基础方案

根据建筑物情况及场地工程地质条件，本工程采用平板式筏形基础，以 2 层圆砾层为地基持力层。

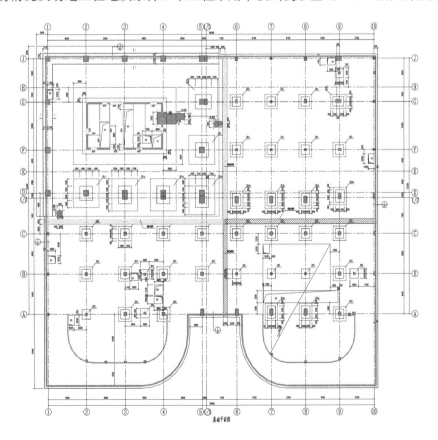

图 33-5　基础平面布置图

结构方案评审表

结设质量表（2016）

项目名称	赤峰旅游综合服务管理中心	项目等级	A/B级□、非A/B级■
		设计号	16184

评审阶段	方案设计阶段□	初步设计阶段□	施工图设计阶段■

评审必备条件	部门内部方案讨论　有■　无□		统一技术条件　有■　无□

工程概况	建设地点:内蒙古赤峰市	建筑功能:商业、办公、酒店
	层数(地上/地下):23(2)/2	高度(檐口高度):88.9m,11m
	建筑面积(m²):4.4357万	人防等级:无

主要控制参数	设计使用年限:50年
	结构安全等级:二级
	抗震设防烈度、设计基本地震加速度、设计地震分组、场地类别、特征周期 7度、0.15g、第一组、Ⅱ类、0.35s
	抗震设防类别:丙类
	主要经济指标

结构选型	结构类型:高层,钢筋混凝土框架-核心筒结构;多层及纯地下室,钢筋混凝土框架结构
	概念设计、结构布置
	结构抗震等级:塔楼:核心筒,二级;框架,二级。 多层框架,三级,单榀框架,二级
	计算方法及计算程序:YJK
	主要计算结果有无异常(如:周期、周期比、位移、位移比、剪重比、刚度比、楼层承载力突变等)　无
	伸缩缝、沉降缝、防震缝:防震缝
	结构超长和大体积混凝土是否采取有效措施　是
	有无结构超限　无

基础选型	基础设计等级　甲级
	基础类型　筏板基础
	计算方法及计算程序　盈建科、理正
	防水、抗渗、抗浮　抗浮计算满足要求
	沉降分析　沉降差计算满足要求,并采取相应的措施
	地基处理方案

新材料、新技术、难点等	

主要结论	塔楼核心筒四角加柱,主楼二、三层梁托柱宜取消,框架裙房梁抬柱宜取消、楼梯间四角加柱、柱截面在短向宜加长,优化底板设计,优化裙房L形分缝比较,裙房三补充单榀框架承载力分析,注意塔楼基础偏心问题,注意差异沿降控制

工种负责人:刘松华	日期:2016.10.31	评审主持人:朱炳寅	日期:2016.10.31

注意： 1. 评审申请时间：一般项目应在初步设计完成之前，无初步设计的项目在施工图1/2阶段。

2. 工种负责人、审核人必须参加评审会，审定人以及项目组其他人员应尽量参会。工种负责人负责项目组与会人员的通知事宜，在必要时可邀请建筑专业相关人员出席。

3. 评审后工种负责人应填写《结构方案评审意见回复表》，逐条回复《结构方案评审表》和《会议纪要》中提出的评审意见，并在签署齐全后归档。

会议纪要

2016 年 10 月 31 日

"赤峰旅游综合服务管理中心"施工图设计阶段结构方案评审会

评审人：谢定南、罗宏渊、王金祥、徐琳、朱炳寅、张亚东、胡纯炀、彭永宏、王大庆

主持人：朱炳寅　记录：王大庆

介　绍：刘松华

结构方案：23 层塔楼和 2～3 层裙房坐落于两层大底盘地下室。地上设缝，将其分为 4 个结构单元：塔楼及裙房一～裙房三。塔楼采用框架-核心筒结构，裙房及纯地下室采用框架结构。

地基基础方案：采用天然地基上的变厚度筏板基础，地基持力层为圆砾层，裙房的地基持力层局部有软夹层。

评审：

1. 摸清地基持力层中局部软夹层的分布情况，以细化应对措施。

2. 优化底板设计，注意塔楼基础偏心问题、差异沉降控制问题以及地基承载力修正问题。

3. 塔楼二、三层以及裙房的梁托柱转换宜取消，以简化结构设计；当难以取消时，柱下应双向设置托柱梁，并应注意施工顺序的影响。

4. 优化剪力墙布置，例如：塔楼核心筒四角加设角柱；长墙肢适当开设结构洞等。

5. 优化裙房分缝，建议裙房一、裙房二比较 L 形分缝的可行性。

6. 单跨框架、裙房三补充单榀框架承载力分析，包络设计。

7. 裙房柱在结构平面短向上宜适当加长截面尺寸。

8. 裙房采用框架结构，楼梯间四角应加设框架柱，使楼梯间形成封闭框架。

9. 优化结构设计，注意重点部位加强和细部处理，例如：适当优化扶梯等部位的结构布置；穿层柱相应采取有效加强措施；适当加强楼板大洞口周边及相应上、下层的楼盖；大跨框架适当提高抗震等级，考虑竖向地震作用等。

10. 提请建筑专业共同关注高大填充墙的稳定问题。

结论：

建议根据结构方案评审表的主要结论以及会议纪要内容，进一步优化结构设计。

34 攀枝花市妇幼保健院

设计部门：第二工程设计研究院
主要设计人：施泓、何相宇、张淮湧、朱炳寅、齐宏

工 程 简 介

一、工程概况

本工程位于四川省攀枝花市，地上建筑为 1 栋 12 层塔楼、1 栋 3 层裙房及 1 栋 4 层裙房，建筑面积为 40101.91m²；两层地下室连成整体，建筑面积为 17615.73m²。医疗业务用房的总床位为 290 床。本工程采用框架-剪力墙结构，12 层塔楼采用筏板基础，3 层、4 层裙房采用独立基础加防水板。

图 34-1　建筑效果图

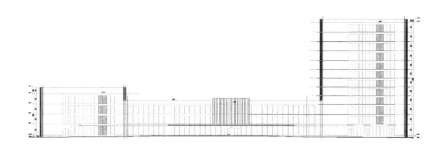

图 34-2　建筑剖面图

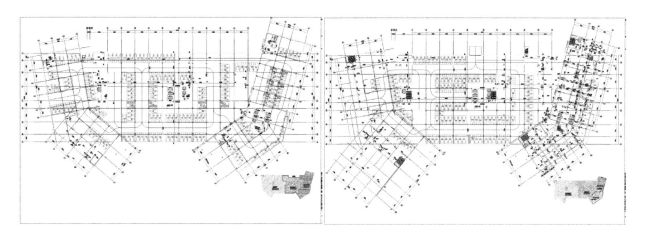

(a) 地下二层建筑平面图   (b) 地下一层建筑平面图

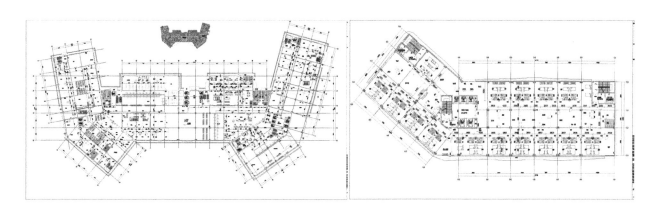

(c) 一层建筑平面图   (d) 六～七层建筑平面图

图 34-3 建筑平面

二、结构方案

1. 抗侧力体系

12 层塔楼的房屋高度为 50.6m，建筑平面为 L 形，设 3 个独立的筒状竖向交通核，结合上述建筑特点，设置 3 个独立的剪力墙筒体，形成现浇钢筋混凝土框架-剪力墙结构。3 层、4 层裙房的房屋高度分别为 14.05m、18.55m，综合考虑结构的合理性和经济性，参考业主单位的比选意见，裙房最终选用现浇钢筋混凝土框架-剪力墙结构。概念设计及计算分析表明，该结构体系在充分满足建筑使用功能的前提下，具有较好的结构安全性。剪力墙厚度均为 300mm。12 层塔楼的框架柱截面尺寸为 900mm×900mm、900mm×700mm、700mm×700mm，3 层、4 层裙房的框架柱截面尺寸为 700mm×700mm。框架梁截面尺寸为 400mm×700mm，次梁截面为 250mm×500mm。

2. 楼盖体系

本工程的柱距为 7.8～8.4m。结合建筑功能，楼盖采用现浇钢筋混凝土主、次梁结构。地下一层单向布置两道次梁，次梁间距为 2.8m。一层单向布置一道次梁，次梁间距为 4.2m。一般楼板厚度为 120mm；一层由于嵌固需要，板厚为 180mm；放射科底板和顶板的厚度为 200mm。

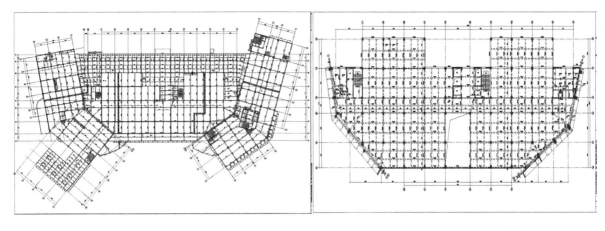

(a) 一层结构平面布置图　　　　　　　　(b) 二层结构平面布置图（三层裙房）

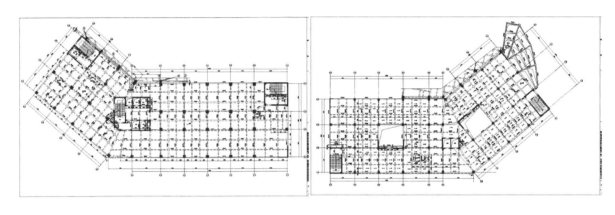

(c) 二层结构平面布置图（四层裙房）　　　(d) 典型层结构平面布置图（塔楼）

图 34-4　结构平面布置

三、地基基础方案

　　根据地勘报告建议，并结合结构受力特点及攀枝花地区经验，本工程采用天然地基，地基持力层为强风化辉长岩或中风化辉长岩，12 层塔楼采用筏板基础，3 层裙房和 4 层裙房采用独立基础加防水板。根据地勘报告，本工程不考虑抗浮，地下室底板下（局部）铺设聚苯板作软化处理。

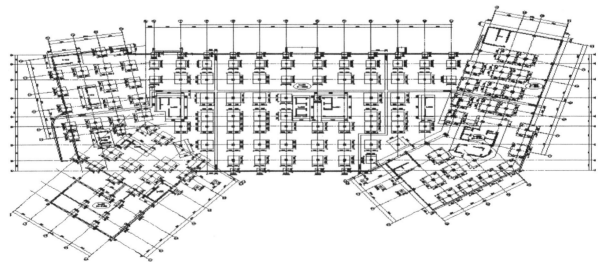

图 34-5　基础平面布置图

结构方案评审表

结设质量表（2016）

项目名称	攀枝花市妇幼保健院	项目等级	A/B级□、非A/B级■
		设计号	15446
评审阶段	方案设计阶段□　　　　初步设计阶段□		施工图设计阶段■
评审必备条件	部门内部方案讨论　有■　无□	统一技术条件　有■　无□	

工程概况	建设地点：攀枝花市	建筑功能：妇幼保健院
	层数（地上/地下）：12层/2、4/2、3/2	高度（檐口高度）：12层50.6m，4层18.5m，3层14m；
	建筑面积（m²）：5.78万	人防等级：无

主要控制参数	设计使用年限：50年
	结构安全等级：二级
	抗震设防烈度、设计基本地震加速度、设计地震分组、场地类别、特征周期 7度、0.15g、第三组、Ⅱ类、0.45s
	抗震设防类别：重点设防类
	主要经济指标

结构选型	结构类型：框架-剪力墙
	概念设计、结构布置：
	结构抗震等级：12层一级剪力墙、二级框架：3层、4层裙楼二级剪力墙、三级框架
	计算方法及计算程序：PKPM-SATWE
	主要计算结果有无异常（如：周期、周期比、位移、位移比、剪重比、刚度比、楼层承载力突变等）：位移比大于1.2
	伸缩缝、沉降缝、防震缝：有
	结构超长和大体积混凝土是否采取有效措施：超长部分设置后浇带；
	有无结构超限：无

基础选型	基础设计等级：乙级
	基础类型：12层高层采用筏板、3层、4层采用独立柱基加抗水板
	计算方法及计算程序：JCCAD
	防水、抗渗、抗浮
	沉降分析

新材料、新技术、难点等	

主要结论	强风化（中风化）上的独立柱基加防水板基础，防水板适当减小厚度，板下应进行软化处理，地下室外墙下条形基础，相应基础底板考虑外墙土压力影响，注意地下水池与车道关系，注意地下水池对保护层厚度的影响，主楼筏板优化，优化上部结构布置，3、4层楼应控制剪力墙墙肢长度，注意周边竖向荷载很小的剪力墙抗剪

工种负责人：何相宇	日期：2016.10.31	评审主持人：朱炳寅	日期：2016.10.31

注意：1. 评审申请时间：一般项目应在初步设计完成之前，无初步设计的项目在施工图1/2阶段。

2. 工种负责人、审核人必须参加评审会，审定人以及项目组其他人员应尽量参会。工种负责人负责项目组与会人员的通知事宜，在必要时可邀请建筑专业相关人员出席。

3. 评审后工种负责人应填写《结构方案评审意见回复表》，逐条回复《结构方案评审表》和《会议纪要》中提出的评审意见，并在签署齐全后归档。

会议纪要

2016 年 10 月 31 日

"攀枝花市妇幼保健院"施工图设计阶段结构方案评审会

评审人：谢定南、罗宏渊、王金祥、徐琳、朱炳寅、张亚东、胡纯炀、彭永宏、王大庆

主持人：朱炳寅　记录：王大庆

介　绍：齐宏、何相宇

　　结构方案：本工程地下两层，地上主楼 12 层、裙房 3～4 层；设缝分为主楼及 3 层裙房、4 层裙房三个结构单元；均采用框架-剪力墙结构。

　　地基基础方案：本工程位于山顶。采用天然地基，地基持力层为强风化（中风化）岩层；主楼采用变厚度筏板基础，裙房采用独立柱基＋防水板。无地下水，不存在抗浮问题。

评审：

　　1. 本工程位于山顶，应核查房屋与边坡的关系，注意周边室外地面是否陡降。

　　2. 优化主楼筏板设计，例如：考虑主楼层数不多且地基条件好的有利因素，适当优化筏板厚度和筏板飞边；利用筏板上建筑做法的厚度，改用上反柱墩等。

　　3. 裙房采用强风化（中风化）岩层上的独立柱基＋防水板，且无地下水，宜适当减小防水板厚度，板下应进行软化处理。

　　4. 裙房地下室外墙下应改设条形基础，相应基础底板应考虑外墙土压力影响，必要时局部适当加厚。

　　5. 注意地下水池、坡道、地下室主体之间的关系。地下水池与地下室连为一体，应注意地下水池对混凝土保护层厚度的影响。

　　6. 完善结构缝两侧的基础布置和地下结构布置，地下设置合一的柱墩、柱、梁，地上分开。

　　7. 注意窗井墙计算。

　　8. 优化上部结构布置，例如：楼板大洞口周边除加强楼板外，尚应有效加强楼面梁；尽量避免梁与柱偏心布置，确实无法避免时应采取相应结构措施；适当优化框架梁的截面尺寸；推敲 8.4m 跨双向双次梁楼盖方案的合理性等。

　　9. 优化剪力墙设计，例如：控制剪力墙墙肢（尤其是 3～4 层高的墙肢）的长度和高宽比，使墙肢长度≤8m、墙肢高宽比≥3；注意周边竖向荷载很小的剪力墙的抗剪问题等。

　　10. 本工程设有斜交抗侧力构件，应补充最不利方向、各抗侧力构件方向及多方向地震作用计算分析。

结论：

　　建议根据结构方案评审表的主要结论以及会议纪要内容，进一步优化结构设计。

35 临汾市尧都区西王棚户区改造项目

设计部门：第三工程设计研究院
主要设计人：鲁昂、阎钟巍、毕磊、尤天直

工 程 简 介

一、工程概况

本工程位于山西省临汾市尧都区，总占地面积为 70294.66m²。本工程为安置房小区，建筑功能为高层住宅、社区配套、地下车库、设备机房等，地上建筑包含 1 号～4 号高层住宅楼及住宅楼底层的社区配套公建，一层地下室为汽车库及设备用房，总建筑面积为 107586m²，地上为 87772m²，地下为 19814m²。各子项基本概况见下表：

子项号	房屋高度（m）	层数（地上/地下）	结构型式
1 号住宅楼	75.4	25/−1	抗震墙结构
2 号住宅楼	60.9	20/−1	抗震墙结构
3 号住宅楼	60.9	21/−1	抗震墙结构
4 号住宅楼	72.5	25/−1	抗震墙结构
2 号配套楼	8.7	2/−1	框架结构
3 号配套楼	8.7	2/−1	框架结构

二、结构方案

1. 抗侧力结构

1 号～4 号住宅楼为高层建筑，采用现浇钢筋混凝土抗震墙结构。2 号、3 号社区配套服务楼以及纯地下车库采用现浇钢筋混凝土框架结构。各子项的结构型式及抗震等级见下表：

子项名称	结构型式	抗震墙抗震等级	框架抗震等级	抗震墙底部加强区范围
1 号～4 号住宅楼	抗震墙结构	二级		1～3 层
2 号、3 号配套楼	框架结构		二级	

子项名称	结构型式	抗震墙抗震等级	框架抗震等级	抗震墙底部加强区范围
地下车库	框架结构		三级	

图 35-1　建筑效果图

2. 楼盖及屋盖结构

本工程的楼盖采用现浇钢筋混凝土梁板结构。1 号～4 号住宅楼为使房间内不露梁，局部采用跨度较大的异形楼板。地下车库顶板采用主梁加大板结构，提高经济性能。

三、地基基础方案

本工程采用变厚度筏板基础。住宅楼的筏板厚度为 900～1200mm，采用 CFG 桩进行地基处理，在提高地基承载力的同时有效地减轻了不均匀沉降的不利影响。配套楼和地下车库的筏板厚度为 500mm，采用天然地基，地基持力层为粉土层，地基承载力特征值为 110kPa。

结构方案评审表

结设质量表（2016）

项目名称	临汾市尧都区西王棚户区改造项目	项目等级	A/B级□、非A/B级■
		设计号	16269

评审阶段	方案设计阶段□	初步设计阶段■	施工图设计阶段□

评审必备条件	部门内部方案讨论 有■ 无□	统一技术条件 有■ 无□

工程概况	建设地点：山西省临汾市	建筑功能：住宅、商业
	层数（地上/地下）：25/1	高度（檐口高度）：76.9m、8.7m
	建筑面积（m²）：10.8万	人防等级：无

主要控制参数	设计使用年限：50年
	结构安全等级：二级
	抗震设防烈度、设计基本地震加速度、设计地震分组、场地类别、特征周期 8度、0.20g、第二组、Ⅱ类（按临近地块估算）、0.40s
	抗震设防类别：丙类
	主要经济指标

结构选型	结构类型：高层，剪力墙结构；多层及纯地下室，钢筋混凝土框架结构
	概念设计、结构布置
	结构抗震等级：住宅：剪力墙，一级；商业：框架，二级
	计算方法及计算程序：YJK
	主要计算结果有无异常（如：周期、周期比、位移、位移比、剪重比、刚度比、楼层承载力突变等） 无
	伸缩缝、沉降缝、防震缝：无
	结构超长和大体积混凝土是否采取有效措施 是
	有无结构超限 无

基础选型	基础设计等级 甲级
	基础类型 筏板基础
	计算方法及计算程序 盈建科、理正
	防水、抗渗、抗浮 抗浮计算满足要求
	沉降分析 沉降差计算满足要求，并采取相应的措施
	地基处理方案

新材料、新技术、难点等	

主要结论	注意：商业楼层剪力墙厚度控制，优化剪力墙布置，剪力墙住宅房屋超长宜分缝、底层商业梁与墙连接处加端柱、注意底层商业与上层剪力墙的侧向刚度比控制，优化基础平面及后浇带设置，避免采用错层剪力墙结构，避免梁与墙厚方向连接，尤其在端部应采取加端柱措施，细化车道设计，进一步深化设计，核算嵌固端刚度比，必要时补充地下一层地面的嵌固模型计算

工种负责人：鲁昂 阎钟巍	日期：2016.11.7	评审主持人：朱炳寅	日期：2016.11.7

注意：1. 评审申请时间：一般项目应在初步设计完成之前，无初步设计的项目在施工图1/2阶段。

2. 工种负责人、审核人必须参加评审会，审定人以及项目组其他人员应尽量参会。工种负责人负责项目组与会人员的通知事宜，在必要时可邀请建筑专业相关人员出席。

3. 评审后工种负责人应填写《结构方案评审意见回复表》，逐条回复《结构方案评审表》和《会议纪要》中提出的评审意见，并在签署齐全后归档。

会议纪要

2016 年 11 月 7 日

"临汾市尧都区西王棚户区改造项目"初步设计阶段结构方案评审会

评审人：谢定南、罗宏渊、王金祥、尤天直、徐琳、朱炳寅、胡纯炀、彭永宏、王大庆

主持人：朱炳寅　记录：王大庆

介　绍：阎钟巍、毕磊

结构方案：本工程含 1 号～4 号住宅楼（20～25/−1 层）、2 号、3 号配套楼（2/−1 层）和 1 层地下车库。住宅楼采用剪力墙结构，配套楼及纯地下室采用框架结构。

地基基础方案：暂无地勘报告。参考邻近场地的地质情况，住宅楼拟采用 CFG 桩复合地基上的平板式筏形基础，其他拟采用天然地基上的平板式筏形基础。

评审：

1. 地下室平面形状呈 V 形，建议优化基础及地下室平面布置，使平面尽量完整。

2. 完善后浇带设置，细化车道设计。

3. 收到地勘报告后，进一步优化地基基础设计。

4. 避免采用错层剪力墙结构。

5. 剪力墙住宅房屋超长（长约 65m），宜设缝细分温度区段。当确实无法分缝时，应采取切实可靠的应对措施，减小温度应力，严防房屋裂缝。

6. 住宅楼底部商业楼层的层高较高（4.2m），应注意商业楼层的剪力墙厚度控制，注意底部商业与其上部楼层的侧向刚度比控制。

7. 核算嵌固端刚度比，必要时补充地下一层地面嵌固模型计算分析，包络设计。

8. 避免梁与墙在厚度方向连接（尤其在墙肢端部、端山墙、底部商业梁与墙连接处等），应适当加设端柱或墙垛，确保墙肢稳定和连接可靠。

9. 优化剪力墙布置，例如：避免一字墙、秃头墙、小墙肢等，当确实无法避免时，应确保其安全可靠；优化剪力墙洞口设置等。

10. 进一步深化设计，优化结构布置，例如：结构布置应尽量结合建筑户型和使用功能；优化住宅楼底部商业悬挑部位的结构布置，必要时加设框架柱；优化地下室夹层梁高，以便利用夹层空间等。

11. 补充不考虑住宅楼梯间一字形外墙的计算模型，包络设计；并采取有效的结构措施，确保一字形外墙的稳定性。

12. 框架结构的楼梯间四角加设框架柱，使楼梯间形成封闭框架。

结论：

建议根据结构方案评审表的主要结论以及会议纪要内容，进一步优化结构设计。

36 兰州大学理工楼

设计部门：第三工程设计研究院
主要设计人：刘松华、何喜明、毕磊、尤天直

工 程 简 介

一、工程概况

兰州大学理工楼项目位于甘肃省兰州市，总用地面积为 9392.7m²。本工程的总建筑面积为 33648m²；地上 14 层，房屋高度为 58.2m，主要建筑功能为办公室、实验室，建筑面积为 27700m²；地下两层，建筑面积为 5948m²，地下二层设人防工程，平时为汽车库，战时为核六级二等人员掩蔽所。

图 36-1 建筑效果图

二、结构方案

1. 抗侧力结构

本工程采用现浇钢筋混凝土框架-剪力墙结构，框架抗震等级为二级，剪力墙抗震等级为一级，剪力墙底部加强区范围为 1~2 层。

2. 楼盖及屋盖结构

楼盖及屋盖采用现浇钢筋混凝土梁板结构。

地下车库顶板采用主梁加大板结构，提高经济性能。

三、地基基础方案

根据地勘报告建议，本工程采用天然地基上的平板式筏形基础，塔楼筏板厚度为 800mm，以 4 层强风化砂岩为地基持力层，地基承载力特征值为 350kPa。

场地地下水类型属孔隙潜水，埋深较浅，本工程局部为地下两层、地上一层，需进行抗浮处理。经比较，采用压重方式抗浮。

<h2 style="text-align:center">结构方案评审表</h2>

结设质量表（2016）

项目名称	兰州大学理工楼		项目等级	A/B级□、非 A/B级■
			设计号	
评审阶段	方案设计阶段□	初步设计阶段■		施工图设计阶段□
评审必备条件	部门内部方案讨论　有■　无□		统一技术条件　有■　无□	
工程概况	建设地点　甘肃省兰州市		建筑功能:办公、实验室	
	层数(地上/地下):14/2		高度(檐口高度):58.2m	
	建筑面积(m²):约 3 万		人防等级:无	
主要控制参数	设计使用年限:50 年			
	结构安全等级:二级			
	抗震设防烈度、设计基本地震加速度、设计地震分组、场地类别、特征周期 8 度、0.20g、第三组、Ⅱ类、0.45s			
	抗震设防类别:丙类			
	主要经济指标			
结构选型	结构类型:框架-剪力墙结构			
	概念设计、结构布置			
	结构抗震等级:二级框架,一级剪力墙			
	计算方法及计算程序:YJK			
	主要计算结果有无异常(如:周期、周期比、位移、位移比、剪重比、刚度比、楼层承载力突变等)　无			
	伸缩缝、沉降缝、防震缝:无			
	结构超长和大体积混凝土是否采取有效措施　无			
	有无结构超限　无			
基础选型	基础设计等级　乙级			
	基础类型　筏板基础			
	计算方法及计算程序　盈建科、理正			
	防水、抗渗、抗浮　抗浮计算满足要求			
	沉降分析　沉降差计算满足要求,并采取相应的措施			
	地基处理方案			
新材料、新技术、难点等				
主要结论	优化抗浮设计方案优先采用荷重(压重)方案,采取措施避免采用梁托柱方案,减少不规则项,注意首层±0.00 开洞对嵌固的影响,与建筑协商修改,或补充地下一层地面嵌固模型计算,注意大楼梯对结构刚度的影响、优化平面布置,注意大跨度大悬挑的竖向地震作用计算			
工种负责人:刘松华　何喜明		日期:2016.11.7	评审主持人:朱炳寅	日期:2016.11.7

注意：1. 评审申请时间:一般项目应在初步设计完成之前,无初步设计的项目在施工图 1/2 阶段。

　　　2. 工种负责人、审核人必须参加评审会,审定人以及项目组其他人员应尽量参会。工种负责人负责项目组与会人员的通知事宜,在必要时可邀请建筑专业相关人员出席。

　　　3. 评审后工种负责人应填写《结构方案评审意见回复表》,逐条回复《结构方案评审表》和《会议纪要》中提出的评审意见,并在签署齐全后归档。

会议纪要

2016 年 11 月 7 日

"兰州大学理工楼"初步设计阶段结构方案评审会

评审人：谢定南、罗宏渊、王金祥、尤天直、徐琳、朱炳寅、胡纯炀、彭永宏、王大庆

主持人：朱炳寅　记录：王大庆

介　绍：何喜明、刘松华

结构方案：本工程的 14 层主楼及 1 层裙房坐落于两层大底盘地下室，主楼平面呈 L 形，未设缝，采用框架-剪力墙结构。存在 L 形平面、穿层柱、梁托柱等不规则情况。大跨度构件、大悬挑构件考虑竖向地震作用。

地基基础方案：采用天然地基上的平板式筏形基础，地基持力层为强风化砂岩。裙房及纯地下室抗浮采用抗拔桩方案。

评审：

1. 优化抗浮设计方案，建议优先采用压重方案。

2. 采取措施，避免采用梁托柱转换方案，减少不规则项。

3. 注意 ±0.0 楼板大开洞对嵌固条件的影响，与建筑专业协商修改，或补充地下一层地面嵌固模型计算分析，包络设计。

4. 注意室外大楼梯对结构刚度的影响。

5. 优化结构设计，例如：穿层柱相应采取有效的加强措施；弱化或取消剪力墙的部分端柱；优化报告厅及其对应上层、悬挑部位、凹口部位等的结构布置，以简化传力路径；注意水箱处地下室外墙的厚度控制等。

6. 大跨度构件、大悬挑构件的竖向地震作用应采用合理方法进行计算。

7. 完善结构图纸。

结论：

建议根据结构方案评审表的主要结论以及会议纪要内容，进一步优化结构设计。

37 利川市五项消防安全工程

设计部门：人居环境事业部
主要设计人：李芳、蔡扬、常林润、尤天直、曾金盛

工程简介

一、工程概况

五项消防安全工程（大水井古建筑群、彭家寨古建筑群、五里坪革命旧址、湘鄂西革命根据地旧址、龙港革命旧址消防安全工程）位于湖北省恩施州利川市，为地下消防水池项目。每项工程的总建筑面积约700m²，分为2个结构单体。1号消防水池的平面尺寸为30.9m×12.3m，2号消防水池的平面尺寸为20.4m×12.3m，埋深均为6.5m，角部的楼梯间出地面，檐口高度为2.65m。

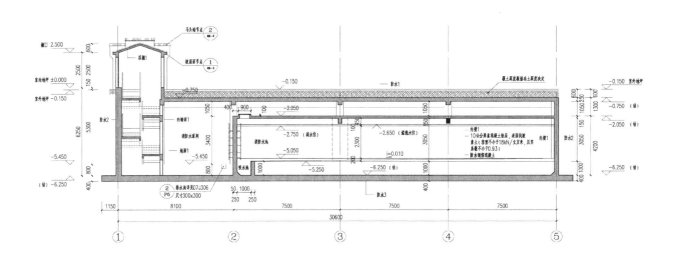

图 37-1　建筑剖面图

二、结构方案

地下采用现浇钢筋混凝土框架-剪力墙结构，消防水池设置检修夹层，消防水池内壁转角处设置水平加腋，防止开裂。出地面的楼梯间采用现浇钢筋混凝土框架结构。

三、地基基础方案

根据地勘报告，采用天然地基上的平板式筏形基础，地基持力层为石灰岩层，承载力较大。本工程为地下建筑，抗浮水位为室外地坪标高，采用压重抗浮，室内回填1.0m厚覆土，筏板外挑1.0m并压重。

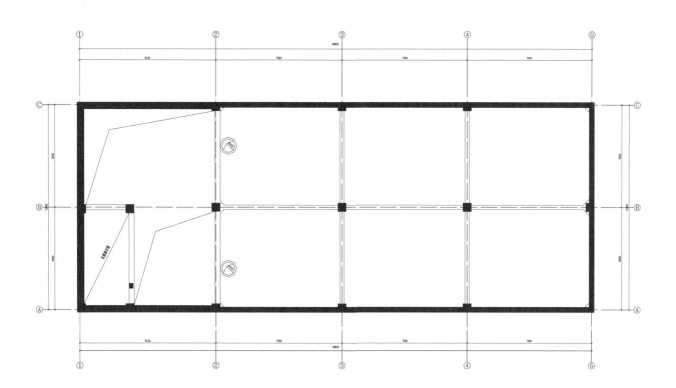

图 37-2　标高－2.050m 夹层结构平面布置图

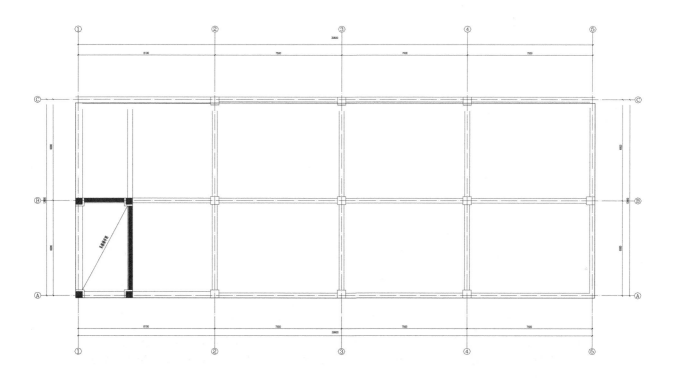

图 37-3　标高－0.750m 处结构平面布置图

结构方案评审表

结设质量表（2016）

项目名称	利川市五项消防安全工程	项目等级	A/B级□、非A/B级■
		设计号	W-15517、W-15518、W-15519、W-15461、W-15489

评审阶段	方案设计阶段□	初步设计阶段□	施工图设计阶段■

评审必备条件	部门内部方案讨论　有■　无□		统一技术条件　有■　无□

工程概况	建设地点　湖北省恩施州利川市	建筑功能　消防水池
	层数(地上/地下)　1/1	高度(檐口高度):2.5m
	建筑面积(m²)　400	人防等级　无

主要控制参数	设计使用年限　50年
	结构安全等级　二级
	抗震设防烈度、设计基本地震加速度、设计地震分组、场地类别、特征周期 　　6度、0.05g、第一组、Ⅱ类、0.35s
	抗震设防类别　标准设防类
	主要经济指标

结构选型	结构类型框架结构
	概念设计、结构布置
	结构抗震等级　四级
	计算方法及计算程序　YJK
	主要计算结果有无异常(如:周期、周期比、位移、位移比、剪重比、刚度比、楼层承载力突变等)　无
	伸缩缝、沉降缝、防震缝　无
	结构超长和大体积混凝土是否采取有效措施　无
	有无结构超限　无

基础选型	基础设计等级　丙级
	基础类型　筏板基础
	计算方法及计算程序　YJK基础
	防水、抗渗、抗浮　抗浮
	沉降分析
	地基处理方案

新材料、新技术、难点等	无

主要结论	优化水池布置,与建筑及设备专业协商核查取消夹层板的可能性,如有可能应取消夹层结构,优化结构布置,细化抗浮水位,注意岩溶及土洞影响 （全部内容均在此页）

工种负责人:李芳　蔡扬	日期:2016.11.7	评审主持人:朱炳寅	日期:2016.11.7

注意：**1.** 评审申请时间：一般项目应在初步设计完成之前，无初步设计的项目在施工图1/2阶段。

2. 工种负责人、审核人必须参加评审会，审定人以及项目组其他人员应尽量参会。工种负责人负责项目组与会人员的通知事宜，在必要时可邀请建筑专业相关人员出席。

3. 评审后工种负责人应填写《结构方案评审意见回复表》，逐条回复《结构方案评审表》和《会议纪要》中提出的评审意见，并在签署齐全后归档。

38　济南转山项目 A-4 地块

设计部门：第一工程设计研究院

主要设计人：刘洋、张扬、梁伟、陈文渊、田川

工 程 简 介

一、工程概况

济南转山项目 A-4 地块（济南财富中心）位于济南市。本项目的总建筑面积约 13 万 m^2，包括 A、B 两座塔楼，以大底盘地下车库相连。A 座塔楼地下 5 层，地上 29 层，房屋高度为 121.7m，标准层建筑面积为 1964m^2，单塔建筑面积为 6.2 万 m^2。B 座塔楼地下 5 层，地上 23 层，房屋高度为 93.9m，标准层建筑面积为 1254m^2，单塔建筑面积为 3.0 万 m^2。两座塔楼的建筑功能均为办公，均采用框架-核心筒结构。

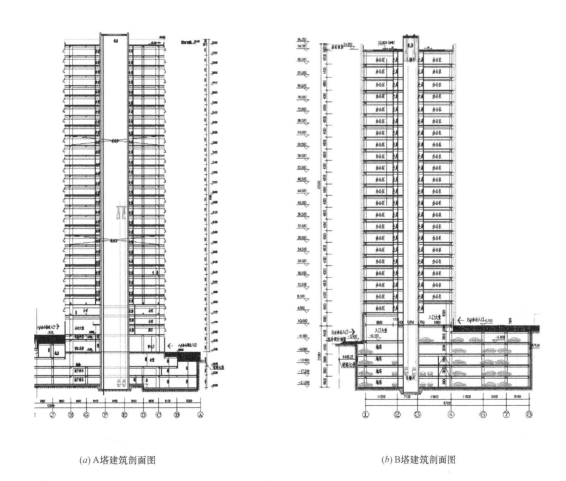

(a) A塔建筑剖面图　　　　　　　(b) B塔建筑剖面图

图 38-1　建筑剖面

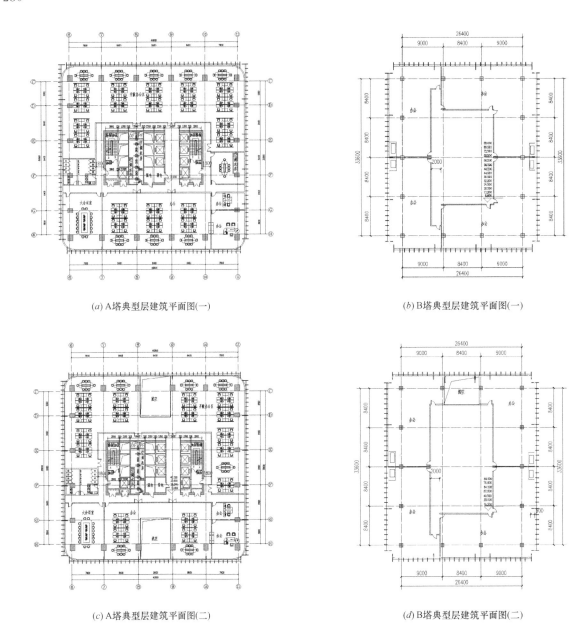

(a) A塔典型层建筑平面图(一)

(b) B塔典型层建筑平面图(一)

(c) A塔典型层建筑平面图(二)

(d) B塔典型层建筑平面图(二)

图 38-2　建筑平面

二、结构方案

1. 抗侧力体系

A、B座塔楼标准层的平面尺寸分别为 40.8m×36.8m、26.4m×33.6m。A座塔楼嵌固在地下二层底板，B座塔楼嵌固在地下一层底板。在嵌固层以上，塔楼与裙房之间设缝，形成独立的结构单元。A、B座塔楼均采用现浇钢筋混凝土框架-核心筒结构，主要结构构件的截面尺寸如下：

1）钢筋混凝土核心筒：A、B座塔楼核心筒的平面尺寸分别为 24.20m×13.05m、9.50m×20.40m。核心筒的外墙厚度为 500～400mm，内墙厚度为 300～200mm。

2）外部钢筋混凝土框架：A座塔楼的最大柱距为 8.4m，框架柱与核心筒间的距离为 7.50～11.88m，柱截面尺寸为 1200mm×1500mm、1200mm×1300mm、1200mm×1000mm、1100mm×1000mm、1000mm×1000mm、900mm×900mm、800mm×800mm、700mm×700mm。B座塔楼的最大柱距为 9.0m，框架柱与核心筒间的距离为 6.15～7.85m，柱截面尺寸为 1200mm×900mm、

1100mm×900mm、1000mm×900mm、900mm×800mm、800mm×800mm、700mm×700mm。

地下车库的标准柱网尺寸为 8.4m×8.4m，采用现浇钢筋混凝土框架结构。地下车库及裙房的主要柱截面尺寸为 700mm×700mm。

2. 楼盖体系

结合建筑功能，塔楼楼盖采用现浇钢筋混凝土梁板结构，布置单向次梁，次梁间距为 3.80～4.20m。依据楼板跨度及荷载条件，楼板厚度为 120mm；楼板开洞相邻部位及上、下层相应部位的楼板适当加厚。嵌固层的楼板厚度为 180mm。

地下车库楼盖主要采用主、次梁结构，人防范围采用主梁加大板结构。覆土较厚的地下室顶板采用井字梁结构。

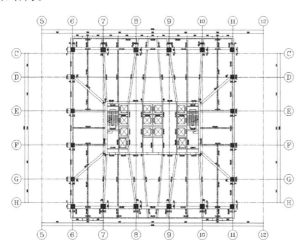

(a) A塔典型层结构平面布置图（一）

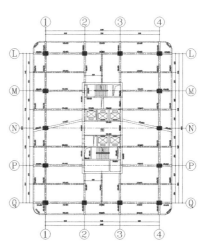

(b) B塔典型层结构平面布置图（一）

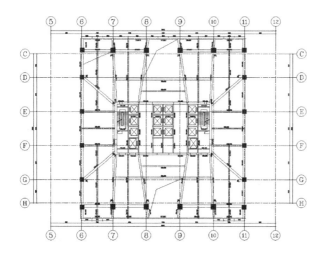

(c) A塔典型层结构平面布置图（二）

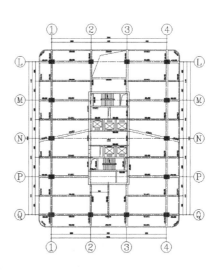

(d) B塔典型层结构平面布置图（二）

图 38-3　结构平面布置

三、地基基础方案

根据地勘报告建议，并结合结构受力特点，本工程采用天然地基，主楼采用筏板基础，地下车库及裙房采用独立基础，地基持力层为中风化石灰岩，综合考虑地基承载力特征值取 2500kPa。

<h1 style="text-align:center">结构方案评审表</h1>

结设质量表（2016）

项目名称	济南转山项目 A-4 地块		项目等级	A/B 级□、非 A/B 级■
			设计号	15281
评审阶段	方案设计阶段□	初步设计阶段□		施工图设计阶段■
评审必备条件	部门内部方案讨论　有■　无□		统一技术条件　有■　无□	
工程概况	建设地点:济南市转山西路以东、经十路以南		建筑功能:办公、商业	
	层数(地上/地下)　A 座 29/5;B 座 23/5		高度(檐口高度)　A 座 121.7m;B 座 93.9m	
	建筑面积(m²)　地上 9.2 万;地下 4 万		人防等级　核 6 级(预计)	
主要控制参数	设计使用年限　50 年			
	结构安全等级　二级			
	抗震设防烈度、设计基本地震加速度、设计地震分组、场地类别、特征周期 6 度、0.05g、第三组、Ⅱ类、0.45s			
	抗震设防类别　标准设防类(丙类)			
	主要经济指标			
结构选型	结构类型　高层写字楼框架-核心筒;地下车库框架			
	概念设计、结构布置			
	结构抗震等级　高层写字楼二级核心筒、三级框架;地下车库三级框架			
	计算方法及计算程序　盈建科			
	主要计算结果有无异常(如:周期、周期比、位移、位移比、剪重比、刚度比、楼层承载力突变等)　无			
	伸缩缝、沉降缝、防震缝　由防震缝将结构分隔成简单的单元			
	结构超长和大体积混凝土是否采取有效措施　无			
	有无结构超限　无			
基础选型	基础设计等级　甲级			
	基础类型　主楼筏板、车库独基＋防水板			
	计算方法及计算程序　盈建科　理正工具箱			
	防水、抗渗、抗浮			
	沉降分析			
	地基处理方案			
新材料、新技术、难点等				
主要结论	探明岩溶分布,建议在主楼下加密施工勘探,优化结构平面布置,核心筒四角加端柱,注意电梯井道中间墙的稳定问题,注意梁与墙的连接问题,穿层柱设计问题,补充单榀框架承载力分析,注意相关楼层的加强连接问题			
工种负责人:刘洋	日期:2016.10.28		评审主持人:朱炳寅	日期:2016.11.10

注意：1. 评审申请时间：一般项目应在初步设计完成之前，无初步设计的项目在施工图 1/2 阶段。

　　　2. 工种负责人、审核人必须参加评审会，审定人以及项目组其他人员应尽量参会。工种负责人负责项目组与会人员的通知事宜，在必要时可邀请建筑专业相关人员出席。

　　　3. 评审后工种负责人应填写《结构方案评审意见回复表》，逐条回复《结构方案评审表》和《会议纪要》中提出的评审意见，并在签署齐全后归档。

会议纪要

2016 年 11 月 10 日

"济南转山项目 A-4 地块"施工图设计阶段结构方案评审会

评审人：谢定南、罗宏渊、王金祥、尤天直、徐琳、朱炳寅、王载、彭永宏、王大庆

主持人：朱炳寅　记录：王大庆

介　绍：刘洋

结构方案：设缝分为 3 个结构单元：A 座（29/－5 层）、B 座（23/－5 层）两栋主楼和大底盘地下室。主楼采用框架-核心筒结构，大地下室采用框架结构。

地基基础方案：工程位于岩溶场地。主楼采用天然地基上的变厚度筏形基础，大地下室采用天然地基上的独立基础＋防水板，地基持力层为中风化石灰岩。

评审：

1. 探明岩溶的分布情况和发育程度，以便采取应对措施，建议在主楼下加密施工勘探。

2. 主楼的部分外框架不连续，补充单榀框架承载力分析，包络设计；并注意相关楼层的加强连接问题。

3. 优化剪力墙布置，核心筒四角加设端柱，墙肢增设翼墙，注意电梯井道中间墙的稳定问题。

4. 优化结构平面布置，注意梁与墙的连接问题，细化次梁方案比选（例如宜优化 8.4m 跨双次梁方案等）。

5. 注意穿层柱设计问题，相应采取有效的加强措施。

结论：

建议根据结构方案评审表的主要结论以及会议纪要内容，进一步优化结构设计。

39 三亚市海棠湾青田片区危旧房改造（安居工程）项目（二期）

设计部门：第一工程设计研究院

主要设计人：孙媛媛、杜鹏、彭永宏、陈文渊、唐磊、焦禾昊

工 程 简 介

一、工程概况

三亚市海棠湾青田片区危旧房改造（安居工程）项目（二期）分为安置区（联排别墅）、公寓、黎苗美食广场、商业街巷、幼儿园、小学、消防站、社区文化站、社区服务站等，总建筑面积约 28.5 万 m²。

子项名称	层数	标准层层高(m)	房屋高度(m)	地下室(人防)
安置区(联排别墅)	2~3层	3.3	9.0~12.5	无
公寓	6~7层	3.0	20.0~23	无
兵村小学	3层	3.9	13.0	无
兵村幼儿园	2层	3.0	7.0	无
社区消防站	3层	3.5	11.5	无
社区卫生站	2层	4.0	8.5	无
社区商业中心	2层	3.5	8.15	地下1层人防
社区文化站	2层	3.5	8.15	地下1层人防
社区服务中心	3层	3.5	11.15	地下1层人防
中心幼儿园	3层	3.6	14.0	无
青田幼儿园(5-1♯)	2层	3.5	9.6	无
青田小学	3层	3.9	12.3	无
配电房及机房	1层	5.6	5.6	无
L1 隆闺花房	1层	4.2	4.2	无
黎苗文化馆	1层	4.2	4.2	无
黎风寨	1层	4.5	4.5	无
黄道婆文化馆	1层	3.6	3.6	无
椰林书社	1层	3.9	3.9	无
文化馆	2层	3.8	6.8	无
田园	1层	4.15	4.15	无
涧音堂	1层	5.5	5.5	无
尚书馆	1层	4.5	4.5	无
舍得茶社	1层	4.6	4.6	无
美食广场	2层	3.6	7.2	无
商业街巷南1号楼	10层	3.5	39.5	无
商业街巷南15号楼	3层	4.2	13.3	无

图 39-1　鸟瞰图

图 39-2　建筑效果图

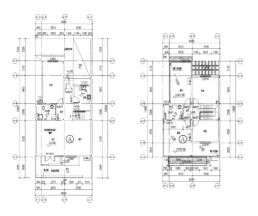

(a) 联排别墅A户型建筑平面图

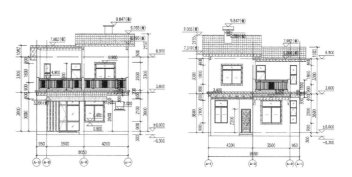

(b) 联排别墅A户型建筑立面图

图 39-3　联排 A 户型建筑图

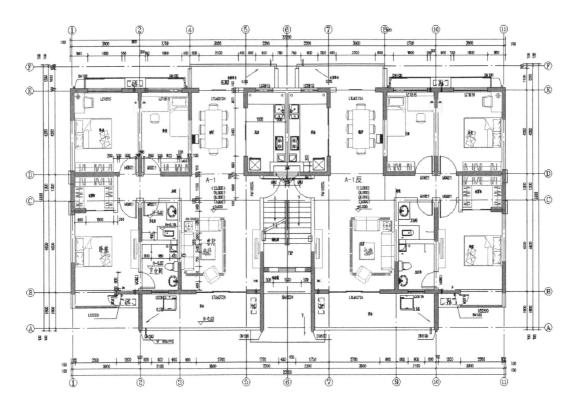

图 39-4　公寓 A 户型建筑平面图

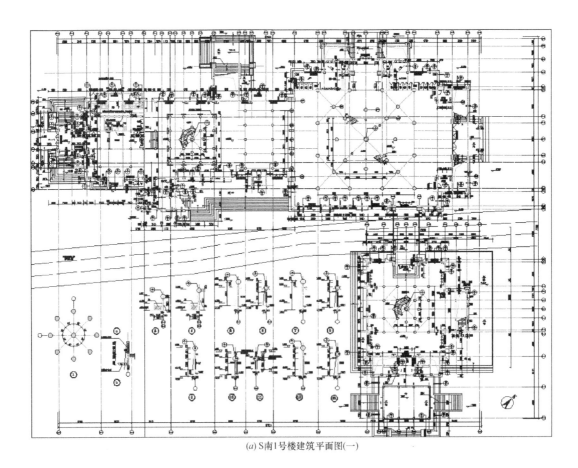

(a) S 南 1 号楼建筑平面图(一)

图 39-5　S 南 1 号楼建筑图

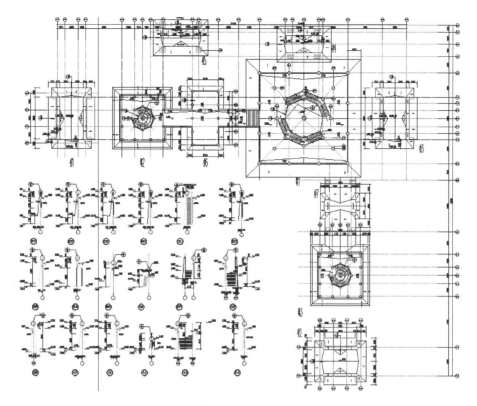

(b) S南1号楼建筑平面图(二)

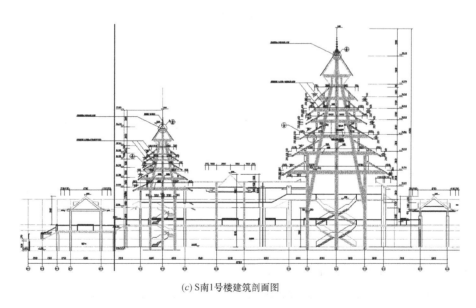

(c) S南1号楼建筑剖面图

图 39-5　S南1号楼建筑图（续）

二、结构方案

1. 抗侧力体系

各子项的结构型式和抗震等级如下表：

子项名称	结构形式	抗震等级
安置区（联排别墅）	异形柱框架结构	四级
公寓	剪力墙结构	四级

子项名称	结构形式	抗震等级
兵村小学	框架结构	三级
兵村幼儿园	框架结构	三级
社区消防站	框架结构	四级
社区卫生站	框架结构	三级
社区商业中心	框架结构	四级
社区文化站	框架结构	四级
社区服务中心	框架结构	四级
中心幼儿园	框架结构	三级
青田幼儿园(5-1#)	框架结构	三级
青田小学	框架结构	三级
配电房及机房	框架结构	四级
隆闺花房	框架结构	四级
黎苗文化馆	框架结构	四级
黎风寨	框架结构	四级
黄道婆文化馆	框架结构	四级
椰林书社	框架结构	四级
文化馆	框架结构	四级
田园	框架结构	四级
洞音堂	框架结构	四级
尚书馆	框架结构	四级
舍得茶社	框架结构	四级
美食广场	框架结构	四级
商业街巷南1号楼(塔)	框架结构	三级
商业街巷南15号楼	框架结构	四级

各子项主要构件的截面尺寸如下：

安置区（联排别墅）的柱截面以 L 形（200mm×500mm×300mm×200mm）及一字形（200mm×500mm）为主，梁截面尺寸为 200mm×400mm～200mm×600mm。

公寓的剪力墙厚度为 200mm，梁截面尺寸为 200mm×400mm～200mm×600mm。

层数为一层的各公建楼的柱截面尺寸为 350mm×350mm、350mm×400mm，梁高按跨高比确定。

层数为两层的各公建楼的柱截面尺寸为 500mm×500mm、600mm×600mm，梁截面尺寸为 300mm×600mm、300mm×700mm。

带人防的地下车库的柱截面尺寸为 600mm×600mm，梁截面尺寸为 500mm×900mm、500mm×950mm。

单层大跨部位的柱截面尺寸为 600mm×800mm，梁截面尺寸为 300mm×1000mm、300mm×1200mm 等。

2. 楼盖体系

各子项的楼盖采用现浇钢筋混凝土梁板结构，公建部分布置单向次梁或十字次梁，次梁间距为 3.90～6.30m，考虑建筑要求局部采用主梁＋大板结构。依据楼板跨度及荷载条件，楼板厚度为 120～210mm，凹角部位楼板由 120mm 加厚至 150mm。一层为人防地下室顶板，并考虑嵌固需要，板厚取 220～300mm。

三、地基基础方案

根据地勘报告建议，本工程采用天然地基，当基础底面未达到地基持力层时，把土层全部清除后，采用级配砂石进行换填处理。安置区（联排别墅）、公寓采用条形基础，社区商业中心、社区文化站、社区服务中心及其下的地下车库采用筏板基础，商业街巷南 1 号楼（塔）采用筏板基础及独立基础，其他子项采用独立基础。抗浮采用压重方式。

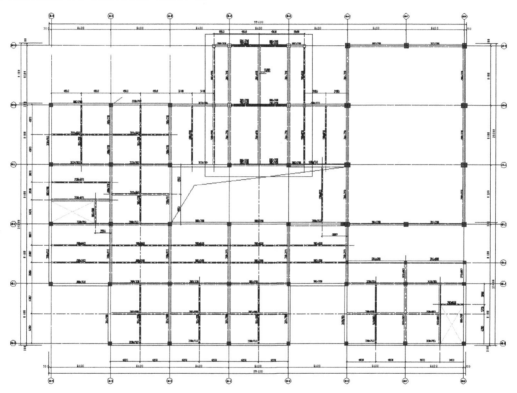

图 39-6 公建典型层结构平面布置图

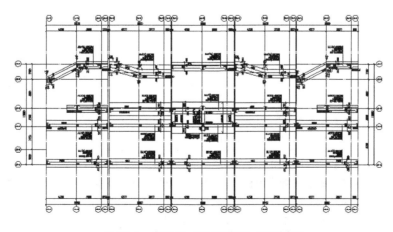

图 39-7 安置区（联排别墅）基础详图

结构方案评审表

项目名称	三亚市海棠湾青田片区危旧房改造(安居工程)项目(二期)	项目等级	A/B级□、非A/B级■
		设计号	16246

评审阶段	方案设计阶段□	初步设计阶段□	施工图设计阶段■

评审必备条件	部门内部方案讨论　　有■　无□	统一技术条件　　有■　无□

工程概况	建设地点:海南省三亚市	建筑功能:住宅、商业、公寓、配套用房等
	层数(地上/地下)　3/0;6/0	高度(檐口高度)　12.5m、23m
	建筑面积(m²)　28.5万	人防等级　有

主要控制参数	设计使用年限　50年
	结构安全等级　二级
	抗震设防烈度、设计基本地震加速度、设计地震分组、场地类别、特征周期 6度、0.05g、第一组、Ⅱ类、0.35s
	抗震设防类别　标准设防类(丙类)、重点设防类(乙类)
	主要经济指标

结构选型	结构类型　钢筋混凝土异形柱框架、钢筋混凝土框架、钢筋混凝土剪力墙
	概念设计、结构布置
	结构抗震等级　三、四级框架;四级剪力墙
	计算方法及计算程序　盈建科
	主要计算结果有无异常(如:周期、周期比、位移、位移比、剪重比、刚度比、楼层承载力突变等)　无
	伸缩缝、沉降缝、防震缝　由防震缝将结构分隔成简单的单元
	结构超长和大体积混凝土是否采取有效措施　有
	有无结构超限　无

基础选型	基础设计等级　丙级
	基础类型　条型基础;独立柱基础;独立柱基础＋防水板
	计算方法及计算程序　盈建科　理正工具箱
	防水、抗渗、抗浮　有
	沉降分析
	地基处理方案

新材料、新技术、难点等	

主要结论	避免采用一字形框架柱适当加拐角,按异形柱框架设计,剪力墙公寓墙可适当减小,优化设计,平面过于复杂时应适当分缝,优化结构平面布置,注意坡屋顶推力计算,完善构造设计,注意大跨及坡屋面推力,注意坡屋面混凝土施工质量,补充单榀框架承载力分析,注意总平面坡地问题,楼梯间四角加柱,注意框架梁与异形柱的面外连接问题,注意地基换填问题、细化设计

工种负责人:孙媛媛	日期:2016.11.10	评审主持人:朱炳寅	日期:2016.11.10

注意：1. 评审申请时间：一般项目应在初步设计完成之前，无初步设计的项目在施工图1/2阶段。

2. 工种负责人、审核人必须参加评审会，审定人以及项目组其他人员应尽量参会。工种负责人负责项目组与会人员的通知事宜，在必要时可邀请建筑专业相关人员出席。

3. 评审后工种负责人应填写《结构方案评审意见回复表》，逐条回复《结构方案评审表》和《会议纪要》中提出的评审意见，并在签署齐全后归档。

会议纪要

2016 年 11 月 10 日

"三亚市海棠湾青田片区危旧房改造（安居工程）项目（二期）"施工图设计阶段结构方案评审会

评审人：谢定南、罗宏渊、王金祥、尤天直、徐琳、朱炳寅、王载、彭永宏、王大庆

主持人：朱炳寅　记录：王大庆

介　绍：杜鹏、孙媛媛

结构方案：本工程含 6-7 层的公寓，1-3 层的联排别墅、美食广场、商业街巷（其中南 1 号楼设 10 层塔）、幼儿园、小学、卫生站、消防站、文化站、社区商业、服务中心等多栋建筑物；其中文化站以及社区商业、服务中心设 1 层地下室，其他建筑无地下室。联排别墅采用异形柱框架结构，公寓采用剪力墙结构，其他建筑采用框架结构，均设坡屋顶。

地基基础方案：采用天然地基，基底未到持力层处进行换填处理。南 1 号楼、文化站以及社区商业、服务中心采用筏形基础，联排别墅、公寓采用条形基础，其他建筑采用独立基础。

评审：

1. 注意总平面坡地问题，总平面中的房屋布置宜随坡就势，避免深挖高填，避免高边坡、高挡墙。

2. 注意地基换填的有效性问题（尤其是高填方部位），并细化相应设计。

3. 优化基础设计，例如距离较近的公寓基础连为整体等。

4. 当房屋平面形状过于复杂时，应适当分缝。

5. 优化结构布置，注意重点部位加强和细部处理，细化梁系方案比选（例如宜优化 8.4m 跨双次梁、十字次梁方案等）。

6. 单跨框架等薄弱部位补充单榀框架承载力分析，包络设计。

7. 异形柱框架结构应严格按照相应规范的要求设计；避免采用一字形框架柱，适当加设拐角，使之形成 L 形、T 形框架柱；注意框架梁与异形柱的面外连接问题。

8. 异形柱框架结构、框架结构的楼梯间四角加柱，使楼梯间形成封闭框架。

9. 优化公寓的剪力墙设计，剪力墙厚度可适当优化，短肢剪力墙结构应严格按照相应规范的要求设计，适当设置普通剪力墙。

10. 注意坡屋顶推力计算，完善相应的构造设计，确保推力有效传递至可靠构件。

11. 注意坡屋面混凝土施工质量的影响，严格控制。

12. 注意大跨度构件设计问题。

13. 优化南 1 号楼结构设计，对斜柱水平力采取有效处理措施，注意塔心四梁汇集处钢筋排布问题。

结论：

建议根据结构方案评审表的主要结论以及会议纪要内容，进一步优化结构设计。

40 三河嘉都·茂晟街

设计部门：第二工程设计研究院
主要设计人：张淮湧、何相宇、施泓、刘连荣、朱炳寅、陈越、谈敏、王蒙、党杰

工程简介

一、工程概况

嘉都·茂晟街（即 1-A 地块）位于河北省三河市。

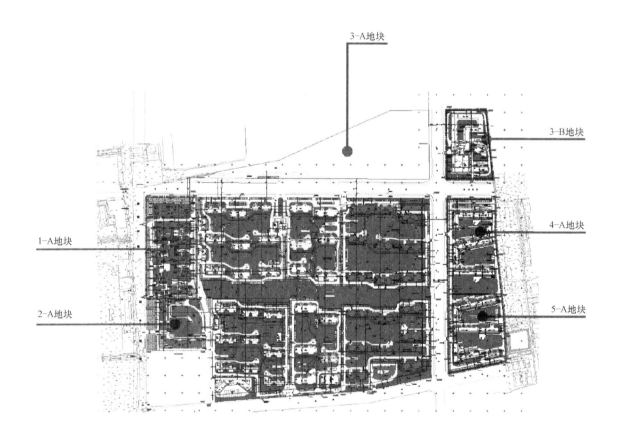

图 40-1 嘉都项目各地块平面位置图

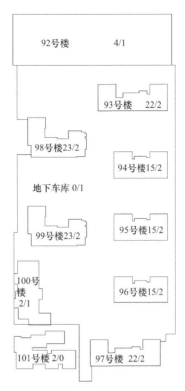

图 40-2　茂晟街（1-A 地块）总平面图

本地块共 7 栋高层建筑、3 栋多层建筑，由大底盘地下车库将其连为一体，总建筑面积约 138207m²，其中地上约 106922m²，地下约 31285m²。各楼概况如下表：

楼号	房屋高度(m)	层数(地上/地下)	人防等级
92 号楼	23.90	4/-1	无
93 号楼	70.12	22/-2	常六级
94 号楼	49.30	15/-2	常六级
95 号楼	49.30	15/-2	常六级
96 号楼	49.30	15/-2	常六级
97 号楼	70.12	22/-2	常六级
98 号楼	79.90	23/-2	常六级
99 号楼	79.90	23/-2	常六级
100 号楼	15.90	2/-1	无
101 号楼	12.20	2/0	无
地下车库	—	0/-1	常六级

二、结构方案

1. 设计条件

抗震设防烈度	8 度	场地类别	Ⅲ类
设计基本地震加速度	0.30g	特征周期	0.55s
设计地震分组	第二组	建筑抗震设防类别	标准设防类

2. 抗侧力体系

93 号～99 号楼为高层建筑，采用现浇钢筋混凝土剪力墙结构。92 号、100 号、101 号楼为多层建筑，92 号楼采用现浇钢筋混凝土框架-剪力墙结构，地下车库及 100 号、101 号楼采用现浇钢筋混凝土框架结构。结构整体计算采用盈建科建筑结构分析软件（YJK）。

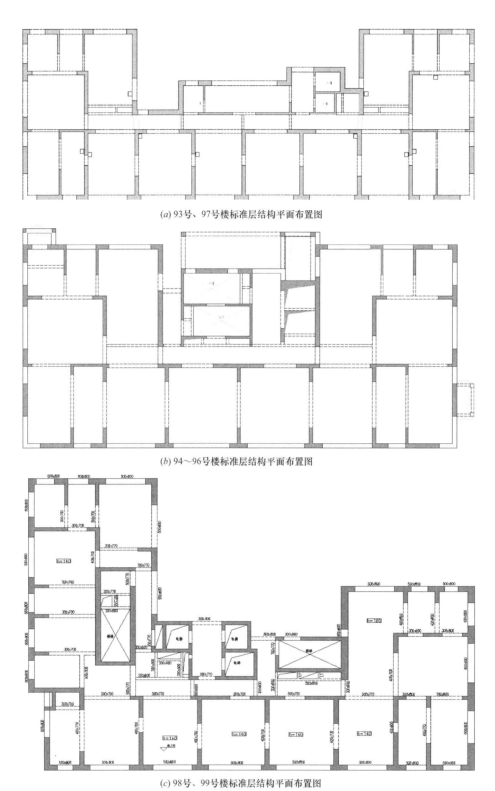

(*a*) 93号、97号楼标准层结构平面布置图

(*b*) 94～96号楼标准层结构平面布置图

(*c*) 98号、99号楼标准层结构平面布置图

图40-3 结构平面布置图

三、地基基础方案

根据地勘报告，7栋高层建筑（93号～99号楼）采用CFG桩复合地基上的筏板基础；地下车库和3栋多层建筑（92号、100号、101号楼）采用天然地基，地基持力层为②层粉质黏土层，地基承载力特征值为100～140kPa；地下车库及92号、100号楼采用筏板基础；101号楼无地下室，采用独立基础。

经抗浮验算，地下车库及多层框架结构满足抗浮要求。

结构方案评审表

结设质量表（2016）

项目名称	三河嘉都·茂晟街	项目等级	A/B级□、非A/B级■
		设计号	15550

评审阶段	方案设计阶段□	初步设计阶段□	施工图设计阶段■

评审必备条件	部门内部方案讨论　有■　无□	统一技术条件　有■　无□

工程概况	建设地点:河北省三河市	建筑功能:商务办公
	层数(地上/地下):23/2、22/2、15/2、4/2	高度(檐口高度):74m、68m、49m、19.8m
	建筑面积(m²):13.8万	人防等级:乙六级

主要控制参数	设计使用年限:50年
	结构安全等级:二级
	抗震设防烈度、设计基本地震加速度、设计地震分组、场地类别、特征周期: 8度、0.30g、第二组、Ⅲ类、0.55s
	抗震设防类别:标准设防类(丙类)
	主要经济指标:理论计算值:混凝土用量0.35m³/m²

结构选型	结构类型:框架、剪力墙
	概念设计、结构布置:结构布置力求均匀、对称
	结构抗震等级:框架二级,剪力墙二级
	计算方法及计算程序:YJK计算软件
	主要计算结果有无异常(如:周期、周期比、位移、位移比、剪重比、刚度比、楼层承载力突变等): 无,扭转周期为第三周期,与第一周期比值<0.85
	伸缩缝、沉降缝、防震缝:根据建筑形态和使用功能设置变形缝
	结构超长和大体积混凝土是否采取有效措施:是,通长布筋、设置伸缩后浇带
	有无结构超限:无

基础选型	基础设计等级:甲级
	基础类型:变厚度筏板＋局部抗拔桩
	计算方法及计算程序:YJK基础模块
	防水、抗渗、抗浮:地下室部分及有防水需求部分采用抗渗混凝土,局部无地上部分及层数 较少部分存在抗浮问题,设置抗拔桩
	沉降分析:最大沉降量控制在30mm左右,差异沉降满足规范要求
	地基处理方案:主楼下采用CFG桩

新材料、新技术、难点等	1.局部抗浮问题通过设置抗拔桩解决;2.少数抗浮略有不足处采用增加配重方式抗浮

主要结论	大悬挑明确斜杆传力路径,补充弹性时程分析(凡上、下层侧向刚度有突变者均应补充计算),其 他问题相互参照

工种负责人:张淮涌　何相宇	日期:2016.11.11	评审主持人:朱炳寅	日期:2016.11.11

注意:**1.** 评审申请时间:一般项目应在初步设计完成之前,无初步设计的项目在施工图1/2阶段。

　　2. 工种负责人、审核人必须参加评审会,审定人以及项目组其他人员应尽量参会。工种负责人负责项目组与
　　会人员的通知事宜,在必要时可邀请建筑专业相关人员出席。

　　3. 评审后工种负责人应填写《结构方案评审意见回复表》,逐条回复《结构方案评审表》和《会议纪要》中
　　提出的评审意见,并在签署齐全后归档。

会议纪要

2016 年 11 月 11 日

"三河嘉都·茂晟街"施工图设计阶段结构方案评审会

评审人：谢定南、罗宏渊、王金祥、尤天直、朱炳寅、张亚东、彭永宏、王大庆

主持人：朱炳寅　记录：王大庆

介　绍：刘巍、何相宇

结构方案：茂晟街（即 1A 地块）由 1～2 层大地下室及坐落其上的 7 栋高层建筑（15、22、23 层）和 3 栋多层建筑组成。高层建筑采用剪力墙结构，92 号楼（4 层）采用框架-剪力墙结构，100 号、101 号楼（两层）及大地下室采用框架结构。

地基基础方案：高层建筑采用 CFG 桩复合地基上的筏形基础。多层建筑及大地下室采用天然地基上的筏形基础，基底局部未到地基持力层处采用灰土进行换填。抗浮不足部位采用钢渣混凝土压重抗浮，必要时设置抗拔桩。

评审：

1. 92 号楼采用大悬挑桁架进行托柱转换，应明确桁架斜杆的传力路径，并相应优化桁架杆件布置；大悬挑桁架应考虑竖向地震作用。

2. 凡上、下层侧向刚度有突变的结构单元（例如部分建筑存在剪力墙不到顶情况等）均应补充弹性时程分析。

3. 嘉都四项目（茂晟街、怡和苑、东一区、东二区）之间，各问题应相互参照处理。

结论：

建议根据结构方案评审表的主要结论以及会议纪要内容，进一步优化结构设计。

41 三河嘉都·怡和苑

设计部门：第二工程设计研究院
主要设计人：张淮湧、郭天烩、施泓、刘连荣、朱炳寅

工 程 简 介

一、工程概况

嘉都·怡和苑（即 3-B 地块）位于河北省三河市，总建筑面积约 7.19 万 m²，包括场地南部的大底盘地下室及其上的 76 号、77 号、80 号-1、80 号-2、80 号-3 楼，场地北部的 78 号、79 号楼。各单体的概况如下表所示：

楼号	使用功能	层数(地上/地下)	房屋高度(m)
76 号楼	办公	24/-3	73.6
77 号楼	办公	24/-3	73.6
78 号楼	办公	4/0	13.2
79 号楼	办公	14/-3	48.3
80 号-1 楼	商业	5/-2	21.0
80 号-2 楼	商业	3/-2	13.2
80 号-3 楼	商业	3/-2	13.2

图 41-1 建筑效果图

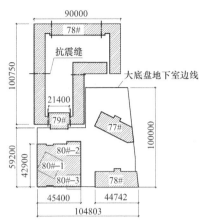

图 41-2　怡和苑（3-B 地块）总平面图

图 41-3　建筑剖面图

二、结构方案

1. 抗侧力体系

本工程为大底盘地下室多塔结构，地上设置结构缝将其分为若干独立的结构单元，各楼的结构型式及抗震等级见下表：

楼号	结构形式	抗震等级	
		框架	剪力墙
76 号、77 号、79 号楼	剪力墙结构	—	二级
78 号楼	剪力墙结构	—	三级
80 号-1～80 号-3 楼	框架结构	二级	—

2. 楼盖体系

地上各层楼盖采用现浇钢筋混凝土主、次梁结构，地下室采用现浇钢筋混凝土主梁加大板结构。

三、地基基础方案

本工程采用筏板基础。根据地勘报告建议，高层建筑采用 CFG 桩复合地基，76 号、77 号楼的持力层处理后的地基承载力特征值不小于 550kPa，79 号楼的持力层处理后的地基承载力特征值不小于 400kPa。多层办公楼及地下车库采用天然地基，78 号楼基础埋深较浅（－1.5m），场地北部为填方区，南部基底下存在人工填土，在清除填土后，采用 2∶8 灰土进行换填处理，压实系数不小于 0.96，处理后的地基承载力特征值不小于 180kPa；80 号楼及地下车库的地基持力层为③层粉质黏土-黏土、③₁ 层粉土层，地基承载力特征值为 140kPa。

本工程的抗浮设防水位较高（相对标高为－4.3m），80 号楼及汽车坡道因上部荷载较小，存在较大的局部抗浮问题，故采用抗拔桩抗浮，桩径为 600mm；地下车库其余部位的局部抗浮问题采用压重方式解决。

结构方案评审表

结设质量表（2016）

项目名称	三河嘉都·怡和苑		项目等级	A/B 级□、非 A/B 级■
			设计号	15528
评审阶段	方案设计阶段□	初步设计阶段□		施工图设计阶段■
评审必备条件	部门内部方案讨论　有■　无□		统一技术条件　有■　无□	

工程概况	建设地点:河北省三河市	建筑功能:商务办公
	层数(地上/地下):24/3、14/3、4/2、5/2、3/2	高度(檐口高度):73.3m、18.6m
	建筑面积(m²):7.19 万	人防等级:无

主要控制参数	设计使用年限:50 年
	结构安全等级:二级
	抗震设防烈度、设计基本地震加速度、设计地震分组、场地类别、特征周期: 8 度、0.30g、第二组、Ⅲ类、0.55s
	抗震设防类别:标准设防类(丙类)
	主要经济指标:理论计算值:混凝土用量 0.35m³/m²

结构选型	结构类型:框架、剪力墙
	概念设计、结构布置:结构布置力求均匀、对称
	结构抗震等级:框架二级,剪力墙二级、三级
	计算方法及计算程序:YJK 计算软件
	主要计算结果有无异常(如:周期、周期比、位移、位移比、剪重比、刚度比、楼层承载力突变等): 无,扭转周期为第三周期,与第一周期比值<0.85
	伸缩缝、沉降缝、防震缝:根据建筑形态和使用功能设置变形缝
	结构超长和大体积混凝土是否采取有效措施:是,通长布筋、设置伸缩后浇带
	有无结构超限:无

基础选型	基础设计等级:甲级
	基础类型:变厚度筏板＋局部抗拔桩
	计算方法及计算程序:YJK 基础模块
	防水、抗渗、抗浮:地下室部分及有防水需求部分采用抗渗混凝土,局部无地上部分及层数较少部分存在抗浮问题,设置抗拔桩
	沉降分析:最大沉降量控制在 30mm 左右,差异沉降满足规范要求
	地基处理方案:主楼下采用 CFG 桩

新材料、新技术、难点等	1. 局部抗浮问题通过设置抗拔桩解决;2. 少数抗浮略有不足处采用增加配重方式抗浮
主要结论	主楼与多层裙房之间设永久护坡桩,主楼肥槽填土应严格质量控制,主楼外墙考虑土压力及裙房附加重力影响,裙房基础采取加强措施,并适当留有余地,与主楼相接处剪力墙下按基础梁悬挑处理,其他问题相互参照

工种负责人:张淮湧　刘巍、郭天焓	日期:2016.11.11	评审主持人:朱炳寅	日期:2016.11.11

注意: 1. 评审申请时间: 一般项目应在初步设计完成之前, 无初步设计的项目在施工图 1/2 阶段。

2. 工种负责人、审核人必须参加评审会, 审定人以及项目组其他人员应尽量参会。工种负责人负责项目组与会人员的通知事宜, 在必要时可邀请建筑专业相关人员出席。

3. 评审后工种负责人应填写《结构方案评审意见回复表》, 逐条回复《结构方案评审表》和《会议纪要》中提出的评审意见, 并在签署齐全后归档。

会议纪要

2016 年 11 月 11 日

"三河嘉都·怡和苑"施工图设计阶段结构方案评审会

评审人：谢定南、罗宏渊、王金祥、尤天直、朱炳寅、张亚东、彭永宏、王大庆

主持人：朱炳寅　记录：王大庆

介　绍：刘巍

结构方案：怡和苑（即 3B 地块）的南部为 2～3 层大地下室及坐落其上的 76 号和 77 号楼（24 层）、80-1 号～80-3 号楼（3、5 层），北部为 78 号楼（4/0 层）和 79 号楼（14/-3 层）。78 号楼设缝分为多个结构单元，并与 79 号楼设缝分开。76 号～79 号楼采用剪力墙结构，80-1 号～80-3 号楼及大地下室采用框架结构。

地基基础方案：高层建筑采用 CFG 桩复合地基上的筏形基础。多层建筑及大地下室采用天然地基上的筏形基础，基底局部未到地基持力层处采用灰土进行换填。抗浮不足部位采用钢渣混凝土压重抗浮，必要时设置抗拔桩。

评审：

1. 高层建筑（79 号楼）与多层建筑（78 号楼）的基础距离近，基底高差大，建议：两楼之间设置永久护坡桩，并注意两楼的施工顺序；高层建筑的肥槽回填应进行严格的质量控制（材料、施工等）；高层建筑的地下室外墙考虑土、水压力及多层建筑附加重力的影响；多层建筑基础采取加强措施，并适当留有余地，与高层建筑相接处剪力墙下按基础梁悬挑处理。

2. 嘉都四项目（茂晟街、怡和苑、东一区、东二区）之间，各问题应相互参照处理。

结论：

建议根据结构方案评审表的主要结论以及会议纪要内容，进一步优化结构设计。

42　三河嘉都·东一区、东二区

设计部门：第二工程设计研究院
主要设计人：张淮湧、刘巍、施泓、刘连荣、朱炳寅

工 程 简 介

一、工程概况

嘉都·东一区（即 4-A 地块）、嘉都·东二区（即 5-A 地块）位于三河市。两地块的总建筑面积分别为 13.6 万 m² 和 13.0 万 m²，分别由各自场地内的大底盘地下室多塔结构及其西侧的无地下室多层建筑组成（无地下室建筑与带地下室建筑设缝分开）。

图 42-1　建筑效果图

东一区（4-A 地块）概况如下表：

楼号	使用功能	层数 （地上/地下）	房屋高度(m)	塔楼高宽比
69 号-1 楼	商务办公	25/-2	77.4	4.9/3.8
69 号-2 楼	商务办公	6/-2	18.6	1.5
70 号楼	商业、商务办公	5/0	17.0	—
71 号-1 楼	商务办公	25/-2	77.4	4.9/3.8
71 号-2 楼	商务办公	6/-2	18.6	1.5
72 号楼	变配电站	2/-3	9.0	—
73 号楼	商务办公	25/-2	77.4	4.9/3.8
74 号楼	商务办公	6/-2	18.6	1.5
75 号楼	商业、商务办公	5/0	17.0	—

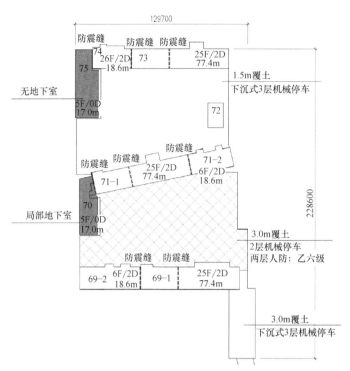

图 42-2　东一区（4-A 地块）总平面图

东二区（5-A 地块）概况如下表：

楼号	使用功能	层数（地上/地下）	房屋高度（m）	塔楼高宽比
63 号楼	商业、商务办公	5/0	17.0	—
64 号-1 楼	商务办公	25/-2	77.4	4.9/3.8
64 号-2 楼	商务办公	6/-2	18.6	1.5
65 号楼	商务办公	25/-2	77.4	4.9/3.8
66 号楼	商务办公	6/-2	18.6	1.5
67 号楼	商业、商务办公	5/0	17.0	—
68 号-1 楼	商务办公	25/-2	77.4	4.9/3.8
68 号-2 楼	商务办公	6/-2	18.6	1.5

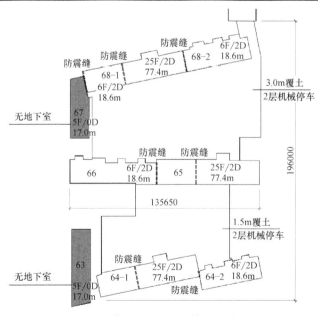

图 42-3　东二区（5-A 地块）总平面图

二、结构方案

1. 设计条件

抗震设防烈度	设计基本地震加速度	设计地震分组	场地类别	特征周期
8度	0.30g	第二组	Ⅲ类	0.55s

2. 抗侧力体系

区号	楼号	结构形式	抗震等级
东一区	69号-1、71号-1、73号楼	剪力墙结构	二级
	69号-2、70号、71号-2、74号、75号楼	剪力墙结构	三级
	72号楼	框架结构	二级
东二区	64号-1、65号、68号-1楼	剪力墙结构	二级
	63号、64号-2、66号、67号、68号-2楼	剪力墙结构	三级

3. 楼盖体系

地下室采用现浇钢筋混凝土主梁＋大板结构，地下室内楼板厚度为250mm，根据覆土厚度及荷载情况，地下室顶板厚度为250～400mm。

地上各层楼盖采用现浇钢筋混凝土主、次梁结构，考虑楼板内预埋设备线管要求，楼板的最小厚度为110mm。

4. 结构设计重点

（1）平面不规则的处理措施

部分结构的位移比＞1.2，结构存在"扭转不规则"特征，属平面不规则结构，按规范中一般不规则建筑采取相应措施，进行构件承载力验算时，考虑双向地震作用的影响。

（2）混凝土结构超长的处理措施

设缝后结构长度仍超出《混凝土结构设计规范》的要求。采取以下针对性措施减小温度应力对结构的不利影响：

1）在整层楼板范围内沿超长方向设置一定数量的拉通钢筋，抵抗温度应力。

2）设置一定数量的收缩后浇带，减小早期混凝土收缩影响。

（3）无地下室结构基础埋深较大时的处理措施

首层地面设置拉梁及钢筋混凝土刚性地坪板，结构采用如下模型进行包络设计：

模型一：嵌固部位取基础顶面，用以控制整体计算指标及地下墙、柱、拉梁的结构设计。

模型二：嵌固部位取首层拉梁顶，用以进行强柱根设计。

（4）框架梁与剪力墙平面外连接的处理措施

1）框架梁与剪力墙平面外连接时尽量按刚接处理，以免造成下铁钢筋过大。支座截面采用多排细而密的钢筋，满足直筋 $0.4l_{aE}$ 的锚固要求。

2）当剪力墙较薄而很难满足钢筋直段的锚固要求时，在框架梁与剪力墙相交处设置扶壁柱或暗柱。当无法采取加强措施时，对梁、墙节点进行铰接处理，铰接端满足框架梁的构造配筋，并在梁端箍筋加密，确保其强剪弱弯。

三、地基基础方案

根据勘察报告提供的抗浮设防水位验算得知，纯地下室及汽车坡道等部位因上部荷载较小，需进行抗浮设计，并据此进行基础选型：

根据地勘报告建议，本工程采用筏板基础，抗浮不足区域的水浮力较小部位采用配重法抗浮，水浮力较大部位采用抗拔桩抗浮。

高层建筑采用CFG桩复合地基，要求处理后的地基承载力特征值为500～550kPa。

多层建筑及地下车库采用天然地基。无地下室楼座的基础埋深较浅，未到地基持力层，采用换填法进行地基处理，挖除杂填土后，分层夯填碾压至基底设计标高。

结构方案评审表

项目名称	三河嘉都·东一区·东二区		项目等级	A/B级□、非A/B级■
			设计号	15527
评审阶段	方案设计阶段□	初步设计阶段□		施工图设计阶段■
评审必备条件	部门内部方案讨论 有■ 无□		统一技术条件 有■ 无□	

工程概况	建设地点:河北省三河市	建筑功能:商务办公
	层数(地上/地下):24/3.6/3.5/0	高度(檐口高度):73.3m,18.6m,17.0m
	建筑面积(m²):13.0万	人防等级:无

主要控制参数	设计使用年限:50年
	结构安全等级:二级
	抗震设防烈度、设计基本地震加速度、设计地震分组、场地类别、特征周期: 8度、0.30g、第二组、Ⅲ类、0.55s
	抗震设防类别:标准设防类(丙类)
	主要经济指标:理论计算值:混凝土用量 0.35m³/m²

结构选型	结构类型:框架、剪力墙
	概念设计、结构布置:结构布置力求均匀、对称
	结构抗震等级:框架二级(框支柱、框支梁一级),剪力墙二级
	计算方法及计算程序:YJK计算软件
	主要计算结果有无异常(如:周期、周期比、位移、位移比、剪重比、刚度比、楼层承载力突变等): 无,扭转周期为第三周期,与第一周期比值<0.85
	伸缩缝、沉降缝、防震缝:根据建筑形态和使用功能设置变形缝
	结构超长和大体积混凝土是否采取有效措施:是,通长布筋、设置伸缩后浇带
	有无结构超限:无

基础选型	基础设计等级:甲级
	基础类型:变厚度筏板＋局部抗拔桩
	计算方法及计算程序:YJK基础模块
	防水、抗渗、抗浮:地下室部分及有防水需求部分采用抗渗混凝土,局部无地上部分及层数 较少部分存在抗浮问题,设置抗拔桩
	沉降分析:最大沉降量控制在30mm左右,差异沉降满足规范要求
	地基处理方案:主楼下采用CFG桩

新材料、新技术、难点等	1.局部抗浮问题通过设置抗拔桩解决;2.少数抗浮略有不足处采用增加配重方式抗浮

主要结论	70号与71-1楼之间,建议调整分缝,与建筑协商,地下室高低处做法同怡和苑做法,71号楼基础 与两侧地下室基础相连处基底宜拉平,地下室平面细脖子处宜与建筑协商设缝,抗浮压重宜采用普 通混凝土、采用厚板结构(或主梁加大板)尽量降低结构高度,取消车道上的转换墙,必要时边墙适 当加厚,其他问题相互参照

工种负责人:张淮涌 刘巍	日期:2016.11.11	评审主持人:朱炳寅	日期:2016.11.11

注意: 1. 评审申请时间:一般项目应在初步设计完成之前,无初步设计的项目在施工图1/2阶段。

2. 工种负责人、审核人必须参加评审会,审定人以及项目组其他人员应尽量参会。工种负责人负责项目组与会人员的通知事宜,在必要时可邀请建筑专业相关人员出席。

3. 评审后工种负责人应填写《结构方案评审意见回复表》,逐条回复《结构方案评审表》和《会议纪要》中提出的评审意见,并在签署齐全后归档。

会议纪要

2016 年 11 月 11 日

"三河嘉都·东一区、东二区"施工图设计阶段结构方案评审会

评审人：谢定南、罗宏渊、王金祥、尤天直、朱炳寅、张亚东、彭永宏、王大庆

主持人：朱炳寅

介　绍：刘巍

结构方案：东一区（即 4A 地块）由两层大地下室及坐落其上的 3 栋高层建筑（24 层）、4 栋多层建筑（1、6 层），以及地下室西侧的两栋 5/0 层建筑组成。71-2 号楼（6 层）及大地下室采用框架结构，其他建筑采用剪力墙结构。

东二区（即 5A 地块）由两层大地下室及坐落其上的 3 栋高层建筑（25 层）、3 栋多层建筑（6 层），以及地下室西侧的两栋 5/0 层建筑组成。大地下室采用框架结构，其他建筑采用剪力墙结构。

地基基础方案：高层建筑采用 CFG 桩复合地基上的筏形基础。多层建筑及大地下室采用天然地基上的筏形基础，基底局部未到地基持力层处采用灰土进行换填。抗浮不足部位采用钢渣混凝土压重抗浮，必要时设置抗拔桩。

评审：

1. 东一区大地下室平面呈刀把形，平面细脖子处宜与建筑专业协商设缝。

2. 70 号楼与 71-1 号楼之间地下建筑的平面、标高关系复杂，建议与建筑专业协商，调整该部位的结构分缝和建筑出口位置，地下室高低处做法同怡和苑（3B 地块）的相关做法。

3. 71 号楼基础与两侧地下室基础相连处基底宜拉平。

4. 采取综合措施，优化抗浮设计，抗浮压重宜采用普通混凝土（钢渣混凝土容重不易控制），地下室楼盖采用厚板结构（或主梁＋大板结构），以使地下结构尽量降低高度、适当增加重量。

5. 车道宽度不大（6m），建议取消车道上方的梁托墙转换，必要时边墙适当加厚，以简化结构设计。

6. 本工程位于 8 度（0.30g）、第二组、Ⅲ类场地，地震作用大，注意细化荷载，优化结构布置和构件截面尺寸。

7. 嘉都四项目（茂晟街、怡和苑、东一区、东二区）之间，各问题应相互参照处理。

结论：

建议根据结构方案评审表的主要结论以及会议纪要内容，进一步优化结构设计。

43 厦门大学附属中山医院门急诊综合大楼

设计部门：第二工程设计研究院
主要设计人：何相宇、施泓、朱炳寅

工 程 简 介

一、工程概况

本工程位于福建省厦门市，总建筑面积约8.1万 m²，地下约2万 m²，地上约6.1万 m²。本工程设3层地下室，地下三层为立体机械车库和核五级急救人防医院，层高为5.6m；地下二层为普通车库及核六级普通人员掩蔽所，层高为3.6m；地下一层为医疗设备用房及放射科室、车库，层高为6.0m。地上建筑的主要功能为门诊医技、病房，设缝分成A、B区两个结构单元，嵌固于地下室顶板，A区房屋高度为41.1m，B区房屋高度为93.6m，均采用框架-剪力墙结构。

图 43-1 建筑效果图

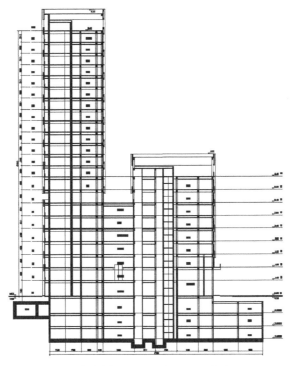

图 43-2　建筑剖面图（左为 A 区、右为 B 区）

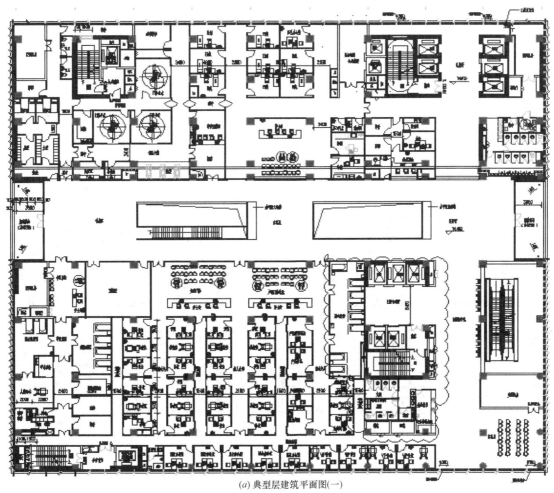

(a) 典型层建筑平面图(一)

图 43-3　建筑平面

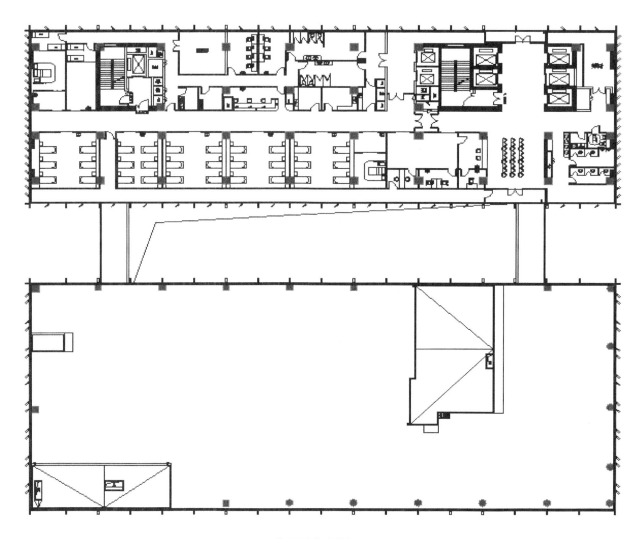

(b) 典型层建筑平面图(二)

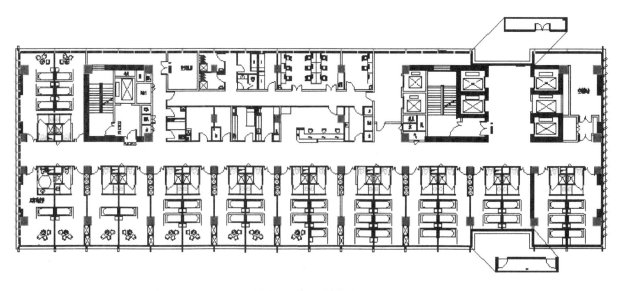

(c) 典型层建筑平面图(三)

图 43-3 建筑平面（续）

二、结构方案

1. 设计条件

抗震设防烈度	7度	建筑抗震设防类别	重点设防类
设计基本地震加速度	0.15g	基本风压	0.80kN/m²
设计地震分组	第三组	地面粗糙度	A类
场地类别	Ⅲ类		

2. 抗侧力体系

A、B区塔楼的平面为矩形,结合建筑物边、角以及楼、电梯间布置剪力墙,构成现浇钢筋混凝土框架-剪力墙结构。概念设计及计算分析表明,该体系在充分满足建筑使用功能的前提下,具有较好的结构安全性。

1) 钢筋混凝土剪力墙:A区剪力墙厚度为500~400mm,个别墙肢拉应力较大,配置型钢。B区高宽比较大,剪力墙厚度为600~400mm,部分墙、柱拉力大,需设置型钢承担拉力。

2) 钢筋混凝土框架:框架柱的最大柱距为12m。为了减小柱截面,降低柱轴压比,同时提高框架的延性;采用直径不小于12mm、间距不大于100mm的井字复合箍。A区1~3层、4~6层、6层以上的柱截面尺寸分别为900mm×900mm、800mm×800mm、700mm×700mm。B区1~3层、4~7层、8~11层、12~17层、17层以上的柱截面尺寸分别为1000mm×1000mm、900mm×1000mm、900mm×900mm、800mm×900mm、700mm×800mm。

3. 楼盖体系

A区的框架柱距为7.8~12m,结合建筑功能,楼盖采用现浇钢筋混凝土梁板结构,布置单向次梁,次梁间距为2.7~3.0m。依据楼板跨度及荷载条件,板厚取120~150mm,洞口周边楼板加厚至150mm。

B区的框架柱距为6~7.8m,结合建筑功能,楼盖采用现浇钢筋混凝土梁板结构,布置双向次梁。依据楼板跨度及荷载条件,板厚取110~150mm,洞口周边楼板加厚至150mm。

一层楼板由于嵌固需要,板厚取180mm。地下一层、地下二层采用无梁空心楼盖,板厚为400~500mm。

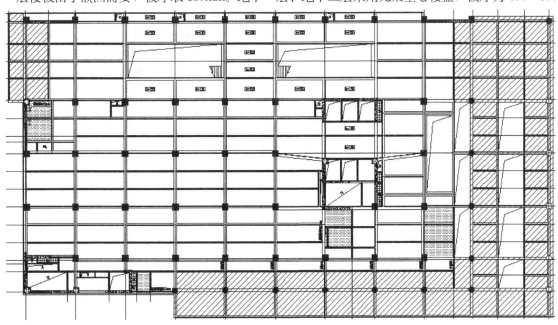

(a) A区典型层结构平面布置图(一)

图 43-4 结构平面布置

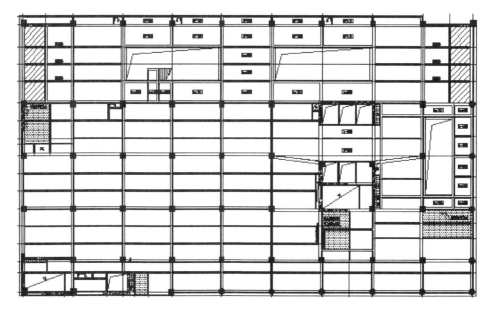

(b) A区典型层结构平面布置图(二)

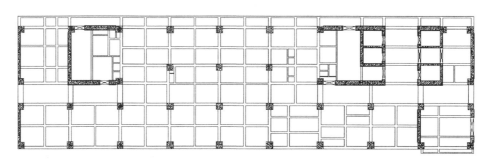

(c) B区典型层结构平面布置图(一)

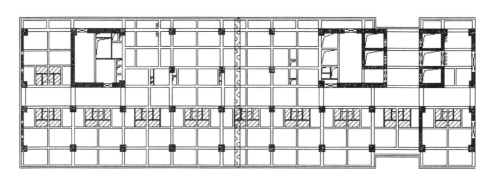

(d) B区典型层结构平面布置图(二)

图 43-4 结构平面布置（续）

三、地基基础方案

根据地勘报告：地层依次为素填土、淤泥或淤泥质土、粉质黏土、粗砂、全风化花岗岩、散体状强风化花岗岩、碎块状强风化花岗岩、中风化花岗岩；层厚变化较大，岩石顶面高差较大。地下室的防水与抗浮设计水位按室外地坪下 0.5m 考虑，该场地孔隙～裂隙承压地下水对混凝土结构具弱腐蚀性，对钢筋混凝土结构中的钢筋在长期浸水条件下具微腐蚀性，在干湿交替条件下具中等腐蚀性。

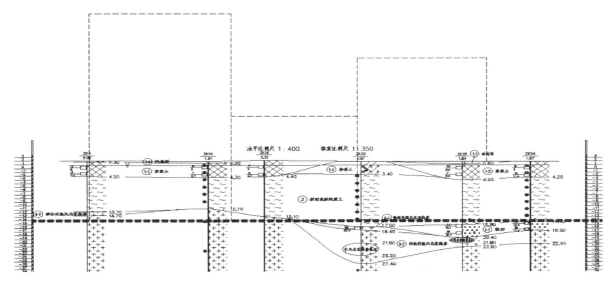

图 43-5 典型地质剖面图

由于地层不均匀，B 区采用天然地基上的筏板基础，地基持力层为中风化花岗岩；A 区采用冲孔灌注桩或人工挖孔桩＋防水板，一柱一桩，桩端持力层为中风化花岗岩，个别中风化岩较浅处采用独立基础。纯地下室抗浮采用抗浮锚杆。

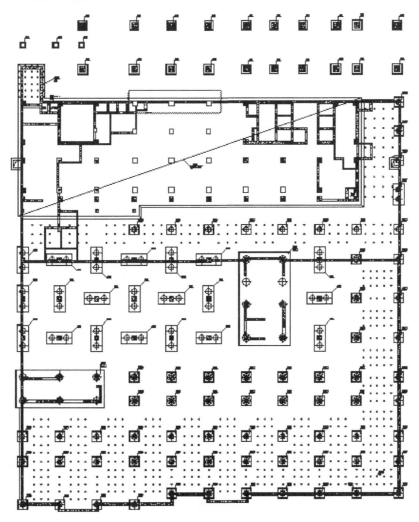

图 43-6 基础平面布置图

结构方案评审表

结设质量表（2016）

项目名称	厦门大学附属中山医院门急诊综合大楼	项目等级	A/B级□、非A/B级■
		设计号	15472

评审阶段	方案设计阶段□	初步设计阶段□	施工图设计阶段■

评审必备条件	部门内部方案讨论　有■　无□	统一技术条件　有■　无□

工程概况	建设地点：福建厦门	建筑功能：医院
	层数（地上/地下）：A区9/3，B区22/3	高度（檐口高度）：A区41.4m，B区93.6m
	建筑面积（m²）：8.1万	人防等级：人防急救医院核5级，掩蔽所核6级

主要控制参数	设计使用年限：50年
	结构安全等级：二级
	抗震设防烈度、设计基本地震加速度、设计地震分组、场地类别、特征周期 7度、0.15g、第三组、Ⅲ类、0.65s
	抗震设防类别：重点设防类
	主要经济指标

结构选型	结构类型：框-剪结构
	概念设计、结构布置：
	结构抗震等级：A区：剪力墙一级，框架二级；B区：剪力墙一级，框架一级
	计算方法及计算程序：PKPM
	主要计算结果有无异常（如：周期、周期比、位移、位移比、剪重比、刚度比、楼层承载力突变等）：位移比大于1.2
	伸缩缝、沉降缝、防震缝　有
	结构超长和大体积混凝土是否采取有效措施：超长部分采用后浇带进行处理，边跨板面通长配筋
	有无结构超限：无

基础选型	基础设计等级：甲级
	基础类型：筏板＋人工挖孔桩（柱墩）
	计算方法及计算程序：YJK
	防水、抗渗、抗浮：抗浮不足处采用岩石锚杆
	沉降分析：B区主楼为筏板，持力层为中风化花岗岩；A区采用人工挖孔桩（柱墩）＋防水板，持力层为碎块状强风化，基本无沉降
	地基处理方案：无

新材料、新技术、难点等	

主要结论	A区宜采用强风化持力层，采用筏板基础加抗拔锚杆或抗拔桩，取消⑩与①轴41m高的框架柱、地下室空心板应改为实心板，抗拔锚杆宜改为抗拔桩，A、B楼调整楼层结构布置。注意角部楼板脱空对墙柱稳定性的影响，开洞楼层的上下层楼层应采取加强措施，平面、立面复杂部位应补充分析，医疗用房宜用实心板，严格按院制图标准绘图

工种负责人：何相宇	日期：2016.11.16	评审主持人：朱炳寅	日期：2016.11.16

注意：1. 评审申请时间：一般项目应在初步设计完成之前，无初步设计的项目在施工图1/2阶段。

2. 工种负责人、审核人必须参加评审会，审定人以及项目组其他人员应尽量参会。工种负责人负责项目组与会人员的通知事宜，在必要时可邀请建筑专业相关人员出席。

3. 评审后工种负责人应填写《结构方案评审意见回复表》，逐条回复《结构方案评审表》和《会议纪要》中提出的评审意见，并在签署齐全后归档。

会议纪要

2016 年 11 月 16 日

"厦门大学附属中山医院门急诊综合大楼"施工图设计阶段结构方案评审会

评审人：谢定南、罗宏渊、王金祥、徐琳、朱炳寅、彭永宏、王大庆

主持人：朱炳寅　记录：王大庆

介　绍：何相宇

　　结构方案：本工程设 3 层大地下室，地上设缝分为 A 区（9 层）、B 区（22 层）两个结构单元。抗侧力体系采用框架-剪力墙结构，楼盖体系采用主、次梁结构。

　　地基基础方案：A 区采用桩基、承台＋防水板，桩型为人工挖孔桩或冲孔灌注桩，桩端持力层为中风化花岗岩。B 区采用天然地基上的筏板基础，地基持力层为中风化花岗岩。A 区局部抗浮不足，采用抗拔锚杆抗浮。B 区不存在抗浮问题。

评审：

　　1. A 区地下室底板下为强风化～中风化花岗岩，地基条件较好，应优化 A 区的地基基础方案，宜以强风化～中风化花岗岩为地基持力层，采用天然地基上的筏板基础＋抗拔构件方案。

　　2. 核查场地的常见水位，并优化抗浮方案，抗拔锚杆宜改为抗拔桩，地下室空心板应改为实心板，以增加抗浮压重。

　　3. 地下室的通高外墙适当加厚。

　　4. 10 轴×D 轴的框架柱为通高 41m 的穿层柱，应取消此框架柱，并优化相关部位的结构布置。

　　5. 楼板脱空形成多处穿层墙和穿层柱，应注意楼板（尤其是角部楼板）脱空对墙、柱稳定性的影响，应对穿层墙和穿层柱采取有效的加强措施，确保其承载力和稳定性。

　　6. 开洞楼层及其上、下层的相关部位应采取有效的加强措施，使之能保证抗侧力构件共同工作。

　　7. 细化结构计算分析，计算模型应符合结构的实际工作状况（例如关注多处楼板与墙、柱脱开对结构的影响等问题），平面或立面复杂部位应补充相应的计算分析，确保计算结果合理、有效。

　　8. 全工程应调整、优化结构布置，注意重点部位加强和细部处理，例如：结合医疗工艺要求，优化两区的楼层结构布置，采用交叉次梁、双次梁的 8m 跨楼盖宜比选单次梁方案，次梁布设方向应考虑受力合理性；医疗用房宜采用实心板；优化 B 区的剪力墙布置，使之尽量均匀分布，减小结构扭转效应等。

　　9. 注意超长结构的温度应力控制，相应采取可靠的防裂措施。

　　10. 严格按照院公司制图标准绘图。

结论：

　　建议根据结构方案评审表的主要结论以及会议纪要内容，进一步优化结构设计。

44 未来科技城 CP07-0060-0014、CP07-0060-0030 地块

设计部门：第二工程设计研究院
主要设计人：曹清、刘巍、杨婷、郭天焓、张淮涌、朱炳寅

工 程 简 介

一、工程概况

本工程位于北京市昌平区，是集办公、商业、居住以及休闲娱乐于一体的城市综合体，建成后将成为拥有一流办公环境与科研条件的现代商务中心，总建筑面积约239549m²，分为A14和A30两个地块，均由多层地下室及地上的多、高层建筑组成（A14-1号楼设一层地下室），建筑东侧地下室开敞。各概况见下表：

分区	楼号	层数（地上/地下）	房屋高度（m）
A14 地块	14-1 号商业办公楼	5/-1	30.0
	14-2 号住宅楼	17/-3	60.0
	14-3 号商业	1/-3	10.5
	14-4 号-A 商业办公楼	8/-3	78.0
	14-4 号-B 商业办公楼	14/-3	40.2
	14-5 号住宅楼	17/-3	60.0
	14-D 号 14 地下室	0/-3	—
A30 地块	30-1 号商业办公楼	10/-3	52.5
	30-2 号-A 商业办公楼	18/-3	77.4
	30-2 号-B 商业办公楼	9/-3	39.6
	30-3 号住宅楼	25/-3	80.8
	30-4 号商业	1/-3	10.5
	30-5 号住宅楼	25/-3	77.7
	30-6 号人才公租房	29/-3	80.0
	30-7 号商业办公楼	18/-3	86.0
	30-D 号 30 地下室	1/-3	5.4

图 44-1 鸟瞰图

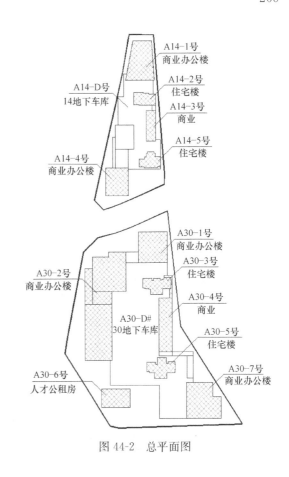

图 44-2 总平面图

二、结构方案

1. 抗侧力体系

各楼的结构型式及抗震等级见下表：

分区	楼号	结构型式	抗震等级	
			框架	剪力墙
A14 地块	14-1 号商业办公楼	框架-剪力墙结构	二级	一级
	14-2 号住宅楼	剪力墙结构		二级
	14-3 号商业	框架结构	二级	
	14-4 号-A 商业办公楼	框架-剪力墙结构	二级	一级
	14-4 号-B 商业办公楼	框架-剪力墙结构	二级	一级
	14-5 号住宅楼	剪力墙结构		二级
	14-D 号 14 地下室	框架结构		
A30 地块	30-1 号商业办公楼	框架-剪力墙结构	二级	一级
	30-2 号-A 商业办公楼	框架-剪力墙结构	一级	一级
	30-2 号-B 商业办公楼	框架-剪力墙结构	二级	一级
	30-3 号住宅楼	剪力墙结构		一级
	30-4 号商业	框架结构	二级	
	30-5 号住宅楼	剪力墙结构		一级
	30-6 号人才公租房	剪力墙结构		
	30-7 号商业办公楼	框架-剪力墙结构	一级	一级
	30-D 号 30 地下室	框架结构		

2. 楼盖体系

地上各层楼盖采用现浇钢筋混凝土主、次梁结构，地下室采用现浇钢筋混凝土主梁＋大板结构。考虑楼板内预埋设备线管要求，楼板最小厚度为120mm。高层塔楼的嵌固层板厚为180mm，其余部分的嵌固层最小板厚为200mm。

3. 结构设计重点

（1）嵌固部位

A14、A30 地块的东侧为河流，且地下一层的东部开敞，无侧限。两地块各楼的嵌固部位取地下室顶板，设计时控制嵌固部位上、下层侧向刚度比满足规范要求，并补充嵌固于地下一层底板的计算模型进行承载力包络设计。

（2）14-1 号楼大悬挑部位钢桁架设计

五层～屋面层北侧悬挑长度为12m的大悬挑部位采用钢桁架结构，与钢桁架相连的框架梁、柱采用型钢混凝土，抗震等级相应提高一级，以传递钢桁架上、下弦杆的拉压力，大悬挑考虑竖向地震作用。同时与建筑专业协商，减轻大悬挑部位重量，考虑设置斜柱。

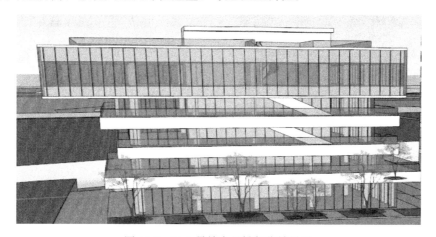

图 44-3　14-1 号楼大悬挑部位效果图

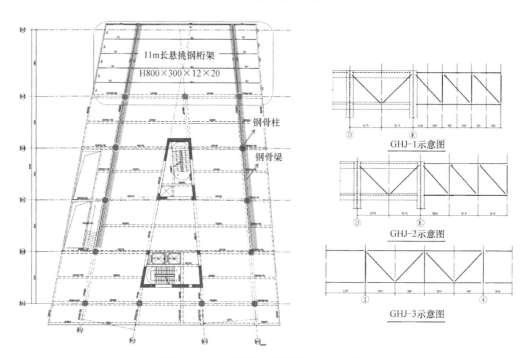

图 44-4　14-1 号楼大悬挑部位结构布置图

（3）14-5 号楼地下车库坡道处剪力墙转换的处理措施

由于与地下车库坡道通行相矛盾，14-5 号楼西侧一个户型的墙体无法落至基础顶面，需要在首层进行梁托墙转换，将转换梁、转换柱的抗震等级相应提高一级。

（4）14-4A 号楼核心筒偏置的处理措施

调整核心筒的墙体布置，并加大框架柱和外围框架梁的截面，以提高框架的刚度，调整刚心、质心尽量接近。

（5）30-2 号塔楼两方向侧向刚度差异较大的处理措施

调整构件布置，使两方向的侧向刚度尽可能接近。

（6）30-7 号楼 15 层的大悬挑处理

下部设置两端铰接的斜撑，柱内设置钢骨并下插一层，相应框架柱的抗震等级提高至特一级，相连的框架梁采用型钢混凝土梁。

三、地基基础方案

根据勘察报告提供的抗浮设防水位验算得知，纯地下室需进行抗浮设计，并据此进行基础选型：

3 层大底盘地下室采用天然地基上的筏板基础，局部抗浮不足部位的水浮力较大，设置抗拔桩。带 1 层地下室的 14-1 号楼采用桩基础。高层建筑采用 CFG 桩复合地基上的筏板基础，各楼处理后地基承载力标准值见下表：

分区	楼号	处理后的地基承载力标准值（kPa）
A14 地块	14-1 号楼	—
	14-2 号楼	420
	14-3 号楼	—
	14-4 号-A 楼	280
	14-4 号-B 楼	310
	14-5 号楼	360
A30 地块	30-1 号楼	330
	30-2 号-A 楼	370
	30-2 号-B 楼	280
	30-3 号楼	480
	30-4 号楼	—
	30-5 号楼	530
	30-6 号楼	—
	30-7 号楼	430

<h1 style="text-align:center">结构方案评审表</h1>

结设质量表（2016）

项目名称	未来科技城 CP07-0060-0014、CP07-0060-0030 地块	项目等级	A/B 级□、非 A/B 级■
		设计号	16006

评审阶段	方案设计阶段□	初步设计阶段□	施工图设计阶段■

评审必备条件	部门内部方案讨论 有■ 无□	统一技术条件 有■ 无□

工程概况	建设地点:北京市昌平区	建筑功能:商业、办公及住宅混合
	层数(地上/地下):1~29/3	高度(檐口高度):4.5~80m
	建筑面积(m²):23.95 万	人防等级:甲五级、甲六级

主要控制参数	设计使用年限:50 年
	结构安全等级:二级
	抗震设防烈度、设计基本地震加速度、设计地震分组、场地类别、特征周期: 7 度、0.15g、第一组(抗规修订后与甲方约定:8 度、0.20g、第一组)、Ⅲ类、0.45s
	抗震设防类别:标准设防类(丙类)
	主要经济指标:理论计算值:混凝土用量 0.32m³/m²
	以上部分经济指标不包含基础部分

结构选型	结构类型:框架、框架-剪力墙、剪力墙、框架-核心筒
	概念设计、结构布置:结构布置力求均匀、对称,力求传力途径简单明晰
	结构抗震等级:框架一、二级,剪力墙一、二级
	计算方法及计算程序:YJK 计算软件
	主要计算结果有无异常(如:周期、周期比、位移、位移比、剪重比、刚度比、楼层承载力突变等): 无,扭转周期为第三周期,与第一周期比值<0.85
	伸缩缝、沉降缝、防震缝:根据建筑形态和使用功能设置变形缝
	结构超长和大体积混凝土是否采取有效措施:是,通长布筋、设置伸缩后浇带
	有无结构超限:无

基础选型	基础设计等级:甲级
	基础类型:变厚度筏板＋局部抗拔桩
	计算方法及计算程序:YJK 基础模块
	防水、抗渗、抗浮:地下室部分及有防水需求部分采用抗渗混凝土,局部无上部分及层数较 少部分存在抗浮问题,设置抗拔桩
	沉降分析:最大沉降量控制在 30~40mm,差异沉降满足规范要求
	地基处理方案:主楼下采用 CFG 桩

新材料、新技术、难点等	1. 局部抗浮问题通过设置抗拔桩解决;2、14 地块地下室层差(地下 3 层/地下一层)通过控制差异沉降及设置沉降后浇带解决;3、14-1 号楼顶部钢桁架悬挑,传力途径至核心筒钢骨,抗倾覆

主要结论	本工程宜补充 8(0.2g)二组 Ⅲ类条件下结构的承载力分析、地下室结构超长补充温度应力分析,14-1 号楼大悬挑桁架加强施工稳定要求,各楼应注意一字墙的稳定承载力问题。角窗处楼板内加暗梁或暗钢筋带,注意梁与墙垂直连接问题,注意楼板开洞形成的脱开柱,明确加强措施,纯地下室与主楼地下室埋深差异较大时,宜采用护坡桩,纯地下室外墙考虑主楼土压力影响问题,注意回填土质量控制,相应调整主楼基础方案

工种负责人:曹清 刘巍 杨婷 郭天焓	日期:2016.11.16	评审主持人:朱炳寅	日期:2016.11.16

注意： 1. 评审申请时间：一般项目应在初步设计完成之前，无初步设计的项目在施工图 1/2 阶段。

2. 工种负责人、审核人必须参加评审会，审定人以及项目组其他人员应尽量参会。工种负责人负责项目组与会人员的通知事宜，在必要时可邀请建筑专业相关人员出席。

3. 评审后工种负责人应填写《结构方案评审意见回复表》，逐条回复《结构方案评审表》和《会议纪要》中提出的评审意见，并在签署齐全后归档。

会议纪要

2016 年 11 月 16 日

"未来科技城 CP07-0060-0014、CP07-0060-0030 地块"施工图设计阶段结构方案评审会

评审人：谢定南、罗宏渊、王金祥、徐琳、朱炳寅、彭永宏、王大庆

主持人：朱炳寅　　记录：王大庆

介　绍：刘巍

结构方案：本工程分为 A14、A30 两个独立地块，分别由 3 层大地下室（A14-1 号楼为 1 层地下室）及坐落其上的多栋多、高层建筑组成。部分建筑地上设缝，分为相对规则的结构单元。17~29 层住宅楼、公租房采用剪力墙结构，18 层办公楼采用框架-核心筒结构，5~14 层办公楼采用框架-剪力墙结构，单层商业及纯地下室采用框架结构。

地基基础方案：本工程采用变厚度筏板基础，主楼下为 CFG 桩复合地基，单层商业及纯地下室下为天然地基。单层商业及纯地下室抗浮不足，采用抗拔桩方案。

评审：

1. 地震动参数取值虽已与甲方、外审方约定，但仍应进一步考虑新抗规修订的影响问题，本工程宜补充 8 度（0.20g）、第二组、Ⅲ类场地条件下的结构承载力分析，包络设计。

2. 地下室结构超长，应补充温度应力分析，注意温度应力控制，并相应采取可靠的防裂措施。

3. 纯地下室（-3 层）与 A14-1 号楼地下室（-1 层）埋深差异较大，高差处宜采用永久护坡桩，并应注意两者的施工顺序；肥槽回填应进行严格的质量控制（材料、施工等）；纯地下室外墙考虑主楼附加土压力影响问题；相应调整主楼基础方案，使基桩尽量远离肥槽。

4. A14-1 号楼的大悬挑桁架除整体稳定外，尚应采取有效加强措施，确保施工稳定和杆件稳定；与建筑专业协商，桁架宜伸进根部两跨；竖向地震作用计算应采用合理方法（如振型分解反应谱法）。

5. 各楼应注意一字墙的稳定、承载力问题，注意梁与墙的垂直连接问题，墙肢秃头处增设翼墙或端柱（确实无法设置时应加大暗柱配筋，一字墙适当加厚），角窗处楼板内加设暗梁或暗钢筋带。

6. 补充不考虑楼梯间一字外墙的计算分析，包络设计；一字外墙应与主体结构可靠连接，确保其稳定性。

7. 注意楼板开洞形成的穿层柱，应设定适当的抗震性能目标，并采取有效的加强措施。

8. 优化各楼的结构布置，注意重点部位加强和细部处理，例如：优化办公楼的剪力墙布置，减小结构扭转效应；优化楼面梁布置，加强弱连接部位的平面连接；优化外挑 8m 平台的结构布置，使之更为简单、合理；住宅楼宜优化梁布置，尽量避免楼面梁支承于连梁以及梁搭梁情况等。

结论：

建议根据结构方案评审表的主要结论以及会议纪要内容，进一步优化结构设计。

45 国家体育总局冬季运动中心综合训练馆项目

设计部门：国住人居工程顾问有限公司
主要设计人：娄霓、尤天直、范重

工 程 简 介

一、工程概况

本项目位于北京市，用地面积为 15439m²，总建筑面积为 33220m²，建成后将承担我国冬季运动的短道速滑、花样滑冰、冰壶等多个项目的训练竞赛及管理工作。本项目地下一层（局部两层），建筑功能为设备机房及汽车库，人防设置在地下一层，按平战结合考虑。地上六层，建筑功能为标准冰场（一层及三层北侧）、训练场地、办公、宿舍等，建筑平面总尺寸约 100m×81m。采用钢筋混凝土框架结构。

图 45-1 建筑效果图

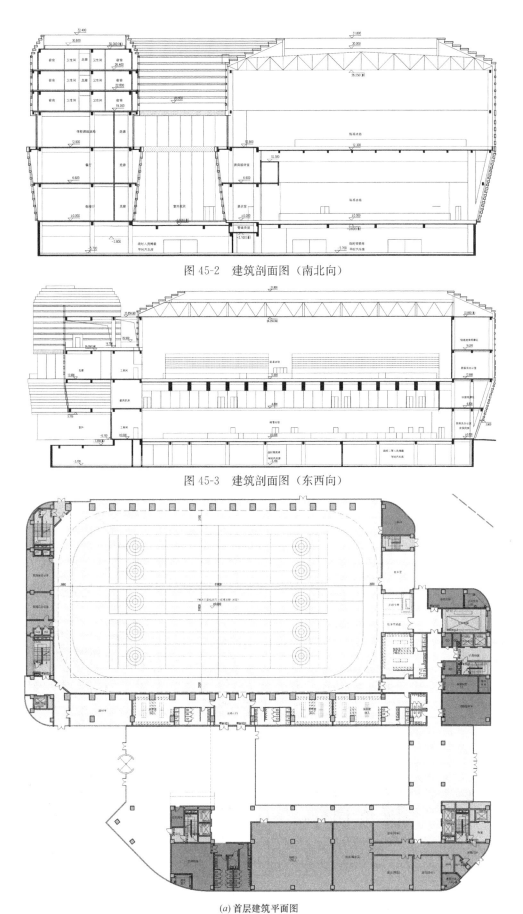

图 45-2　建筑剖面图（南北向）

图 45-3　建筑剖面图（东西向）

(a) 首层建筑平面图

图 45-4　建筑平面

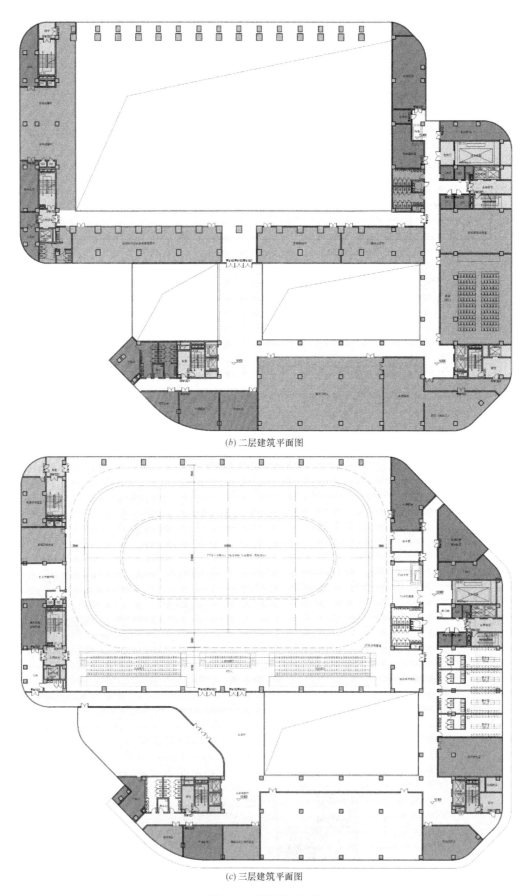

(b) 二层建筑平面图

(c) 三层建筑平面图

图 45-4　建筑平面（续）

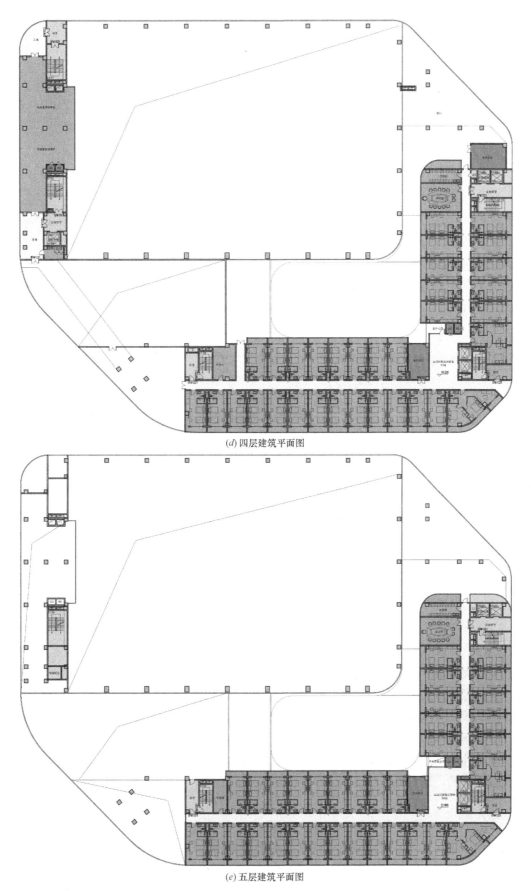

(d) 四层建筑平面图

(e) 五层建筑平面图

图 45-4 建筑平面（续）

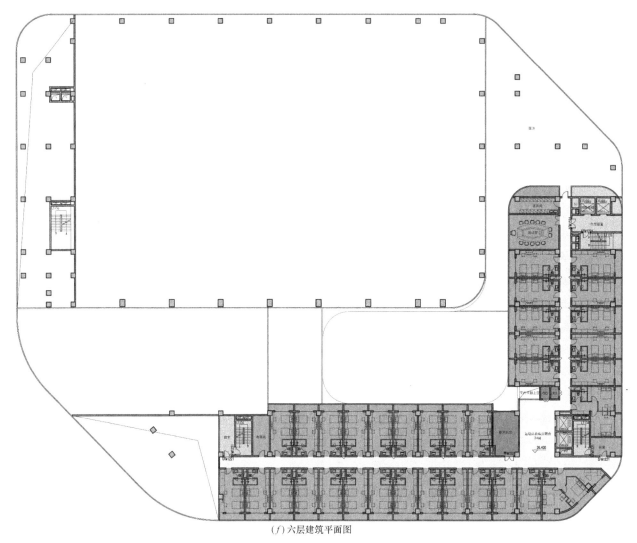

(f) 六层建筑平面图

图 45-4　建筑平面（续）

二、结构方案

本工程采用钢筋混凝土框架结构，大跨度冰场的框架采用型钢混凝土柱加钢梁混合结构，框架抗震等级均为一级。因建筑功能及立面要求，不设结构缝，在三层及六层形成较完整的结构楼层。柱截面尺寸主要为 800mm×800mm、700mm×1000mm、1200mm×1400mm，梁截面尺寸主要为 400mm×800mm、400mm×600mm。

结构平面尺寸约 100m×81m，针对结构超长补充温度应力计算分析，并设置膨胀加强带，连接部位钢筋双层双向配筋，适当提高配筋率。

三、地基基础方案

根据地勘报告建议，并结合结构受力特点，本工程采用天然地基上的梁板式筏形基础，筏板厚度为 500mm。

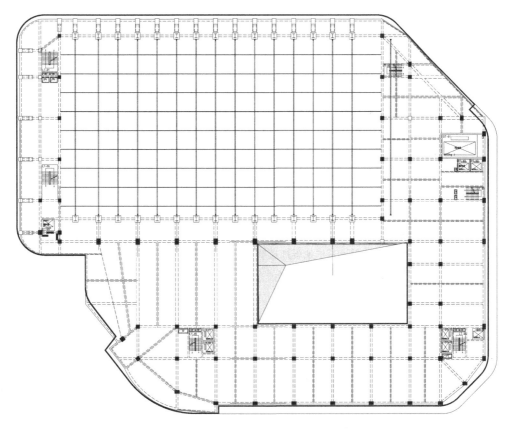

(a) 三层结构平面布置图

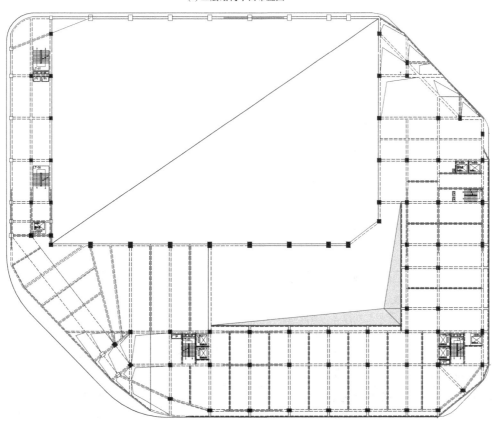

(b) 六层结构平面布置图

图 45-5　结构平面布置

结构方案评审表

结设质量表（2016）

项目名称	国家体育总局冬季运动中心综合训练馆项目	项目等级	A/B级□、非A/B级■
		设计号	10106

评审阶段	方案设计阶段□	初步设计阶段■	施工图设计阶段□

评审必备条件	部门内部方案讨论　有■　无□	统一技术条件　有■　无□

工程概况	建设地点：北京市	建筑功能　冰场、办公、宿舍
	层数(地上/地下)　6/2	高度(檐口高度)　31.8m
	建筑面积(m²)　3.3万	人防等级　核5级/核6级

主要控制参数	设计使用年限　50年
	结构安全等级　二级
	抗震设防烈度、设计基本地震加速度、设计地震分组、场地类别、特征周期 8度、0.20g、第二组、Ⅱ类、0.40s
	抗震设防类别　标准设防类
	主要经济指标

结构选型	结构类型　框架结构
	概念设计、结构布置　结构平面布置不规则、开大洞
	结构抗震等级　框架一级
	计算方法及计算程序　YJK/ETABS
	主要计算结果有无异常(如：周期、周期比、位移、位移比、剪重比、刚度比、楼层承载力突变等)位移比1.38
	伸缩缝、沉降缝、防震缝不设缝
	结构超长和大体积混凝土是否采取有效措施　是
	有无结构超限　有

基础选型	基础设计等级　乙级
	基础类型　筏板基础
	计算方法及计算程序　YJK
	防水、抗渗、抗浮
	沉降分析
	地基处理方案

新材料、新技术、难点等	

主要结论	与建筑协商按建筑功能将场馆与其他功能用房分开，应采用分塔分块模型，补充单榀单跨结构承载力分析，建议进行分缝与不分缝结构的方案比较分析。在宿舍区可结合竖向交通设置剪力墙，场馆可结合使用功能设置阻尼支撑等。补充时程分析，注意大跨结构的振动问题及舒适度问题，注意地铁影响，完善结构平面布置。注意连接的薄弱部位，注意V型柱复杂部位的应力分析，采取相应加强措施，明确传力路径，确保结构安全完善细部设计，如果不分缝应明确抗震性能目标，采取严格措施

工种负责人：娄霓	日期：2016.11.17	评审主持人：朱炳寅	日期：2016.11.17

注意：**1.** 评审申请时间：一般项目应在初步设计完成之前，无初步设计的项目在施工图1/2阶段。

　　2. 工种负责人、审核人必须参加评审会，审定人以及项目组其他人员应尽量参会。工种负责人负责项目组与会人员的通知事宜，在必要时可邀请建筑专业相关人员出席。

　　3. 评审后工种负责人应填写《结构方案评审意见回复表》，逐条回复《结构方案评审表》和《会议纪要》中提出的评审意见，并在签署齐全后归档。

会议纪要

2016 年 11 月 17 日

"国家体育总局冬季运动中心综合训练馆项目"初步设计阶段结构方案评审会

评审人： 谢定南、罗宏渊、王金祥、尤天直、徐琳、范重、朱炳寅、张亚东、胡纯炀、彭永宏、王大庆

主持人： 朱炳寅　**记录：** 王大庆

介　绍： 刘长松、娄霓

结构方案：本工程地下 1 层（局部两层），地上 6 层，高度 31.8m。未设缝，主体结构采用混凝土框架结构，冰场大跨度框架采用型钢混凝土框架柱＋钢框架梁，冰场屋顶采用钢桁架结构。本工程存在扭转位移比超过 1.2、楼板不连续、刚度突变和偏心、局部转换、V 形柱、斜柱等多项不规则。

地基基础方案：采用天然地基上的梁板式筏形基础。无抗浮问题。

评审：

1. 细化结构不规则情况的判别及其应对措施，以报请超限审查。

2. 本工程将大小相差悬殊、功能联系不强的空间糅合在一起，导致结构出现多种不规则情况，建议与建筑专业协商，按建筑功能将场馆与其他功能用房分开；并进行分缝与不分缝结构的多方案比较分析，宿舍区可结合竖向交通设置剪力墙，场馆可结合使用功能设置阻尼、支撑等；如果不分缝，应明确抗震性能目标，采取严格措施。

3. 优化结构方案，完善结构布置和细部设计，明确传力路径，以确保结构安全，例如：注意有效加强连接薄弱部位（尤其是角部弱连接），适当加强完整楼层；注意 V 形柱等复杂部位的应力分析，采取相应加强措施；注意 V 形柱、斜柱的水平力处理问题；边框架开口处补设框架梁；完善屋顶钢结构的支撑体系；优化构件设计等。

4. 针对结构不规则情况，进行相应的计算分析，例如：应采用分塔与分块计算模型，补充单榀、单跨结构承载力分析，补充时程分析，补充零刚度板模型计算分析等。

5. 注意大跨度结构的振动问题及舒适度问题，注意地铁影响问题，提请甲方明确相关要求并注意场馆功能互换的经济合理性问题。

6. 大跨度结构应考虑竖向地震作用。

7. 本工程设有斜交抗侧力构件，应补充最不利方向、斜交抗侧力构件方向等多方向地震作用计算。

8. 框架结构的楼梯间四角加设框架柱，使楼梯间形成封闭框架。

9. 提请建筑专业共同关注高大填充墙的稳定问题。

结论：

建议根据结构方案评审表的主要结论以及会议纪要内容，进一步优化结构设计。

46　团泊血液病研究中心项目

设计部门：范重结构设计工作室
主要设计人：朱丹、刘学林、胡纯炀、许庆、朱炳寅、范重、陈巍、刘家名

工 程 简 介

一、工程概况

本项目位于天津市，总用地面积为 90874.8m²，总建筑面积为 164320m²，规划总病床数 1000 张。

本次建设工程包括 10 层研究中心（1 号楼、高 49.0m）、17 层研究中心（2 号楼、高 77.0m）、5 层行政办公教学楼（高 27.1m）、3 层放射医学楼（高 17.5m）、3 层研究中心综合楼（高 17.5m）、1 层会议中心、污水处理站（地下构筑物、深约 5.0m）、门卫室、液氧罐，设有 3 层地下室，深约 14.0m。

图 46-1　建筑效果图

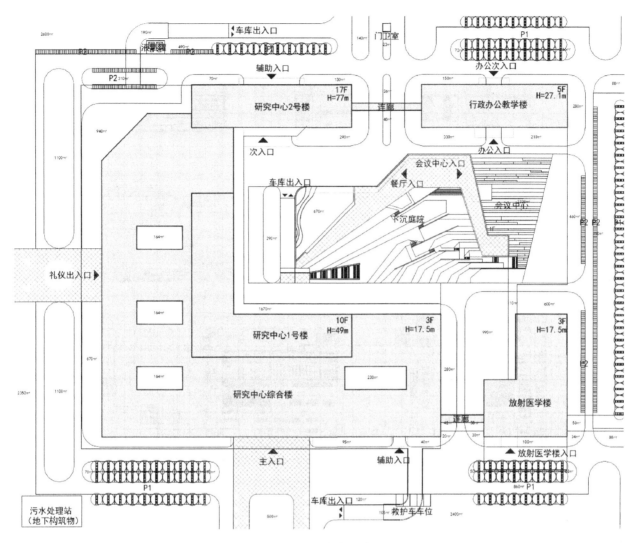

图 46-2　总平面图

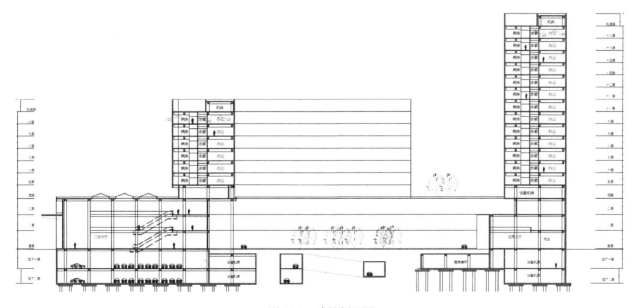

图 46-3　建筑剖面图

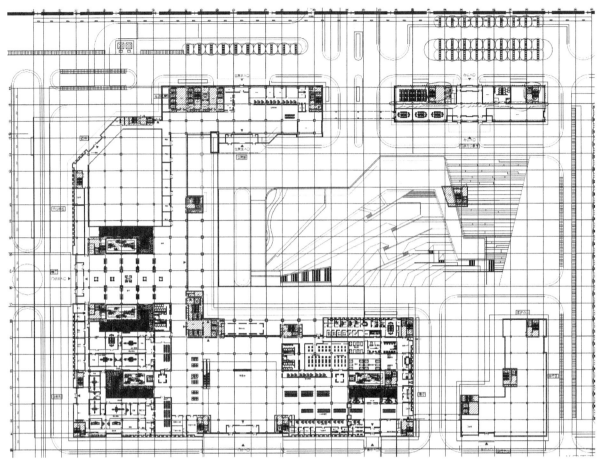

图 46-4 首层建筑平面图

图 46-5 1 号楼标准层建筑平面图

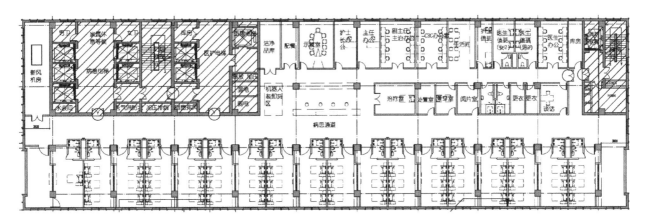

图 46-6　2 号楼标准层建筑平面图

二、结构方案

1. 研究中心综合楼和 1 号楼

研究中心综合楼和 1 号楼具有以下结构设计难点：

1）建筑平面呈 L 形，两个方向的长度均超过 160m，且立面效果与建筑功能要求不设结构缝，属于超长结构，温度应力较大。

2）建筑功能要求 1 号楼偏置于大底盘一侧，结构容易产生扭转。

3）结构竖向收进明显，侧向刚度突变较大。

从以上技术难点出发，对全混凝土结构方案与全钢结构方案进行了比较，全钢结构方案由于体量较大，造价较高，予以舍弃。全混凝土结构方案与下部混凝土＋上部钢结构方案进行技术与经济比较：

技术指标比较

项目	全混凝土结构方案	下部混凝土结构＋上部钢结构
层间位移角限值	1/800	1/300
上部框架柱截面	800×800	□600×600×30
下部框架柱截面	1200×1200（支撑一号楼部分柱）/800×800（其他综合楼柱）	1000×1000（支撑一号楼部分柱）/700×700（其他综合楼柱）
上部嵌固层	需要采取特殊加强措施	结构延性好
对建筑功能影响	较大	较小
抗震性能评价	较差	较好

经济指标比较

钢结构方案变化量		地下室	地上三层及以下	地上三层以上
混凝土（m³）	柱	−804.77	−981.70	−2052.00
	剪力墙	−84.57	−142.26	−1035.04
	梁	0	0	−2345.60
	板	0	0	−427.60
钢材（t）	型钢	0	+113.10	+2542.40
桩（根）	桩	−52		

钢结构方案造价变化(万元)		
混凝	柱	−959.62
	剪力墙	−277.61
	梁	−539.49
	板	−76.97
钢材	型钢	+2124.40
桩		−130.00
总计		+140.72

可以看出，与全混凝土结构方案相比，下部混凝土＋上部钢结构方案具有更好的抗震性能与结构合理性，受力明确，可靠性高；下部混凝土＋上部钢结构方案的构件截面尺寸较小，可以有效增加建筑使用面积与空间；由于钢结构部分占总建筑面积较小（12.28%），下部混凝土＋上部钢结构方案与全混凝土结构方案总体造价相当，且钢结构工业化程度高，施工安装周期更短。

在钢结构的各类抗侧力体系中，对常用的三类：阻尼墙、防屈曲支撑及钢板剪力墙进行了比较：

钢结构抗侧力构件技术经济比较

项目	阻尼墙	防屈曲支撑	带肋钢板墙(防屈曲)	备注
对边缘构件刚度要求	高	低	低	
对边缘构件尺寸要求	低	高	低	钢板墙可设门洞
墙厚/尺寸	中	大	小	
参数可控性	较差	较好	较好	
耐久性(免维护)	较差	较好	较好	
造价	较高	较高	较低	

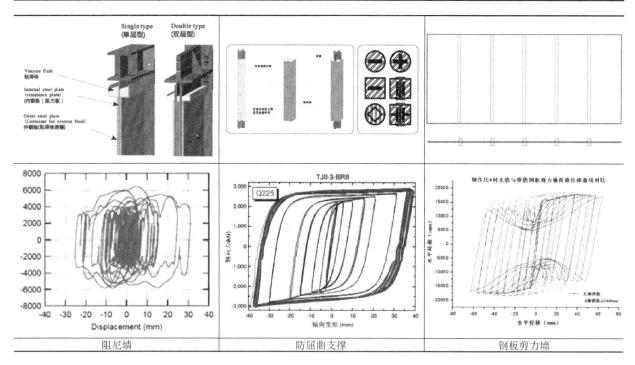

阻尼墙	防屈曲支撑	钢板剪力墙

在钢结构各类抗侧力体系比选中，带肋钢板剪力墙在各项技术经济指标方面均优于阻尼墙与防屈曲支撑。综合上述各项因素，采用下部混凝土框架-剪力墙＋上部钢框架-钢板剪力墙结构。

研究中心综合楼采用现浇钢筋混凝土框架-剪力墙结构，在楼、电梯间及建筑上、下贯通隔墙位置设置剪力墙，同时为减小墙体刚度对混凝土收缩和温度应力的影响，尽量少设沿结构纵向的剪力墙。楼盖采用现浇钢筋混凝土主梁＋大板结构，标准柱网为 8m×8m，板厚为 200mm（地下室及二层、三层）和 250mm（屋顶）。屋顶 3×3 跨大跨玻璃屋面处采用井字梁结构。竖向构件的混凝土强度等级为 C50，梁、板的混凝土强度等级为 C35。主要构件的截面尺寸如下表：

构件类别	位置	尺寸	备注
剪力墙	地下室及F1	400~500mm	
	F2~F3	400mm	
框架柱		1000×1000	1号楼范围内框架柱
		700×700	
框架梁	地下室、F2~F3	400×800	
		300×600	悬挑封边梁
		400×900	悬挑梁
	屋面	500×1000	
		300×600	悬挑封边梁
		500×1100	悬挑梁
		600×1200	大跨玻璃屋面处主梁

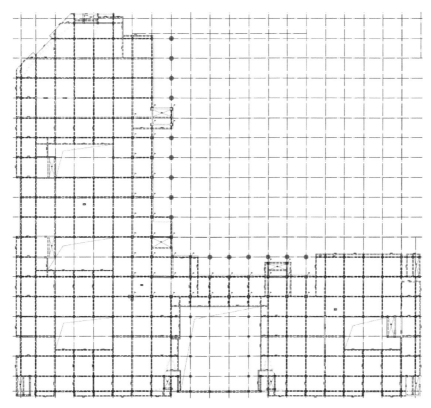

图 46-7 研究中心综合楼二层、三层结构平面布置图

研究中心 1 号楼采用钢框架-钢板剪力墙结构，利用楼、电梯间设置钢板剪力墙，厚度为 12mm，充分利用竖向交通核，避免出现下部转换。楼盖采用设置一道钢次梁的现浇钢筋混凝土楼盖，标准柱网为 8m×8m，楼板厚度为 130mm。钢板剪力墙的钢材强度等级为 Q235，梁、柱的钢材强度等级为 Q345，楼板的混凝土强度等级为 C35。

2. 研究中心 2 号楼

2 号楼长约 80m、宽约 24.7m，房屋高度约 77m，四层以上南侧悬挑 2m。采用现浇钢筋混凝土框架-剪力墙结构，在楼、电梯间设置剪力墙，充分利用竖向交通核，剪力墙的最大间距为 36m。考虑到卫生间不降板、楼板开洞较小，楼盖采用现浇钢筋混凝土主梁+大板结构，柱网为 8m×8m、8m×6m，板厚为 180mm 和 150mm，悬挑部分的板厚取 130mm。为避免核心筒偏置导致结构扭转，尽量弱化不对称部分的筒体墙体。

284

钢梁编号	h	b	t_w	t_f	备注
GKL1	800	400	16	30	悬挑处钢梁主梁
GKL2	600	300	12	20	非悬挑处钢梁主梁
GKL3	700	350	16	30	钢板剪力墙边框梁
L1	450	200	10	14	钢次梁
L2	400	200	10	14	封边钢梁

钢柱编号	B	H	t	备注
GKZ1	600	600	60	角部钢框架柱
GKZ2	600	600	40	悬挑侧钢框架柱
GKZ3	600	600	30	中部钢框架柱
GKZ4	600	600	30	剪力墙边框柱

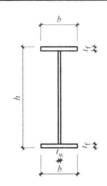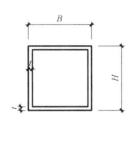

图 46-8　钢框架梁、柱截面尺寸

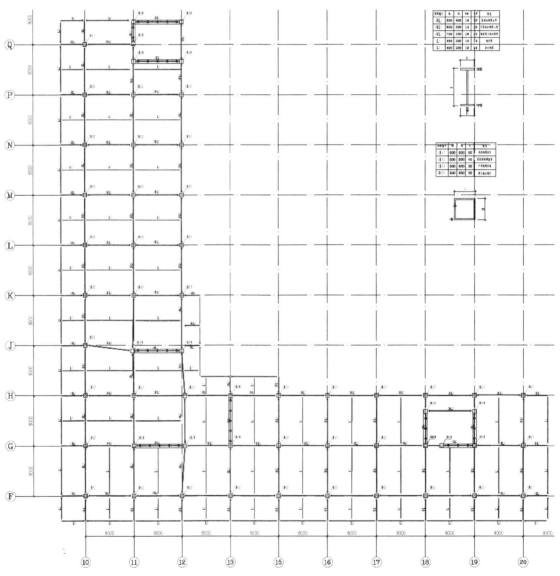

图 46-9　研究中心 1 号楼标准层结构平面布置图

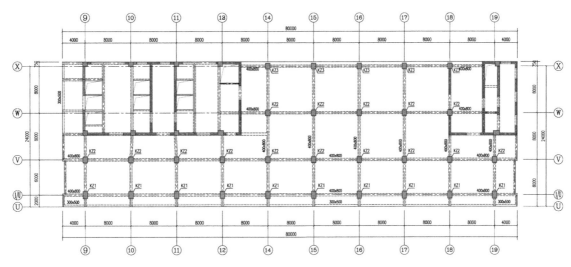

图 46-10　研究中心 2 号楼标准层结构平面布置图

三、地基基础方案

根据地勘报告建议，并结合天津当地实际工程经验，本工程采用桩筏基础及桩基、承台＋防水板，基桩采用钻孔灌注桩（采用后注浆工艺）及预制管桩，1 号楼主塔楼的筏板厚度为 1000mm，2 号楼的筏板厚度为 1200mm，其余部位为防水板，厚度为 500mm 或 600mm。

桩径(mm)	桩型	桩长(m)	持力层	极限承载力(kN)
800	灌注桩	45	13-1 粉质黏土	7000(抗压)
600	灌注桩	36	11-5 粉质黏土	4100(抗压)
400	预制管桩	15	6-3 粉土	800(抗压)
600	灌注桩	27	11-2 粉质黏土	2100(抗拔)

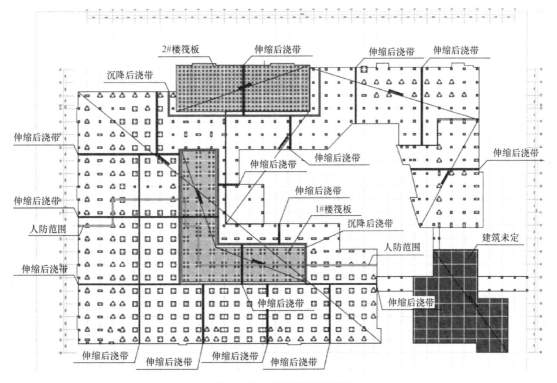

图 46-11　基础平面布置图

结构方案评审表

结设质量表（2016）

项目名称	团泊血液病研究中心项目		项目等级	A/B 级□、非 A/B 级■
			设计号	
评审阶段	方案设计阶段□	初步设计阶段□		施工图设计阶段■
评审必备条件	部门内部方案讨论　有■　无□		统一技术条件　有■　无□	
工程概况	建设地点：天津市		建筑功能：医疗建筑及其配套	
	层数（地上/地下）　1 号 11/2,2 号 18/2		高度（檐口高度）：最高 77m	
	建筑面积（m²）：16.43 万		人防等级：五级	
主要控制参数	设计使用年限：50 年			
	结构安全等级：二级			
	抗震设防烈度、设计基本地震加速度、设计地震分组、场地类别、特征周期 7 度、0.15g、第二组、Ⅲ类、0.55s			
	抗震设防类别：医疗建筑为重点设防类、配套建筑为标准设防类			
	主要经济指标			
	1 号综合楼、2 号住院楼：柱截面 1000×1200～箱形 600×600、墙体 500～350mm。			
结构选型	结构类型　1 号综合楼、2 号住院楼为框架剪力墙结构，附属建筑为框架结构。			
	概念设计、结构布置：超长结构尽量避免剪力墙设置在端部			
	结构抗震等级：1 号综合楼框架二级、剪力墙一级；2 号综合楼框架一级、剪力墙一级			
	计算方法及计算程序：YJK			
	主要计算结果有无异常（如：周期、周期比、位移、位移比、剪重比、刚度比、楼层承载力突变等）			
	伸缩缝、沉降缝、防震缝：1 号楼和 2 号楼之间设置抗震缝，缝宽度为 150mm			
	结构超长和大体积混凝土是否采取有效措施：超长结构计算温度应力			
	有无结构超限：1 号楼超限，其余建筑不超限			
基础选型	基础设计等级：甲级			
	基础类型：筏板基础			
	计算方法及计算程序：YJK			
	防水、抗渗、抗浮：局部单层地下室存在抗浮设计			
	沉降分析：最大沉降量为 37.5mm 左右			
	地基处理方案：无			
新材料、新技术、难点等	1 号楼采用底部框架剪力墙结构，上部采用钢板剪力墙结构。1 号楼裙房整体及与主塔楼之间不设缝，结构总平面尺寸为 L 形 170m×60m，大体积混凝土温度应力问题			
主要结论	明确抗震设防类别、注意连廊、优化基础形式及布置、建议细化结构方案比较、补充 1 号楼大底盘顶结构倾覆力矩比计算、细化主要抗侧力构件布置、减小大底盘结构的实际扭转、细化弹塑性时程分析、乙类建筑连廊应采用性能化设计方法、与超限审查专家沟通、建议三层裙房可设置连梁阻尼器，结构形式为减震结构。钢板剪力墙宜延伸至地下室			
工种负责人：朱丹、刘学林	日期：2016.11.17	评审主持人：朱炳寅		日期：2016.11.17

注意：1. 评审申请时间：一般项目应在初步设计完成之前，无初步设计的项目在施工图 1/2 阶段。

　　　2. 工种负责人、审核人必须参加评审会，审定人以及项目组其他人员应尽量参会。工种负责人负责项目组与会人员的通知事宜，在必要时可邀请建筑专业相关人员出席。

　　　3. 评审后工种负责人应填写《结构方案评审意见回复表》，逐条回复《结构方案评审表》和《会议纪要》中提出的评审意见，并在签署齐全后归档。

会议纪要

2016 年 11 月 17 日

"团泊血液病研究中心项目"施工图设计阶段结构方案评审会

评审人：谢定南、罗宏渊、王金祥、尤天直、徐琳、范重、朱炳寅、张亚东、胡纯炀、彭永宏、王大庆

主持人：朱炳寅　记录：王大庆

介　绍：朱丹、刘学林

结构方案：本工程设 1~2 层大地下室，地上分为 1 号楼、2 号楼、放射医学楼、行政办公教学楼等主要结构单元，1 号楼裙房与放射医学楼之间、2 号楼与行政办公教学楼之间设有与两侧主体结构脱开的连廊。1 号楼主楼（10层）、裙房（3 层）的平面均呈 L 形，两方向的平面长度均达 160m，且塔楼偏置于裙房凹角一侧；应建设方要求，不设结构缝；为解决塔楼偏置问题，3 层以下采用混凝土框架-剪力墙结构，3 层以上采用钢框架-钢板剪力墙结构。2 号楼（17 层）采用混凝土框架-剪力墙结构。放射医学楼（3 层）、行政办公教学楼（5 层）采用混凝土框架结构。针对不规则情况，进行抗震性能化设计。超长结构进行温度应力分析，采取相应措施。

地基基础方案：1 号楼主楼、2 号楼采用桩筏基础，其他部位采用桩基、承台＋防水板，桩型为后注浆钻孔灌注桩。液氧罐间采用预制桩。地下水位高，抗浮不足部位采用抗拔桩。

评审：

1. 推敲并明确建筑抗震设防类别。连廊连接两座乙类建筑，其抗震设防类别应定为乙类。乙类建筑连廊设计应采用抗震性能化设计方法。

2. 优化基础型式及布置；1 号楼主楼、2 号楼优先考虑柱、墙下集中布桩，采用变厚度筏板（1 号楼主楼层数不多，宜比较采用桩基、承台＋防水板的可能性）；液氧罐间宜改用灌注桩，减少桩型。

3. 细化 1 号楼的结构方案比选。

4. 1 号楼偏心收进幅度大，且收进部位上、下采用不同结构，应采取措施减小收进处结构侧向刚度的变化，补充1 号楼大底盘顶结构倾覆力矩比计算，细化弹塑性时程分析，钢板剪力墙宜延伸至地下室，上部收进结构底层宜参照结构底部嵌固层采取加强措施。

5. 1 号楼框架部分的倾覆力矩比偏大，剪力墙偏少，应优化主要抗侧力构件布置，建议温度应力较小部位设置围合墙，端部设置横墙，以减小裙房大底盘结构的实际扭转。

6. 与超限审查专家沟通，建议 1 号楼的三层裙房可设置连梁阻尼器，结构型式为减震结构。

7. 优化结构布置和构件截面尺寸，注意重点部位加强和细部处理。

8. 框架结构的楼梯间四角加设框架柱，使楼梯间形成封闭框架。

结论：

建议根据结构方案评审表的主要结论以及会议纪要内容，进一步优化结构设计。

47　2019年中国北京世界园艺博览会中国馆

设计部门：第二工程设计研究院
主要设计人：张淮湧、何相宇、曹永超、施泓、朱炳寅

工程简介

一、工程概况

项目位于北京市延庆县，用地面积为47993m²，总建筑面积为24562m²。项目由序厅、展厅、多功能厅、办公、贵宾接待、观景平台、地下人防库房、设备机房、室外梯田等构成。展厅以展示中国园艺为主，中国馆按总展览面积属于中型展览建筑。地下一层，建筑面积为4713m²，局部设置常六级人防物资库。地上两层，屋顶构架最高处高度为28m，建筑面积为19849m²。

图47-1　建筑效果图

二、结构方案

1. 钢筋混凝土主体结构

本工程地下一层、地上两层，结构平面整体呈半圆形，左、右对称。主体结构采用现浇钢筋混凝土框架-剪力墙结构，利用建筑竖向交通和外围挡墙，设置钢筋混凝土剪力墙，形成主要抗侧力构件。局部的大跨度空间采用钢骨混凝土梁、柱，提高结构承载力，以满足大跨度空间要求。框架柱以φ900mm、900mm×900mm为主，框架梁以300mm×600mm、400mm×800mm、500mm×1000mm、500mm×1200mm、500mm×2000mm为主。

2. 屋盖钢结构

屋盖采用沿建筑环向布置的多榀三角形钢桁架结构，在满足结构受力的基础上与建筑造型融为一体。钢屋架支承在标高10.000m的混凝土柱顶或梁顶。钢屋架三铰拱上弦设置横向支撑，保证受压弦杆的稳定；下弦依据建筑造型设置侧向支撑，保证下弦稳定。结合建筑造型，在屋盖上弦、下弦平面的部分区域设置水平支撑，保证屋盖的整体稳定。杆件采用以400mm×400mm×25mm、300mm×300mm×20mm、200mm×200mm×20mm为主的方钢管。

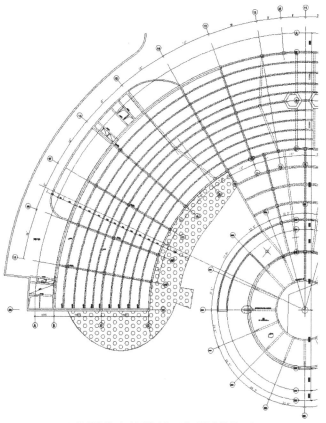

(a) 首层结构平面布置图(仅示出对称结构的一半)

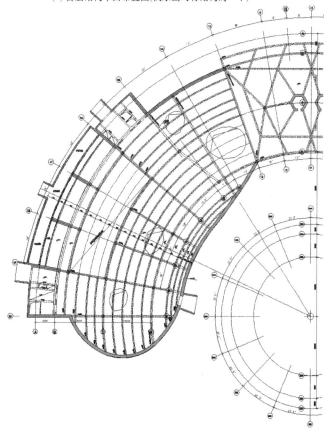

(b) 二层结构平面布置图(仅示出对称结构的一半)

图 47-2　结构平面布置

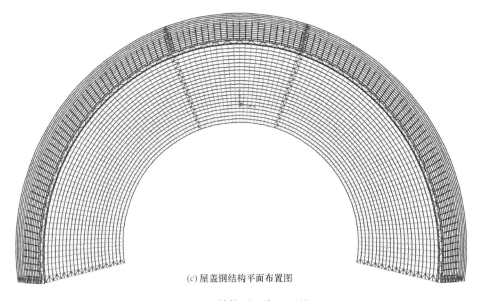

(c) 屋盖钢结构平面布置图

图 47-2　结构平面布置（续）

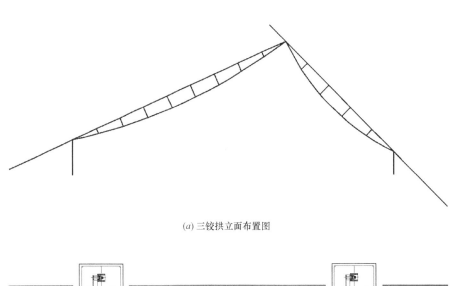

(a) 三铰拱立面布置图

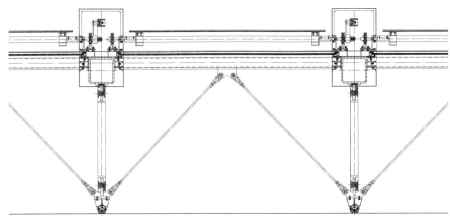

(b) 三铰拱下弦支撑示意图

图 47-3　三铰拱示意图

三、地基基础方案

目前地勘资料不完善。根据初步地勘资料并结合工程实际情况，拟采用桩基础。

结构方案评审表

项目名称	2019 年中国北京世界园艺博览会中国馆	项目等级	A/B 级□、非 A/B 级■
		设计号	16250

评审阶段	方案设计阶段□	初步设计阶段■	施工图设计阶段□
评审必备条件	部门内部方案讨论　　有■　无□		统一技术条件　　有■　无□

工程概况	建设地点:北京市	建筑功能:园艺展览、办公
	层数(地上/地下):2/1	高度:21m(屋脊高度)
	建筑面积(m²):2.4562 万	人防等级:常六物资库

主要控制参数	设计使用年限:50 年
	结构安全等级:二级
	抗震设防烈度、设计基本地震加速度、设计地震分组、场地类别、特征周期 8 度、0.2g、第二组、Ⅲ类、0.45s
	抗震设防类别:重点设防类
	主要经济指标:经济合理

结构选型	结构类型:框架-剪力墙
	概念设计、结构布置:
	结构抗震等级:框架二级,剪力墙一级
	计算方法及计算程序:YJK、SAP2000、ANSYS
	主要计算结果有无异常(如:周期、周期比、位移、位移比、剪重比、刚度比、楼层承载力突变等):位移比大于 1.2
	伸缩缝、沉降缝、防震缝:无
	结构超长和大体积混凝土是否采取有效措施:超长部分设置后浇带
	有无结构超限:无

基础选型	基础设计等级:二级
	基础类型:桩基础
	计算方法及计算程序:YJK
	防水、抗渗、抗浮
	沉降分析

新材料、新技术、难点等	

主要结论	工程体形复杂,应明确水平及竖向传力体系,大屋盖结构应设置有效的纵向支撑体系、横向为三铰拱结构,应注意柱顶铰水平推力及柱顶变形对铰拱受力的影响。建议结合屋脊纵向支撑,将屋脊铰接改为刚接,纵向混凝土柱顶设环向大梁。树形柱区域调整优化结构布置,明确竖向及横向传力体系(承载力分析),整体控制指标应考虑空间作用。注意深厚填土对首层地面沿降的影响。注意温度应力问题。注意堆土对工程地震作用的影响,优化构件设计

工种负责人:张淮涌　何相宇　曹永超	日期:2016.11.18	评审主持人:朱炳寅	日期:2016.11.18

注意: 1. 评审申请时间:一般项目应在初步设计完成之前,无初步设计的项目在施工图 1/2 阶段。

2. 工种负责人、审核人必须参加评审会,审定人以及项目组其他人员应尽量参会。工种负责人负责项目组与会人员的通知事宜,在必要时可邀请建筑专业相关人员出席。

3. 评审后工种负责人应填写《结构方案评审意见回复表》,逐条回复《结构方案评审表》和《会议纪要》中提出的评审意见,并在签署齐全后归档。

会议纪要

2016 年 11 月 18 日

"2019 年中国北京世界园艺博览会中国馆"初步设计阶段结构方案评审会

评审人：谢定南、罗宏渊、王金祥、朱炳寅、张亚东、彭永宏、王大庆

主持人：朱炳寅　　记录：王大庆

介　绍：曹永超、何相宇

结构方案：本工程地下一层、地上两层，平面呈半圆弧形。主体结构采用混凝土框架-剪力墙结构，房屋中部设置树形柱，屋盖钢结构为三铰人字形结构（三铰拱结构），支承于混凝土柱顶。

地基基础方案：暂无地勘报告。工程位于深厚填土，拟采用柱基础。

评审：

1. 工程位于深厚填土，应注意堆土对本工程地震作用的影响，注意深厚填土对首层地面沉降的影响。

2. 本工程体型复杂，应明确水平及竖向传力体系；大屋盖结构应设置有效的纵向、横向支撑体系，横向为三铰拱结构（三铰人字形结构），应注意柱顶铰水平推力及柱顶变形对铰拱受力的影响；建议结合屋脊纵向支撑，设置立体桁架，将屋脊铰接改为刚接，纵向混凝土柱顶设置环向大梁，加强各榀结构的连接。

3. 树形柱区域应调整、优化结构布置，明确竖向及水平传力体系（承载力分析），整体控制指标应考虑空间作用，注意明确"树枝"支承点位置。

4. 细化结构计算分析，使计算模型符合结构的实际工作状况，确保分析结果合理、有效。

5. 结构超长，应注意温度应力控制问题，补充温度应力分析，相应采取可靠措施。

6. 工程平面呈半圆弧形，应补充最不利方向及多方向地震作用计算。

7. 悬挑水池外壁设置扶壁柱，与悬挑梁形成 Γ 形结构，并加强环梁。

8. 优化构件设计。

结论：

建议根据结构方案评审表的主要结论以及会议纪要内容，进一步优化结构设计。

48 龙岩北站公交枢纽

设计部门：第二工程设计研究院
主要设计人：曹清、陈越、王金、施泓、朱炳寅、党杰

工 程 简 介

一、工程概况

本项目位于福建省龙岩市。本次设计范围为 A2、A3、A5 地块的地上、地下综合开发，A2 地块为长途客运站，A3 地块为站前广场，A5 地块为公交首末站，总建筑面积约 9 万 m²。三地块分设两层地下室，均为满堂地下车库，地下二层局部设核六级人员掩蔽部。A2、A5 地块地上 7 层，逐层退台。A3 地块为纯地下室。各地块概况如下表：

	A2	A3	A5		
建筑高度(m)	32	0	32	人防范围	地下二层
建筑层数(地上/地下)	7/2	0/2	7/2	人防防护类别	甲类
主楼结构形式	框架-剪力墙结构	框架结构	框架-剪力墙结构	人防抗力级别	常 6 级
基础形式	变厚度筏板基础	变厚度筏板基础	变厚度筏板基础		
抗震等级	地下一及以上 / 框架三级 剪力墙三级	四级	地下一及以上 / 框架三级 剪力墙三级		
	地下二 / 框架四级 剪力墙四级		地下二 / 框架四级 剪力墙四级		
结构超限情况	不超限	不超限	不超限		

图 48-1 鸟瞰图

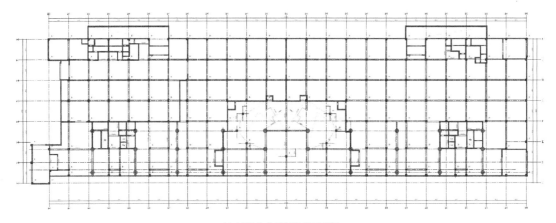

(a) A3地块典型层建筑平面图

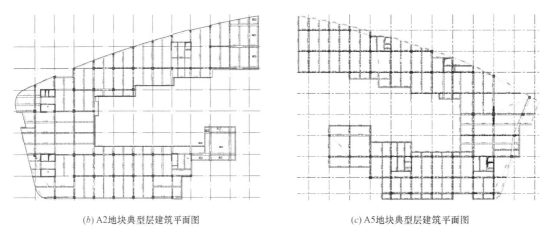

(b) A2地块典型层建筑平面图

(c) A5地块典型层建筑平面图

图 48-2　地块建筑平面图

二、结构方案

1. A2、A5 地块

1）A2、A5 地块采用现浇钢筋混凝土框架-剪力墙结构，局部的竖向构件不连续，主要结构特点为：

（1）层层退台

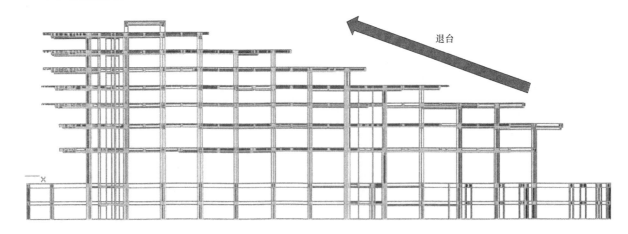

(a) A2地块结构模型剖面图

图 48-3　地块结构模型剖面图

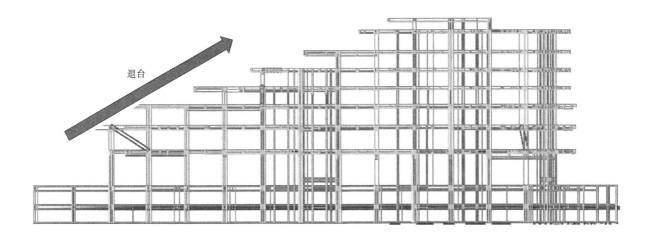

(b) A5地块结构模型剖面图

图 48-3　地块结构模型剖面图（续）

（2）楼板不连续

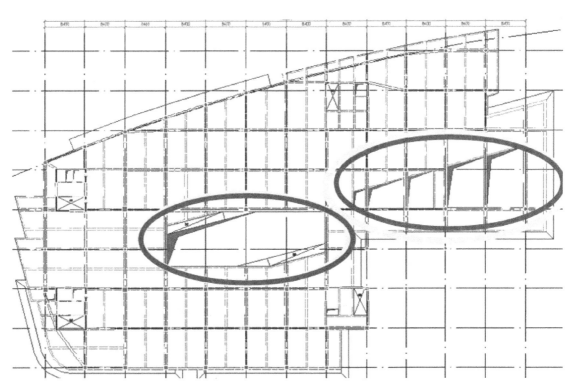

(a) A2地块三层结构平面布置图

图 48-4　地块三层结构平面布置图

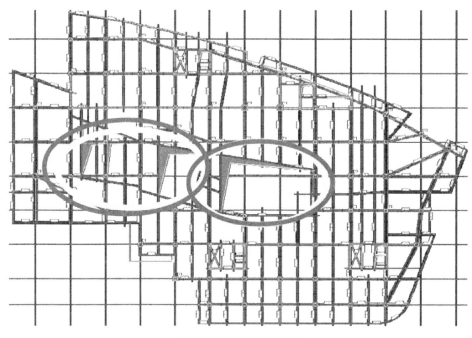

(b) A5地块三层结构平面布置图

图 48-4　地块三层结构平面布置图（续）

（3）凹凸不规则

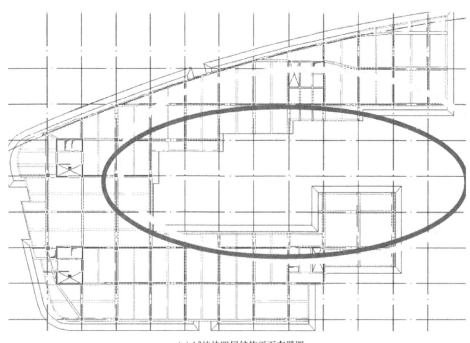

(a) A2地块四层结构平面布置图

图 48-5　地块四层结构平面布置图

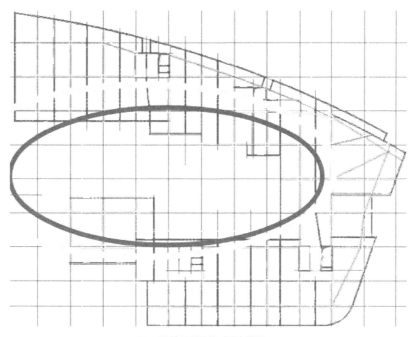

(b) A5地块四层结构平面布置图

图 48-5 地块四层结构平面布置图（续）

针对以上结构特点，采取以下措施，保证结构安全性：

（1）合理布置剪力墙，控制结构扭转。由于高区楼板面积大，且外侧悬挑多，造成高区质量集中，位移较大，故高区剪力墙布置较集中。剪力墙间距满足规范要求。

（2）凹凸不规则形成的弱连接区域的楼板按弹性膜模拟，并进行楼板应力分析，增加弱连接楼板的厚度及配筋率。对于开洞造成的弱连接区域，通过构造措施来增强弱连接楼板的厚度及配筋率。

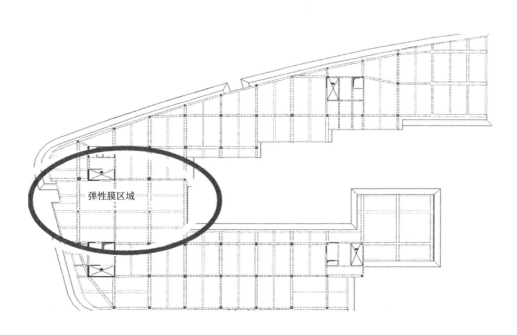

图 48-6 弱连接部位弹性膜计算示意图

（3）结构计算指标按整体模型控制；补充分体模型承载力分析，在连接薄弱处将结构分为两部分，与整体模型包络设计。

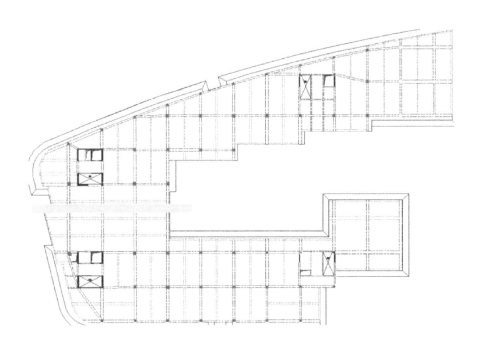

图 48-7　弱连接部位分体计算示意图

2）A5 地块特殊点

（1）A5 地块的首层为公交枢纽，汽车道部位框架柱无法贯通，采用三角撑方案进行竖向构件转换，并对三角撑所在部位进行单榀分析计算。

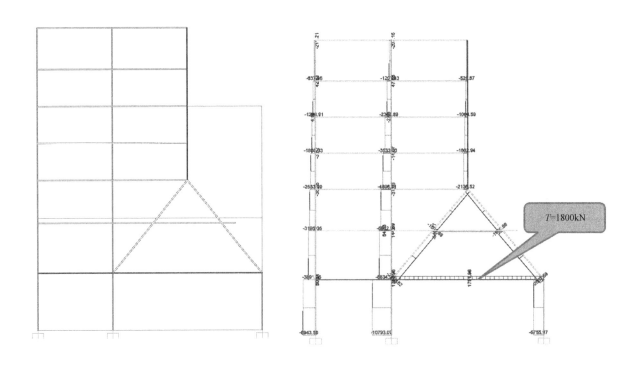

图 48-8　A5 地块三角撑立面布置图　　　　图 48-9　A5 地块三角撑单榀计算结果简图

（2）针对 A5 地块的不规则项，进行抗震性能化设计，抗震性能目标如下表：

设防水准	多遇地震	设防烈度	罕遇地震
转换斜柱、转换梁	满足弹性，抗震等级提高一级	受剪承载力满足弹性设计要求；正截面承载力满足弹性设计要求	承载力满足不屈服设计要求
5m 以上大悬挑梁以及支撑其竖向构件(斜撑及框架柱)	满足弹性	受剪承载力满足弹性设计要求；正截面承载力满足不屈服设计要求(考虑竖向地震)	竖向构件抗剪截面要求；斜撑悬挑梁按大震验算拉力

2. A3 地块

A3 地块为纯地下室，采用现浇钢筋混凝土框架结构，柱距为 8.4m。楼盖采用现浇钢筋混凝土主梁＋大板结构。每隔 30～40m 设置后浇带。

三、地基基础方案

根据地勘报告，各地块均采用天然地基上的变厚度筏板基础，地基持力层为 2 层含砾粉质黏土。本项目的抗浮设防水位较高，为 −0.50m，A2、A5 地块的低层部分及 A3 地块采用抗拔桩解决抗浮问题。

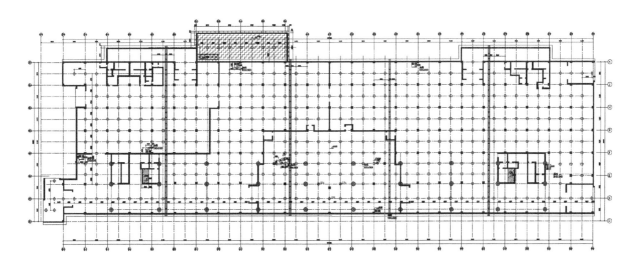

图 48-10　A3 地块基础平面布置图

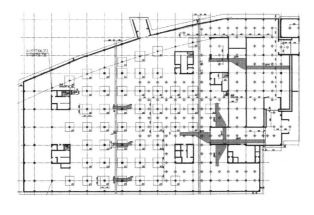

图 48-11　A2 地块基础平面布置图

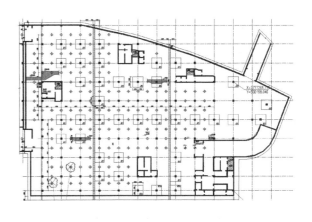

图 48-12　A5 地块基础平面布置图

结构方案评审表

结设质量表（2016）

项目名称	龙岩北站公交枢纽	项目等级	A/B级□、非A/B级■
		设计号	15236

评审阶段	方案设计阶段□	初步设计阶段□	施工图设计阶段■
评审必备条件	部门内部方案讨论　有■　无□		统一技术条件　有■　无□

工程概况	建设地点：龙岩市	建筑功能：汽车站及商业配套
	层数（地上/地下）：7/2（A2、A5）、0/2（A3）	高度（檐口高度）：32m（A2、A5）
	建筑面积（m²）：3.24万	人防等级：常六级

主要控制参数	设计使用年限：50年
	结构安全等级：二级
	抗震设防烈度、设计基本地震加速度、设计地震分组、场地类别、特征周期 6度、0.05g、第二组、Ⅱ类、0.40s
	抗震设防类别：标准设防类
	主要经济指标

结构选型	结构类型：A2、A5钢筋混凝土框架-剪力墙；A3钢筋混凝土框架
	概念设计、结构布置：
	结构抗震等级：A2、A5剪力墙三级，框架四级，关键构件　剪力墙二级，框架三级
	计算方法及计算程序：盈建科（YJK）、PKPM-SATWE
	主要计算结果有无异常（如：周期、周期比、位移、位移比、剪重比、刚度比、楼层承载力突变等）： A5位移比大于1.2
	伸缩缝、沉降缝、防震缝：有
	结构超长和大体积混凝土是否采取有效措施：超长部分设置后浇带
	有无结构超限：无

基础选型	基础设计等级：乙级
	基础类型：筏板基础，局部设置抗拔桩
	计算方法及计算程序：盈建科（YJK）、JCCAD
	防水、抗渗、抗浮
	沉降分析

新材料、新技术、难点等	

主要结论	3号楼中部洞口边楼盖结构布置优化，2号、5号楼细化后浇带设置，补上市政柱下基础，与结构各层相互关系应明确，补充单榀结构分析，补充时程分析，大跨大悬挑注意挠度问题。补充C形平面中间剖开模型，注意施工模拟，细化平面布置

工种负责人：曹清　陈越　王金	日期：2016.11.18	评审主持人：朱炳寅	日期：2016.11.18

注意：1. 评审申请时间：一般项目应在初步设计完成之前，无初步设计的项目在施工图1/2阶段。

2. 工种负责人、审核人必须参加评审会，审定人以及项目组其他人员应尽量参会。工种负责人负责项目组与会人员的通知事宜，在必要时可邀请建筑专业相关人员出席。

3. 评审后工种负责人应填写《结构方案评审意见回复表》，逐条回复《结构方案评审表》和《会议纪要》中提出的评审意见，并在签署齐全后归档。

会议纪要

2016 年 11 月 18 日

"龙岩北站公交枢纽"施工图设计阶段结构方案评审会

评审人：谢定南、罗宏渊、王金祥、朱炳寅、张亚东、彭永宏、王大庆

主持人：朱炳寅　　王大庆

介　绍：陈越、王金

结构方案：本工程分为 A2 号、A3 号、A5 号三个独立地块，各设两层地下室。A2 号、A5 号楼（8 层）逐层退台，平面呈 C 形；采用框架-剪力墙结构；存在凹凸不规则、楼板开大洞、局部转换等不规则情况。A3 号为纯地下室，采用框架结构。

地基基础方案：采用天然地基上的筏板基础，抗浮不足部位采用抗拔桩。

评审：

1. 优化 A3 号纯地下室中部洞口边的楼盖结构布置，保证地下室外墙土、水压力有效传递至可靠构件。

2. 细化 A2 号、A5 号楼的后浇带设置，适当加密。

3. 补上市政柱下基础，明确市政柱与本工程各层结构的关系。

4. 理清坡道关系。地下室边的坡道内、外墙应考虑土、水压力的影响。

5. 细化结构计算分析；针对结构的复杂、薄弱情况，补充相应计算分析，如单榀结构分析、时程分析、C 形平面中间剖开模型分析等；注意施工模拟。

6. 大跨度构件、大悬挑构件应注意挠度控制问题，并应考虑竖向地震作用。

7. 优化结构布置，例如：边框架开口处补设框架梁；处理好自动扶梯支承问题；优化梁布置，加强弱连接部位的平面连接；落实空框架用途，相应优化其布置及截面尺寸；注意梁系规则化。

8. 注意钢桥的稳定问题，注意钢桥水平力的处理问题。

结论：

建议根据结构方案评审表的主要结论以及会议纪要内容，进一步优化结构设计。

49　临汾市尧都区汾东棚户区改造－5 号、6 号地

设计部门：第三工程设计研究院
主要设计人：鲁昂、何喜明、毕磊、尤天直

工 程 简 介

一、工程概况

本工程位于山西省临汾市尧都区，本次评审 5 号、6 号地。5 号地的总建筑面积为 30713m²，地上为 4 栋独立的高层住宅，建筑面积为 93619.93m²，1 号及 2 号楼底商在地上设缝分开；地下两层车库将高层住宅连成一体，建筑面积为 26005.05m²。6 号地的总占地面积为 70294.66m²，其中代征道路面积为 7543.72m²，净用地面积为 62750.94m²。

图 49-1　5 号地建筑效果图

二、结构方案

1. 抗侧力体系

住宅楼均为高层建筑，最高的地上 32 层，房屋高度接近 100m。考虑到住宅建筑使用功能需求，主体结构采用抗震性能较好的现浇钢筋混凝土剪力墙结构。按建筑房间功能分区布置剪力墙，作为抗侧力构件，承担水平作用。竖向荷载通过楼层水平构件传递给剪力墙，最终传至基础。剪力墙结构的构成简单明了，荷载传递路径清晰，有利于结构抗震，适合高层住宅。剪力墙厚度：地上为 200mm，地下为 250～400mm。

图 49-2　6号地建筑效果图

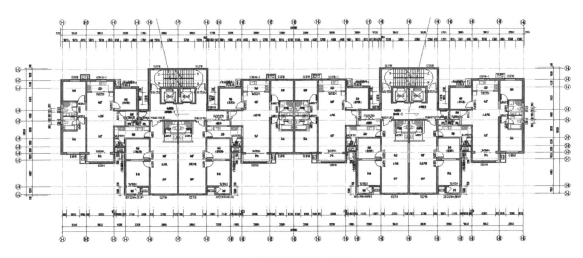

(a) 5号地标准层建筑平面图

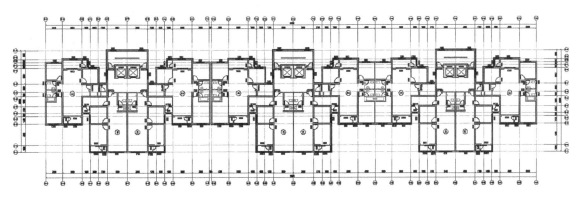

(b) 6号地标准层建筑平面图

图 49-3　建筑平面图

配套商业楼地上两层，房屋高度为8.7m，属于多层建筑。考虑到商铺的建筑功能灵活布置需求，采用现浇钢筋混凝土框架结构。框架结构的构成简单明了，荷载传递路径清晰，有利于灵活布置，适合商业建筑。框架柱截面尺寸为700mm×700mm，框架梁截面尺寸为350mm×600mm、400mm×700mm。

2. 楼盖及屋盖结构

本工程的楼盖及屋盖采用现浇钢筋混凝土梁板结构。住宅楼为使房间内不露梁，局部采用跨度较大的异形板。纯地下室顶板采用主梁加大板结构，以取得更好的经济性。

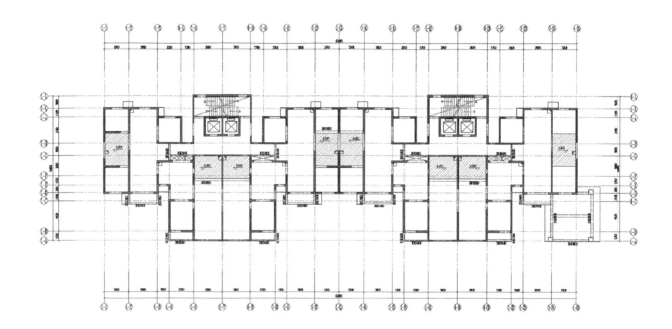

(a) 5号地标准层结构平面布置图

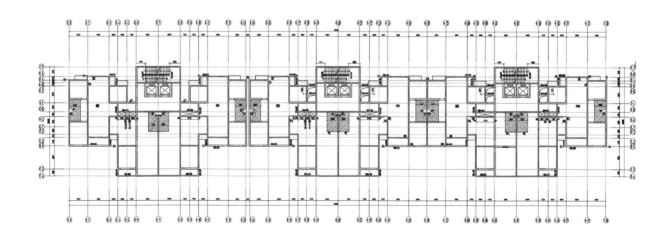

(b) 6号地标准层结构平面布置图

图 49-4 结构平面布置图

三、地基基础方案

本工程目前暂无勘察报告，参考邻近场地条件和当地工程经验，5号地的1号～4号住宅楼、6号地的1号～6号住宅楼拟采用CFG桩复合地基上的变厚度筏板基础，两地块的配套楼及纯地下车库拟采用天然地基上的筏板基础。住宅楼的筏板厚度暂定为1200mm，配套楼及地下车库的筏板厚度暂定为600mm。

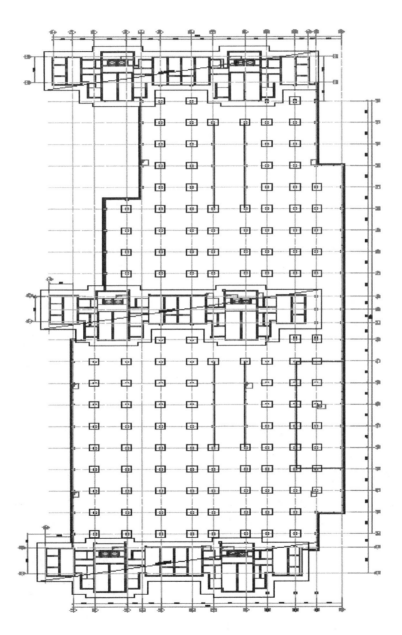

(a) 5号地基础平面布置图

图 49-5 基础平面布置图

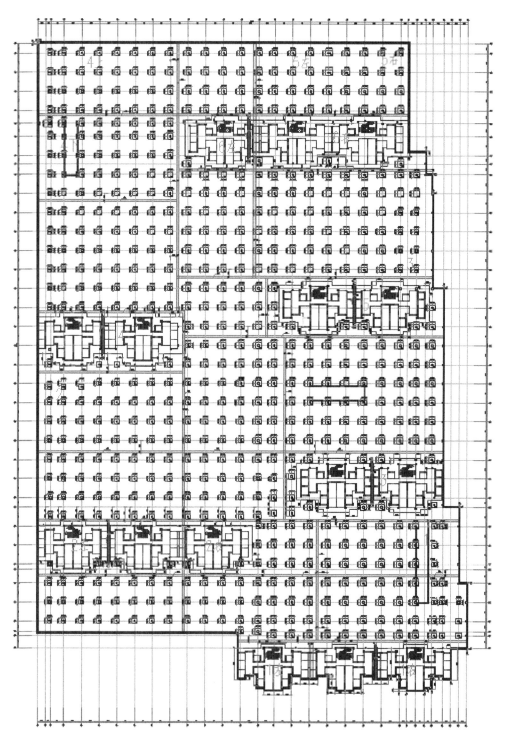

(b) 6号地基础平面布置图

图 49-5　基础平面布置图（续）

结构方案评审表

结设质量表（2016）

项目名称	临汾市尧都区汾东棚户区改造—5号、6号地	项目等级	A/B级□、非A/B级■
		设计号	15498

评审阶段	方案设计阶段□	初步设计阶段■	施工图设计阶段□

评审必备条件	部门内部方案讨论　有■　无□		统一技术条件　有■　无□

工程概况	建设地点：山西省临汾市	建筑功能：住宅、商业
	层数（地上/地下）：31/2（5号）、32/1（6号）	高度（檐口高度m）：89（5号），92.8（6号），8.7
	建筑面积（m²）：11.9万（5号）、24.58万（6号）	人防等级：无

主要控制参数	设计使用年限：50年
	结构安全等级：二级
	抗震设防烈度、设计基本地震加速度、设计地震分组、场地类别、特征周期 8度、0.20g、第二组、Ⅱ类（按临近地块估算）、0.40s
	抗震设防类别：丙类
	主要经济指标

结构选型	结构类型：高层，剪力墙结构；多层及纯地下室，框架结构
	概念设计、结构布置
	结构抗震等级：住宅：剪力墙，一级；商业：框架，二级。
	计算方法及计算程序：YJK
	主要计算结果有无异常（如：周期、周期比、位移、位移比、剪重比、刚度比、楼层承载力突变等） 无
	伸缩缝、沉降缝、防震缝：防震缝
	结构超长和大体积混凝土是否采取有效措施　是
	有无结构超限　无

基础选型	基础设计等级　甲级
	基础类型　筏板基础、独立基础（5号）；筏板基础（6号）
	计算方法及计算程序　盈建科、理正
	防水、抗渗、抗浮　抗浮计算满足要求
	沉降分析　沉降差计算满足要求，并采取相应的措施
	地基处理方案

新材料、新技术、难点等	

主要结论	根据勘察报告，核查地基基础方案及设计要求，与建筑协商主楼左右分缝，否则应补充左右分缝模型计算。并应补充大震弹塑性时程分析（整体模型），适当加大底层5.8m层高处剪力墙厚度，采用性能设计方法，采取严格的抗震性能目标，与建筑协商细化结构平面布置

工种负责人：鲁昂　何喜明	日期：2016.11.28	评审主持人：朱炳寅	日期：2016.11.28

注意：**1.** 评审申请时间：一般项目应在初步设计完成之前，无初步设计的项目在施工图1/2阶段。

　　　2. 工种负责人、审核人必须参加评审会，审定人以及项目组其他人员应尽量参会。工种负责人负责项目组与会人员的通知事宜，在必要时可邀请建筑专业相关人员出席。

　　　3. 评审后工种负责人应填写《结构方案评审意见回复表》，逐条回复《结构方案评审表》和《会议纪要》中提出的评审意见，并在签署齐全后归档。

会议纪要

2016 年 11 月 28 日

"临汾市尧都区汾东棚户区改造—5 号、6 号地"初步设计阶段结构方案评审会

评审人：谢定南、王金祥、徐琳、朱炳寅、张亚东、彭永宏、王大庆

主持人：朱炳寅　　记录：王大庆

介绍：何喜明、鲁昂

结构方案：两地块各设 1～2 层大地下室，5 号地含 4 栋 12～31 层住宅楼和 3 栋两层配套楼，6 号地含 6 栋 18～32 层住宅楼和 5 栋两层配套楼。住宅楼采用剪力墙结构，配套楼采用框架结构，大地下室采用框架-剪力墙结构。

地基基础方案：暂无勘察报告。参考邻近场地的地质条件，住宅楼拟采用 CFG 桩复合地基上的筏板基础，其他拟采用天然地基上的筏板基础。

评审：

1. 根据勘察报告，核查地基基础方案及设计要求，充分注意差异沉降控制；并遵照相关制度的规定出图。

2. 住宅楼底部的左、右两部分错层，刚度差异大，且本工程位于 8 度区第二组，部分房屋高逾 90m，应与建筑专业协商，住宅楼左、右分缝。

3. 当确实无法分缝时，应补充左、右分缝模型计算分析，包络设计；并应补充大震弹塑性时程分析（整体模型）；适当加大底部 5.8m 层高处的剪力墙厚度；应采用抗震性能设计方法，取用严格的抗震性能目标；错层剪力墙应采取严格的结构措施。

4. 重视超长结构（大地下室、长约 63m 的住宅楼）的温度应力问题，应采取有效的综合措施，严防开裂；与建筑专业协商，长约 63m 的住宅楼左、右分缝，严格控制温度区段的长度。

5. 与建筑专业协商，细化、优化结构布置，如：适当优化住宅楼与配套楼间的结构分缝；有效加强凹口部位的平面连接等。

6. 地下室顶板嵌固条件不足的结构单元应补充地下一层底板嵌固模型，包络设计。

7. 采取可靠措施，加强楼梯间一字形外墙与主体结构的连接，确保其稳定性；并补充不考虑该墙肢的计算模型，包络设计。

结论：

建议根据结构方案评审表的主要结论以及会议纪要内容，进一步优化结构设计。

50 丰台区西四环阳光新生活广场地块改建项目

设计部门：第二工程设计研究院
主要设计人：王树乐、史杰、曹清、朱炳寅

工 程 简 介

一、工程概况

本项目位于北京市丰台区。原建筑为仓储型超市店面，原结构为地下一层、地上两层的钢筋混凝土框架结构，原基础为筏板基础，地基承载力标准值为 280kPa。本次改建将原建筑分割为 9 个单体，并在原建筑的二层屋面上加建 1～2 层（1 号～9 号楼），在原建筑西侧新建两栋楼（10 号、11 号楼）。

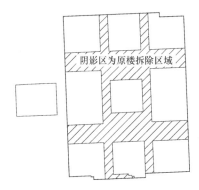

图 50-1　原建筑平面示意图

图 50-2　改建后建筑平面示意图

图 50-3　建筑效果图

二、结构方案

由于原建筑体量大，建筑方案采用化整为零的设计策略，将单一建筑分割处理为9个建筑单体（1号～9号楼）。改建后8号楼在原屋顶上加建两层，5号楼在原屋顶上局部加建出屋面楼梯间，其他各楼均在原屋顶上加建一层，改建建筑的主要建筑功能由仓储型超市改为商业及办公。

1. 改建建筑1号～9号楼结构设计

1）原结构情况：原主体结构为现浇钢筋混凝土框架结构，楼盖及屋盖为现浇钢筋混凝土梁板结构。

2）改建结构设计原则：在满足规范要求、保证结构安全的前提下，尽可能保留、利用原结构，减少对原结构构件的破坏，赋予新的使用功能。

3）改建时限制荷载：由于原屋面板采用结构找坡，屋面改为楼面时，考虑采用轻质材料找平，要求填充物容重不大于 12kN/m³。±0.0 楼板因排水问题需垫高 800mm 左右，要求填充物容重不大于 18kN/m³。

4）原结构上的加建部分采用现浇钢筋混凝土框架结构，对原框架柱进行加长处理。

5）结构加固的主要方式：框架柱、框架梁采用加大截面法或外包型钢加固法，楼板采用加大截面法或粘贴碳纤维加固法。

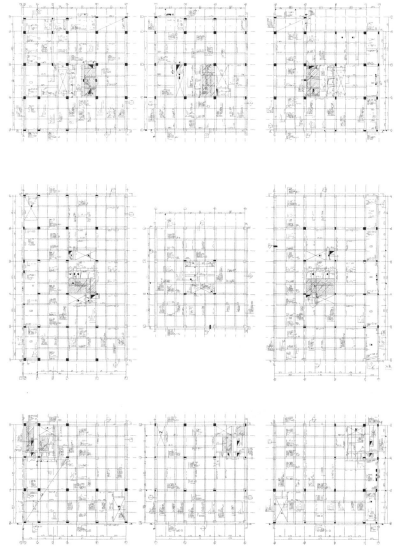

图 50-4 1～9 号楼结构平面布置图

2. 商业广场结构设计

商业广场由原地下室入口处改建而成，按新的建筑功能将原结构顶板局部拆除，加高框架柱到新玻璃屋面标高，未拆除的混凝土顶板进行加固处理。

3. 新建建筑结构设计

新建建筑采用现浇钢筋混凝土框架结构，框架抗震等级为二级。

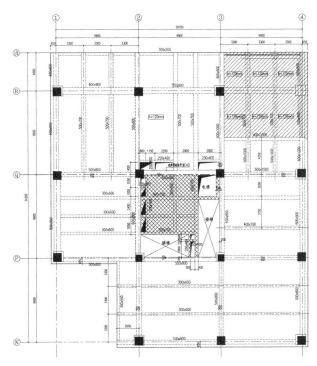

图 50-5　10 号楼结构平面布置图

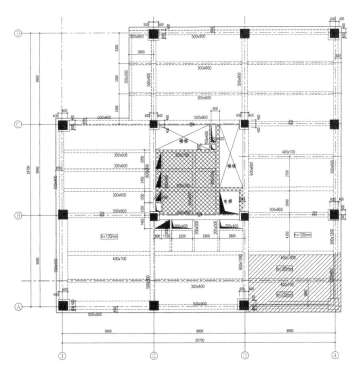

图 50-6　11 号楼结构平面布置图

三、地基基础方案

根据地勘报告建议，新建的 10 号、11 号楼采用天然地基上的柱下独立柱基。

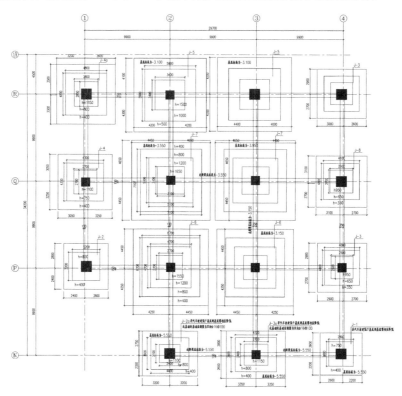

图 50-7 10 号楼基础平面布置图

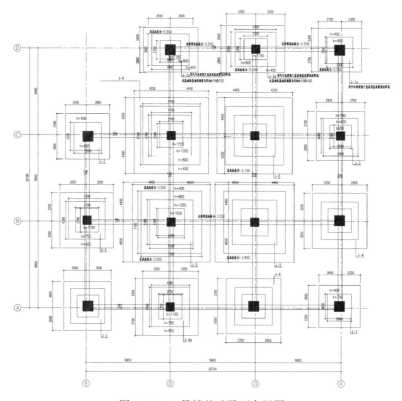

图 50-8 11 号楼基础平面布置图

改建建筑 1 号～9 号楼的原基础为天然地基上的筏板基础，改建时复核验算其地基承载力是否符合规范要求，柱下冲切承载力不满足要求的部位增设上反柱帽予以加强。改建建筑外套加固部分的新增基础采用天然地基上的柱下独立基础。

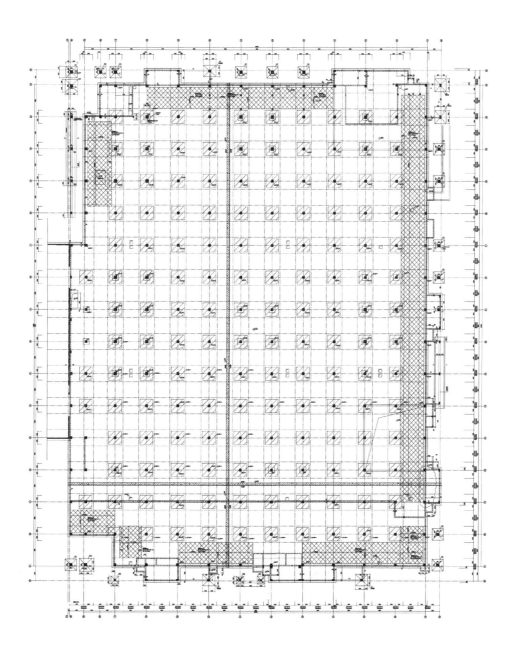

图 50-9　1～9 号楼基础平面布置图

<h2 align="center">结构方案评审表</h2>

结设质量表（2016）

项目名称	丰台区西四环阳光新生活广场地块改建项目		项目等级	A/B 级□、非 A/B 级■
			设计号	16161
评审阶段	方案设计阶段□	初步设计阶段□		施工图设计阶段■
评审必备条件	部门内部方案讨论　有■　无□		统一技术条件　有■　无□	
工程概况	建设地点:北京市丰台区		建筑功能:办公＋商业	
	层数(地上/地下):3～4/1		高度(檐口高度):15.8～23.9m	
	建筑面积(m²):5 万		人防等级:无	
主要控制参数	加固结构的后续使用年限:1 号～9 号楼 40 年;新建结构的设计使用年限:10 号、11 号楼 50 年			
	结构安全等级:二级			
	抗震设防烈度、设计基本地震加速度、设计地震分组、场地类别、特征周期 8 度、0.20g、第二组、Ⅱ类、0.40s			
	抗震设防类别:标准设防类			
	主要经济指标			
结构选型	原结构类型:框架结构			
	概念设计、结构布置:			
	结构抗震等级:框架:二级			
	计算方法及计算程序:YJK			
	主要计算结果有无异常(如:周期、周期比、位移、位移比、剪重比、刚度比、楼层承载力突变等):计算结果无异常			
	伸缩缝、沉降缝、防震缝:地下室为整体,上部为分离的 9 栋单体			
	结构超长和大体积混凝土是否采取有效措施:无超长			
	有无结构超限:无			
基础选型	基础设计等级:丙级			
	原基础类型:天然地基＋筏板			
	计算方法及计算程序:YJK			
	防水、抗渗、抗浮:无抗浮问题			
	沉降分析:无			
	地基处理方案:10 号、11 号楼采用级配砂石换填			
新材料、新技术、难点等	该项目为改造项目,原建筑为两层框架结构,改建后将原建筑分割为 9 个单体并在原建筑上加建 1 层到 2 层			
主要结论	比较楼电梯加设剪力墙方案与纯框架方案:宜采用框架-剪力墙结构体系,减少框架承担的地震作用。减轻框架的加固负担。主要地震作用由新加的剪力墙承担。交通核偏置的三个楼宜与建筑协商、调整、楼电梯布置,首层楼板及原顶层楼板适当加厚,新建剪力墙与原结构柱之间宜设缝,形成开竖缝剪力墙,补充首层荷载限值图。新建工程采用框-剪结构,如果核心筒偏心不能调整,则应加设支撑或阻尼			
工种负责人:王树乐　史杰		日期:2016.11.28	评审主持人:朱炳寅	日期:2016.11.28

注意：1. 评审申请时间：一般项目应在初步设计完成之前，无初步设计的项目在施工图 1/2 阶段。

2. 工种负责人、审核人必须参加评审会，审定人以及项目组其他人员应尽量参会。工种负责人负责项目组与会人员的通知事宜，在必要时可邀请建筑专业相关人员出席。

3. 评审后工种负责人应填写《结构方案评审意见回复表》，逐条回复《结构方案评审表》和《会议纪要》中提出的评审意见，并在签署齐全后归档。

会议纪要

2016 年 11 月 28 日

"丰台区西四环阳光新生活广场地块改建项目"施工图设计阶段结构方案评审会

评审人：谢定南、王金祥、徐琳、朱炳寅、张亚东、彭永宏、王大庆

主持人：朱炳寅　　记录：王大庆

介　绍：史杰

结构方案：原建筑为地下一层、地上两层的框架结构；改造后，原建筑分割为 9 个单体，并加建 1～2 层。改造部分仍采用框架结构，仅进行相关构件加固。另外新建两栋 3/0 层建筑，采用框架结构。

地基基础方案：原建筑采用天然地基上的筏板基础，地基持力层为卵石、圆砾层。经核算，原地基基础满足要求，不必加固。新建建筑采用柱下独立基础，地基以级配砂石进行换填处理。

评审：

1. 改造部分的加固范围和加固幅度均较大，建议比较楼、电梯间加设剪力墙方案与纯框架方案，宜采用框架-剪力墙结构体系，地震作用主要由新加剪力墙承担，减少框架承担的地震作用，减轻框架的加固负担。

2. 交通核心偏置的三栋改造建筑宜与建筑专业协商、调整楼、电梯间布置，采用框架-剪力墙结构；如果核心筒偏心不能调整，则应加设支撑或阻尼。

3. 新建剪力墙与原结构柱之间宜设缝，形成开竖缝剪力墙，以降低加固施工难度。

4. 细化、落实各层荷载，补充首层荷载限值图。

5. 楼板补充正常使用极限状态验算，首层楼板及原顶层楼板适当加厚。

6. 优化构件加固设计，注意控制构件加固后的承载力提高幅度，并适当留有余量；注意新、旧混凝土"两层皮"问题，关键构件宜进行数值模拟。

7. 比选、优化后建钢结构夹层方案，尽量弱化夹层对结构的影响，采用有、无夹层模型包络设计，做好相应的预留、预埋、预加固工作。

8. 改造部分由 1 栋楼改为 9 栋楼，拆改量大，应注意由此引起的结构和构件的受力状态改变问题，采取有效的应对措施。

9. 两栋新建三层建筑的柱截面尺寸大（1.2m），应优化结构方案，必要时采用框架-剪力墙结构。

结论：

建议根据结构方案评审表的主要结论以及会议纪要内容，进一步优化结构设计。

51 长陵博物馆

设计部门：第二工程设计研究院
主要设计人：张根俞、施泓、朱炳寅、张猛、张恺

工 程 简 介

一、工程概况

项目位于西安市，总用地面积约 106 亩。地上、地下各 1 层，建筑功能为长陵展陈、文物修复、文物研究、办公等，总建筑面积约 6550m²，其中地上约 1548m²，地下约 5002m²。结构型式为剪力墙结构，地基采用素土（灰土）挤密桩进行处理，基础形式为柱下独立基础、墙下条形基础和局部筏板基础。

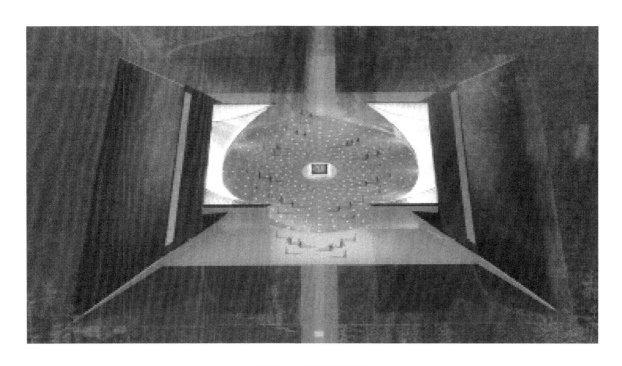

图 51-1 建筑效果图

二、结构方案

1. 抗侧力体系

通过多方案比较，综合考虑建筑清水墙效果、使用功能、结构传力明确等多种因素，本工程采用现浇钢筋混凝土剪力墙结构。

2. 楼盖体系

楼盖采用现浇钢筋混凝土主、次梁结构。嵌固部位楼板厚度不小于 180mm，其他楼层考虑楼板内

预埋设备线管要求，楼板最小厚度为 120mm。

本工程平面尺寸较大，超出规范限值较多，补充温度应力分析，并采取适当加大楼板的温度钢筋、预留后浇带等结构措施，并采取加强保温隔热、加强施工控制等其他措施，减小温度应力和混凝土收缩的不利影响，以满足规范要求。

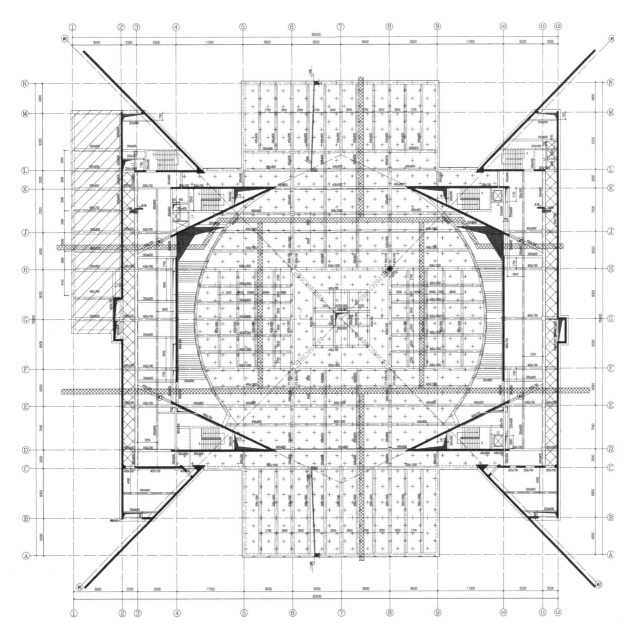

图 51-2　首层结构平面布置图

三、地基基础方案

本工程地上、地下各 1 层，采用柱下独立基础、墙下条形基础和局部筏板基础，地基持力层为②层黄土层。因②层黄土、③层古土壤、④层黄土、⑤层古土壤层具有湿陷性，湿陷性土层分布深度最大为 23.0m，根据地勘报告建议，采用素（灰）土挤密桩法消除地基的部分湿陷量，要求处理后的地基承载力特征值 f_{spk} 不小于 150kPa，且下部未处理的湿陷性黄土层的剩余湿陷量不大于 200mm。

<h1 style="text-align:center">结构方案评审表</h1>

结设质量表（2016）

项目名称	长陵博物馆	项目等级	A/B级□、非A/B级■
		设计号	16218

评审阶段	方案设计阶段□	初步设计阶段□	施工图设计阶段■

评审必备条件	部门内部方案讨论　有■　无□	统一技术条件　有■　无□

工程概况	建设地点:陕西咸阳　西咸新区	建筑功能:博物馆
	层数(地上/地下):1/1	高度(檐口高度):4.00m
	建筑面积(m²):6500	人防等级:五级

主要控制参数	设计使用年限:50年
	结构安全等级:二级
	抗震设防烈度、设计基本地震加速度、设计地震分组、场地类别、特征周期 8度、0.20g、第二组、Ⅱ类、0.40s
	抗震设防类别:标准设防类
	主要经济指标:尽量经济

结构选型	结构类型:剪力墙结构
	概念设计、结构布置:结构布置力求均匀、对称
	结构抗震等级:剪力墙　三级
	计算方法及计算程序:YJK
	主要计算结果有无异常(如:周期、周期比、位移、位移比、剪重比、刚度比、楼层承载力突变等):无
	伸缩缝、沉降缝、防震缝:无
	结构超长和大体积混凝土是否采取有效措施: 进行温度应力分析:从建筑、结构、施工多方面采取措施
	有无结构超限:扭转不规则、托换

基础选型	基础设计等级:丙级
	基础类型:柱下独基　墙下条基　筏板基础
	计算方法及计算程序:YJK
	防水、抗渗、抗浮:抗渗混凝土
	沉降分析:无
	地基处理方案:灰土挤密桩

新材料、新技术、难点等	1. 存在扭转不规则、托换等不规则项 2. 结构超长,补充温度应力分析及加强构造措施

主要结论	结构选型合理可行,建议:1. 挡墙部分进一步细化其支座的传力条件。分别考虑顶部是否采用有支座的做法。无支座做法时,注意悬臂挡墙位移的影响。2. 清水墙尽量采用建筑装饰的做法,当采用结构做法时应采取相应的措施,如加大配筋率采用细密配筋等

工种负责人:张根俞	日期:2016.12.2	评审主持人:尤天直	日期:2016.12.2

注意：1. 评审申请时间：一般项目应在初步设计完成之前，无初步设计的项目在施工图1/2阶段。

　　　2. 工种负责人、审核人必须参加评审会，审定人以及项目组其他人员应尽量参会。工种负责人负责项目组与会人员的通知事宜，在必要时可邀请建筑专业相关人员出席。

　　　3. 评审后工种负责人应填写《结构方案评审意见回复表》，逐条回复《结构方案评审表》和《会议纪要》中提出的评审意见，并在签署齐全后归档。

会议纪要

2016 年 12 月 2 日

"长陵博物馆"施工图设计阶段结构方案评审会

评审人：谢定南、罗宏渊、王金祥、尤天直、陈文渊、胡纯炀、彭永宏、王大庆

主持人：尤天直　　记录：王大庆

介　绍：张根俞

结构方案：本工程地上、地下各 1 层。结合建筑专业的清水混凝土墙要求，抗侧力体系采用剪力墙结构，楼盖体系采用设次梁的梁板结构。超长结构补充温度应力分析，并采取相应措施。

地基基础方案：场地存在湿陷性黄土，采用灰土挤密桩进行地基处理，消除湿陷性。基础型式为柱下独立基础、墙下条形基础和局部筏板基础。

评审：

1. 落实博物馆是否存放一级文物，以准确取用建筑抗震设防类别。

2. 细化、明确挡土墙的支承条件和传力路径，分别考虑顶部是否采用有支承做法，当采用无支承做法时，应注意悬臂挡土墙位移的影响；必要时补充单榀结构分析。

3. 清水墙尽量采用建筑装饰做法；当确需采用结构做法时，应注意混凝土墙对结构的影响问题，并应采取相应措施，如适当提高配筋率、采用细而密配筋等，以防清水混凝土墙开裂。

4. 注意冥想大厅斜墙下基础的不平衡弯矩处理问题。

5. 本工程设有斜交抗侧力构件，注意补充最不利方向、斜交抗侧力构件方向及多方向地震作用计算。

6. 尽早与相关专业落实幕墙问题，注意其对结构的影响。

结论：

建议根据结构方案评审表的主要结论以及会议纪要内容，进一步优化结构设计。

52 青藏高原东部国际物流商贸中心信息服务大楼及公租房设计（公租房）

设计部门：第二工程设计研究院
主要设计人：张根俞、张冀华、施泓、朱炳寅、张猛、张恺

工 程 简 介

一、工程概况

项目位于青海省海东市，总建筑面积约 4.96 万 m²。地上建筑为 3 层大底盘商业裙房和 3 栋 12 层公租房塔楼，建筑面积约 3 万 m²；地下设 3 层大底盘停车库，建筑面积约 1.96 万 m²。

图 52-1 建筑效果图

二、结构方案

1. 抗侧力体系

3 栋塔楼与裙房之间不设结构缝，通过裙房连为一体，形成大底盘多塔结构。通过对框架结构、框架-剪力墙结构和部分框支剪力墙结构三种结构型式进行比选，综合考虑技术经济指标、相关专业及甲方需求，最终采用现浇钢筋混凝土框架-剪力墙结构。抗侧力构件设计要点为：

1) 控制结构底部剪力墙的倾覆力矩比大于 50%，以满足框架-剪力墙结构要求。

2) 合理布置框架柱，尽量避免单榀框架。

3）考虑乙类建筑（裙房）和大底盘多塔结构的特点，合理确定各部位的抗震等级。

4）针对大底盘多塔结构的特点，采取合理的结构加强措施。

2. 楼盖体系

各层楼盖采用现浇钢筋混凝土梁板结构。人防顶板厚度为 250mm，地下室顶板（嵌固部位）厚度不小于 180mm，裙房屋面板厚度不小于 150mm，此三层均考虑双层双向配筋加强，最小配筋率不小于 0.25％。其他楼层考虑楼板内预埋设备线管要求，楼板最小厚度为 120mm。

本工程的平面尺寸较大，地下室及首层约 68m×102m，地上建筑约 51m×88m，因此补充温度应力分析。针对拉应力集中于剪力墙筒体、裙房周边框架柱、大开洞、塔楼与裙房交界处附近，设计时相应采取防裂措施，如适当加强配筋、合理设置后浇带、加强保温隔热等，以满足工程要求。

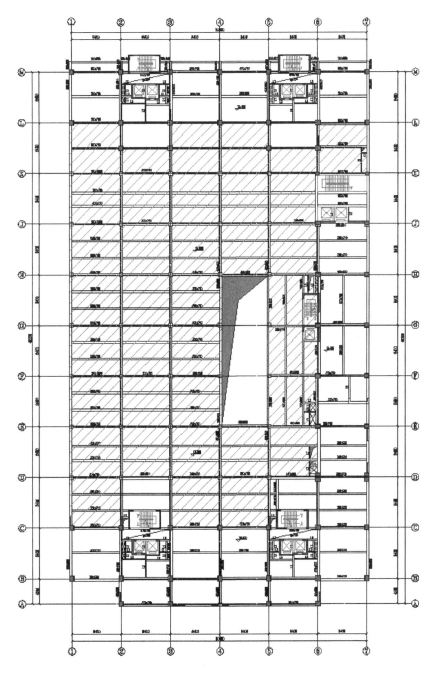

图 52-2　裙房典型层结构平面布置图

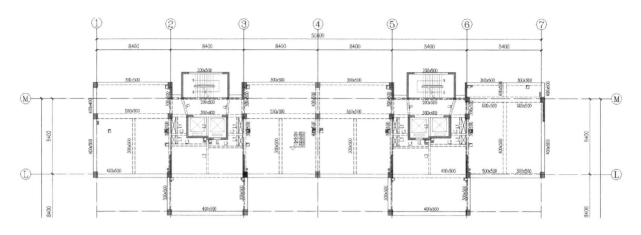

图 52-3 塔楼标准层结构平面布置图

3. 计算模型

本工程具有大底盘多塔结构、超长结构、局部单榀框架的特点，通过以下计算分析进行包络设计：

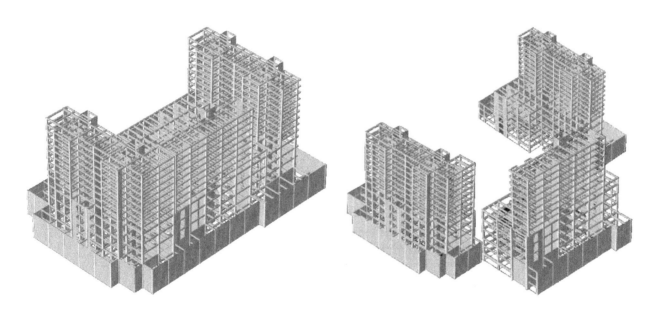

图 52-4 整体计算模型　　　　　　　　　图 52-5 分塔计算模型

1）全楼整体计算基本模型：作为结构整体指标计算、构件配筋设计及基础设计的基本模型。

2）带相关范围及地下室的分塔补充模型：用于核查首层与地下一层的刚度比是否满足嵌固端要求、核查分塔周期比，全楼构件进行承载力包络设计。

3）带局部单榀框架分塔的单榀验算补充模型：用于单榀框架承载力包络设计。

4）温度应力分析补充模型：针对大尺寸平面及竖向构件进行承载力包络设计。

三、地基基础方案

基于地质条件和工程特点，比选了独立基础、筏板基础和桩基础三种基础型式。考虑到筏板基础可更好地适应地基土局部的不均匀性，并可进行深宽修正以提高地基承载力，最终选用天然地基上的变厚度筏板基础，地基持力层为③-1 层粉土夹层。

结构方案评审表

结设质量表（2016）

项目名称	青藏高原东部国际物流商贸中心信息服务大楼及公租房设计（公租房）	项目等级	A/B 级□、非 A/B 级■
		设计号	16256

评审阶段	方案设计阶段□	初步设计阶段□	施工图设计阶段■

评审必备条件	部门内部方案讨论　有■　无□		统一技术条件　有■　无□

工程概况	建设地点:海东市	建筑功能:商业、住宅
	层数(地上/地下):12/3	高度(檐口高度):38.700m
	建筑面积(m²):4.9 万	人防等级:核 6 级/常 6 级(暂定)

主要控制参数	设计使用年限:50 年
	结构安全等级:二级
	抗震设防烈度、设计基本地震加速度、设计地震分组、场地类别、特征周期 7 度、0.10g、第三组、Ⅱ类、0.45s
	抗震设防类别:塔楼:标准设防类;裙房:重点设防类
	主要经济指标:尽量经济

结构选型	结构类型:框架-剪力墙
	概念设计、结构布置:结构布置力求均匀、对称
	结构抗震等级:裙房(框架二级、剪力墙一级);塔楼(框架三级、剪力墙二级)
	计算方法及计算程序:YJK
	主要计算结果有无异常(如:周期、周期比、位移、位移比、剪重比、刚度比、楼层承载力突变等):无
	伸缩缝、沉降缝、防震缝:塔楼部分设缝
	结构超长和大体积混凝土是否采取有效措施: 进行温度应力分析:从建筑、结构、施工多方面采取措施
	有无结构超限:扭转不规则、多塔

基础选型	基础设计等级:乙级
	基础类型:筏板基础
	计算方法及计算程序:YJK
	防水、抗渗、抗浮:抗渗混凝土
	沉降分析:进行沉降分析
	地基处理方案:无

新材料、新技术、难点等	1. 存在扭转不规则、多塔等不规则项 2. 结构超长,补充温度应力分析及加强构造措施

主要结论	基础选型合理,建议适当加厚筏板厚度、增加刚度。上部结构住宅部分与建筑进一步协商,调整结构布置。建议 1. 调整柱网,做到起居室不露梁。2. 注意裙房顶部主塔框架所占倾覆力矩的比例,作为框架抗震等级确定的依据。3. 尽量避免单跨框架。4. 按规范加强多塔与裙房交接处的板与竖向构件。

工种负责人:张根俞	日期:2016.12.2	评审主持人:尤天直	日期:2016.12.2

注意：**1.** 评审申请时间：一般项目应在初步设计完成之前，无初步设计的项目在施工图 1/2 阶段。

　　　2. 工种负责人、审核人必须参加评审会，审定人以及项目组其他人员应尽量参会。工种负责人负责项目组与会人员的通知事宜，在必要时可邀请建筑专业相关人员出席。

　　　3. 评审后工种负责人应填写《结构方案评审意见回复表》，逐条回复《结构方案评审表》和《会议纪要》中提出的评审意见，并在签署齐全后归档。

会议纪要

2016 年 12 月 2 日

"青藏高原东部国际物流商贸中心信息服务大楼及公租房设计（公租房）"施工图设计阶段结构方案评审会

评审人：谢定南、罗宏渊、王金祥、尤天直、陈文渊、胡纯炀、彭永宏、王大庆

主持人：尤天直　　王大庆

介　绍：张龑华、张根俞

结构方案：本工程设 3 层大地下室，坐落其上的 3 层大裙房与 3 栋 12 层塔楼形成大底盘多塔建筑。因建筑功能以及房屋高度、层数限制，采用框架-剪力墙结构。单跨框架补充单榀框架承载力分析，包络设计。超长结构补充温度应力分析，并采取相应措施。

地基基础方案：场地存在湿陷性黄土。经与地基处理方案、柱基方案比较，采用天然地基上的变厚度筏板基础，筏板厚度 600mm。

评审：

1. 基础选型合理，建议适当增加筏板厚度，以加大其刚度。

2. 本工程位于湿陷性黄土场地，注意明确基槽回填要求。

3. 上部结构的住宅部分大多为单跨框架配以少量剪力墙（纵墙尤少），结构体系近似少墙框架结构；楼梯间剪力墙与主体结构连接弱，有效性差；楼层净高小，梁穿越房间，影响使用；应与建筑专业进一步协商、调整、优化结构方案，建议：

3.1 调整、优化柱网布置，做到房间不露梁。

3.2 尽量避免单跨框架，当确实无法避免时，应补充单榀框架承载力分析，包络设计。

3.3 注意核查裙房屋面上层的塔楼框架部分的地震倾覆力矩比，作为确定框架抗震等级的依据。

3.4 按照规范要求，加强多塔与裙房交接处以及相关楼层的楼板、竖向构件。

3.5 适当增设剪力墙（尤其是纵墙），充分注意剪力墙抗侧力作用的有效性，并采取相应措施。

3.6 优化结构布置和构件截面，长矩形平面的结构宜采用长方形截面柱，住宅部分的楼面梁布置宜结合下层建筑墙体，并宜适当简化。

结论：

建议根据结构方案评审表的主要结论以及会议纪要内容，进一步优化结构设计。

53　通辽辽河文化公园建设工程

设计部门：第三工程设计研究院
主要设计人：鲁昂、胡彬、毕磊、尤天直

工　程　简　介

一、工程概况

通辽辽河文化公园建设工程位于内蒙古通辽市，一期项目包括科技景观区和文化景观区两大部分。用地呈长条形，由东北至西南延伸展开，长约 600m，宽约 200m，东南侧为辽河北岸护堤，大堤顶标高与用地平均标高有约 6m 高差。本次设计的是停车库，地上一层、无地下室，建筑面积约 2 万 m²。为布置景观，停车库与辽河大坝之间（红线外）填土至与坝顶齐平，并设挡土墙将填土与停车库分开。

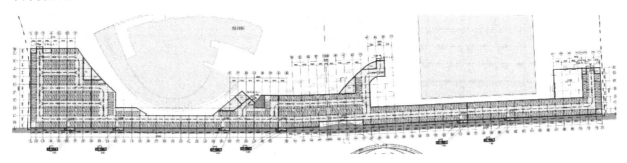

图 53-1　建筑平面图

图 53-2　建筑剖面图

二、结构方案

结构超长，设置 7 道结构缝，将结构分为 8 个单体，分别为 7 个停车库单体和 1 个室外大台阶单体。

通过多方案比较，综合考虑建筑使用功能、立面造型、结构传力明确、经济合理等多种因素，各单体均采用现浇钢筋混凝土框架结构。竖向荷载通过屋面梁传至框架柱，再传至基础。水平作用由钢筋混凝土框架承担。

屋盖采用现浇钢筋混凝土梁板结构，单向布置次梁。

326

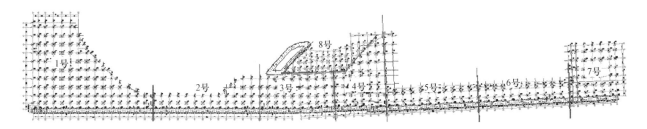

图 53-3　结构分缝示意图

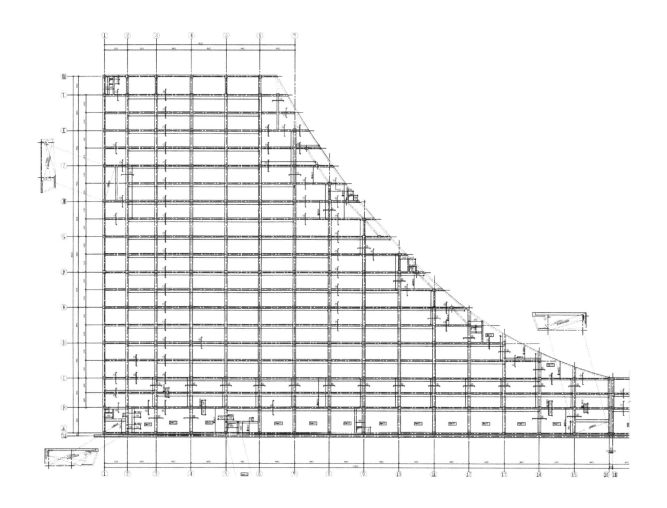

图 53-4　1号单体屋顶结构平面布置图

三、地基基础方案

根据地勘报告建议，并结合结构受力特点，本工程采用复合载体夯扩桩基础，单桩竖向承载力特征值为 600kN、800kN，桩端持力层为细层砂③层，桩端进入持力层不小于 0.9m，施工时以桩长与桩端进入持力层深度双重控制。

结构南侧由于景观回填需要，设置 6m 高、550mm 厚的钢筋混凝土悬臂式挡土墙。

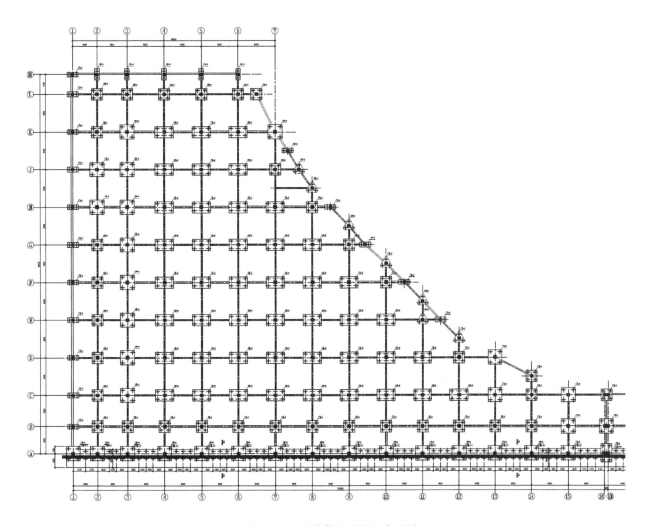

图 53-5　1号单体基础平面布置图

结构方案评审表

结设质量表（2016）

项目名称	通辽辽河文化公园建设工程		项目等级	A/B级□、非A/B级■
			设计号	16190
评审阶段	方案设计阶段□	初步设计阶段□		施工图设计阶段■
评审必备条件	部门内部方案讨论　有■　无□		统一技术条件　　有■　无□	

工程概况	建设地点：内蒙古　通辽市	建筑功能：车库
	层数（地上/地下）：1/0	高度（檐口高度）：3.9m
	建筑面积（m²）：20615	人防等级：无

主要控制参数	设计使用年限：50年
	结构安全等级：二级
	抗震设防烈度、设计基本地震加速度、设计地震分组、场地类别、特征周期
	7度　0.10g　第一组　Ⅲ类　0.45s
	抗震设防类别：丙类
	主要经济指标：

结构选型	结构类型：钢筋混凝土框架结构
	概念设计、结构布置：
	结构抗震等级：框架　三级
	计算方法及计算程序：YJK
	主要计算结果有无异常（如：周期、周期比、位移、位移比、剪重比、刚度比、楼层承载力突变等）：满足规范要求
	伸缩缝、沉降缝、防震缝：设防震缝
	结构超长和大体积混凝土是否采取有效措施：设后浇带
	有无结构超限：无

基础选型	基础设计等级　丙级
	基础类型：桩基础
	计算方法及计算程序：YJK
	防水、抗渗、抗浮
	沉降分析
	地基处理方案：

新材料、新技术、难点等	

主要结论	比较采用天然地基与夯扩桩基础的技术经济性、明确辽河大坝与本工程的关系，本工程的建设不应对大坝的坝体和坝基产生不利影响，尽量避让，注意夯扩桩基础的不均匀性（离散性），注意结构超长的温度应力问题，注意坝顶汽车荷载对挡土墙的影响，明确坝顶汽车荷载限值

工种负责人：鲁昂　胡彬	日期：2016.12.5	评审主持人：朱炳寅	日期：2016.12.5

注意：1. 评审申请时间：一般项目应在初步设计完成之前，无初步设计的项目在施工图1/2阶段。

　　　2. 工种负责人、审核人必须参加评审会，审定人以及项目组其他人员应尽量参会。工种负责人负责项目组与会人员的通知事宜，在必要时可邀请建筑专业相关人员出席。

　　　3. 评审后工种负责人应填写《结构方案评审意见回复表》，逐条回复《结构方案评审表》和《会议纪要》中提出的评审意见，并在签署齐全后归档。

会议纪要

2016 年 12 月 5 日

"通辽辽河文化公园建设工程"施工图设计阶段结构方案评审会

评审人：谢定南、罗宏渊、王金祥、陈文渊、徐琳、朱炳寅、彭永宏、王大庆

主持人：朱炳寅　　记录：王大庆

介　绍：胡彬、鲁昂

结构方案：本工程沿辽河大坝建设，长约 600m，地上 1 层，无地下室。设缝分为 8 个结构单元，采用框架结构。为布置景观，主体结构与辽河大坝之间（红线外）填土至与坝顶齐平，并设挡土墙将填土与主体结构分开。

地基基础方案：采用夯扩桩基础，桩端持力层为细砂层。

评审：

1. 本工程为单层建筑，荷载不大，建议优化地基基础方案，比较采用天然地基与夯扩桩基础的技术经济性，或根据地质条件，细化夯扩桩基础的使用范围（可部分结构单元采用天然地基，部分单元采用夯扩桩基础）。

2. 采用夯扩桩基础时，应注意夯扩桩基础的不均匀性（离散性），采取相应措施（如加强基础的整体性等）。

3. 辽河大坝是重要的防汛设施，本工程的建设不应对大坝的坝体和坝基产生不利影响，应明确本工程与辽河大坝的关系，充分重视红线问题，尽量避让。

4. 注意坝顶汽车荷载对挡土墙的影响，明确坝顶汽车荷载限制。挡土墙基础宜与主体结构基础分开。

5. 分缝后，部分结构单元仍超长（最长约 120×84m），应注意超长结构的温度应力问题，补充温度应力分析，并相应采取有效措施。

结论：

建议根据结构方案评审表的主要结论以及会议纪要内容，进一步优化结构设计。

54 郑州航空港经济综合实验区河东 第三棚户区 1 号地建设项目

设计部门：第二工程设计研究院
主要设计人：张路、牛奔、曹清、朱炳寅、张祚嘉、张恺、郭强

工 程 简 介

一、工程概况

郑州航空港经济综合实验区河东第三棚户区 1 号地建设项目位于郑州市。项目的总建筑面积约 19 万 m^2，主要由 7 栋 34 层住宅楼、1 栋两层幼儿园以及零星的两层配套用房组成，小区整体设置两层地下车库，主楼范围增设一层地下夹层。整个项目的平面关系如下图所示：

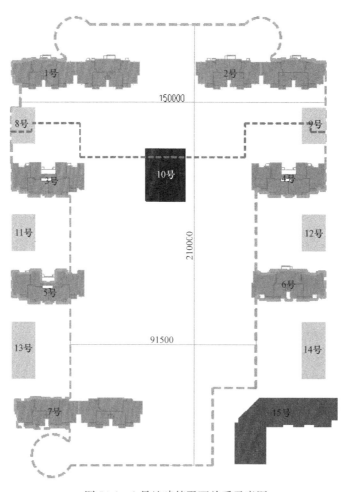

图 54-1   1 号地建筑平面关系示意图

二、结构方案

1. 抗侧力体系

综合考虑建筑使用功能、立面造型以及结构传力明确、经济合理等多种因素，本工程采用如下表所示的结构体系：

楼号	使用功能	层数 （地上/地下）	房屋高度（m）	结构体系
1号~7号楼	住宅	34/-3	100	剪力墙结构
8号~14号楼	配套用房	2/0	8	框架结构
15号楼	幼儿园	2/0	11	框架结构

主要构件的截面尺寸：多数剪力墙的厚度200mm，少数因轴压比控制加厚至250mm、300mm；框架柱为400mm×400mm；框架梁为300mm×800mm、300mm×700mm、300mm×600mm、300mm×500mm；次梁为200mm×500mm、200mm×400mm。

2. 地下车库楼盖结构

地下车库楼盖采用现浇钢筋混凝土梁板结构。车库顶板有3m厚覆土，采用主梁＋大板结构，梁截面尺寸为500mm×1000mm，板厚为400mm。经方案比选，地下一层采用最经济的主梁＋单向双次梁结构，板跨为2.7m，板厚为100mm，主梁截面为300mm×700mm、200mm×600mm，次梁截面为200mm×600mm。

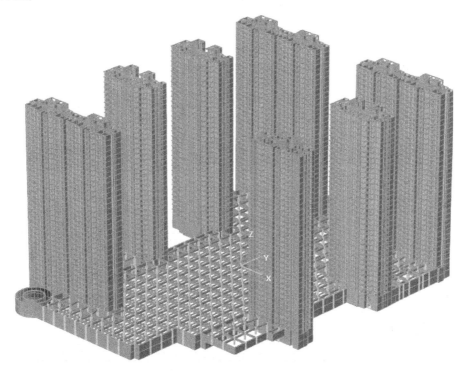

图 54-2 结构整体计算模型

三、地基基础方案

主楼与地下车库之间设沉降后浇带。主楼采用CFG桩复合地基上的筏板基础，筏板厚度为1200mm。其他采用天然地基上的独立基础，独立基础平面尺寸为4~6.7m，截面高度为800~1200mm；地下车库设防水板，其厚度：非人防区为250mm，人防区为300mm。本工程自身压重可以满足抗浮要求，不需要采取其他抗浮措施。

结构方案评审表

结设质量表（2016）

项目名称	郑州航空港经济综合实验区河东第三棚户区 1号地建设项目	项目等级	A/B级□、非A/B级■
		设计号	14546-1

评审阶段	方案设计阶段□	初步设计阶段□	施工图设计阶段■

评审必备条件	部门内部方案讨论 有■ 无□	统一技术条件 有■ 无□

工程概况	建设地点：河南郑州	建筑功能：住宅、配套、幼儿园、地下车库
	层数（地上/地下）：34/2	高度（檐口高度）：98.53m
	建筑面积（m²）：19万	人防等级：核6/常6（当地人防院设计）

主要控制参数	设计使用年限：50年
	结构安全等级：二级
	抗震设防烈度、设计基本地震加速度、设计地震分组、场地类别、特征周期 7度、0.10g、第二组、Ⅱ类、0.40s
	抗震设防类别：标准设防类（丙类）
	主要经济指标：尽量经济

结构选型	结构类型：剪力墙（高层住宅）、框架（配套、幼儿园）
	概念设计、结构布置：结构布置力求均匀、对称
	结构抗震等级：剪力墙二级（高层住宅）、框架三级（配套）、框架二级（幼儿园）
	计算方法及计算程序：YJK、理正
	主要计算结果有无异常（如：周期、周期比、位移、位移比、剪重比、刚度比、楼层承载力突变等）：无
	伸缩缝、沉降缝、防震缝：超长高层单体设置防震缝
	结构超长和大体积混凝土是否采取有效措施：设置伸缩后浇带、沉降后浇带
	有无结构超限：高度不超限、个别塔楼扭转不规则
	其他主要不规则情况：个别塔楼扭转不规则

基础选型	基础设计等级：甲级
	基础类型：筏板基础、独立基础＋防水板
	计算方法及计算程序：YJK（基础模块）
	防水、抗渗、抗浮：抗渗混凝土、压重抗浮与抗拔桩抗浮比选问题
	沉降分析：进行沉降计算
	地基处理方案：CFG桩（复合地基）

新材料、新技术、难点等	1. 结构荷载控制； 2. CL外墙体系

主要结论	优化地下室地基持力层方案、地下室下宜采用局部换填的粉砂层持力层、地下室平面尺度大、补充温度应力分析、采取严格的温度应力控制措施、严格后浇带设置、优化剪力墙布置、取消过多的短肢墙、减轻自重、减少小墙肢、地下室空矿区域适当设置混凝土墙

工种负责人：张路 牛奔	日期：2016.12.8	评审主持人：朱炳寅	日期：2016.12.8

注意：**1.** 评审申请时间：一般项目应在初步设计完成之前，无初步设计的项目在施工图1/2阶段。

2. 工种负责人、审核人必须参加评审会，审定人以及项目组其他人员应尽量参会。工种负责人负责项目组与会人员的通知事宜，在必要时可邀请建筑专业相关人员出席。

3. 评审后工种负责人应填写《结构方案评审意见回复表》，逐条回复《结构方案评审表》和《会议纪要》中提出的评审意见，并在签署齐全后归档。

会议纪要

2016 年 12 月 8 日

"郑州航空港经济综合实验区河东第三棚户区 1 号地建设项目"施工图设计阶段结构方案评审会

评审人： 谢定南、罗宏渊、王金祥、陈文渊、徐琳、朱炳寅、彭永宏、张守峰、王大庆

主持人： 朱炳寅　　**记录：** 王大庆

介　绍： 牛奔、张路

结构方案：本工程含两层大地下室以及 7 栋 34 层住宅楼、1 栋两层幼儿园、多栋两层配套用房。住宅楼采用剪力墙结构，其他采用框架结构。

地基基础方案：住宅楼采用 CFG 桩复合地基上的筏板基础；其他采用天然地基上的独立基础＋防水板，地基持力层为粉土层或粉砂层。经验算，抗浮符合要求。

评审：

1. 核查基底与持力层的关系，优化地下室地基持力层方案，地下室下宜采用局部换填的粉砂层作为持力层。

2. 地下室平面尺度大（约 210×150m），且楼栋布置使其对温度应力敏感，应补充温度应力分析，采取严格的温度应力控制措施，严格后浇带设置。

3. 优化地下室结构布置，如：地下室空旷区域适当设置混凝土墙；宜取消距主体结构近的地下室柱等。

4. 住宅楼的剪力墙偏多（部分楼栋的层间位移角约 1/1800），建议优化剪力墙布置，取消过多的短肢墙，减少小墙肢等，减轻自重；并优化结构计算模型，适当处理小墙肢、小墙垛问题。

5. 切实加强楼梯间一字形外墙与主体结构的连接，确保其稳定性；并补充不考虑该墙肢的计算模型，包络设计。

6. 计算分析宜适当考虑住宅楼组合外墙的 60mm 厚混凝土保护层对结构侧向刚度的影响。

7. 注意住宅楼的部分楼板偏薄问题。

结论：

建议根据结构方案评审表的主要结论以及会议纪要内容，进一步优化结构设计。

55　园博会演艺中心项目

设计部门：第二工程设计研究院

主要设计人：张路、朱禹风、张猛、朱炳寅、侯鹏程、郭强

工 程 简 介

一、工程概况

　　园博会演艺中心项目位于北京市延庆县，用地面积约 14424m²，主要包括混凝土连桥及半地下室和钢结构屋面两个子项工程。

　　混凝土连桥及半地下室：建筑面积为 1312m²，主要建筑使用功能为人流通行及少量办公室、化妆间等室内空间，主要由一条南、北向穿行于蝶状屋面中部的混凝土连桥及桥面板下部设置的少量半地下室构成，结构高度为 6.5m。混凝土连桥由两道拱支撑，大拱跨度为 42m，小拱跨度为 28m。除连桥区域外，外墙外侧有坡状堆土，考虑到结构周边堆土较多，外墙多为承受土压力的挡土墙。内部由于建筑使用功能需要，设柱条件不佳，选择剪力墙结构承受竖向及水平荷载。

　　钢结构屋面：建筑投影面积约 6700m²，由 26 榀呈伞状排开的 Γ 字形悬挑钢桁架支承，屋面外形为蝴蝶状，最大悬挑长度约 47m，最大平面尺寸约 115m×109m，屋面高度为 18.5m。

　　钢结构部分与混凝土结构部分完全脱开，桁架柱穿过 6.5m 标高混凝土楼板的开洞区域，落在基础底板上，与混凝土结构部分共用同一筏板基础。

图 55-1　建筑效果图

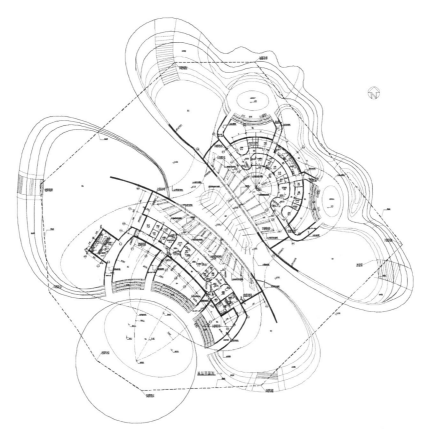

图 55-2　混凝土结构部分平面图

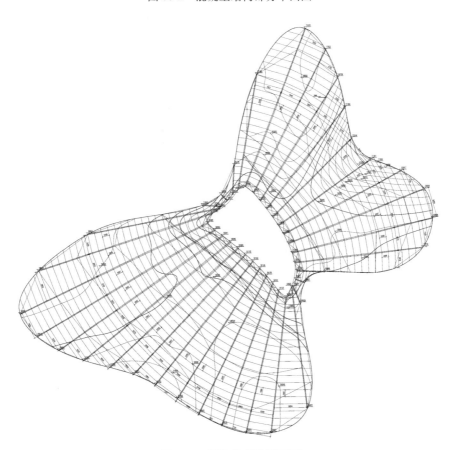

图 55-3　钢结构部分平面图

二、结构方案

1. 钢结构部分

通过多方案比较，综合考虑建筑使用功能、立面造型、结构传力明确、经济合理等多种因素，采用Γ字形悬挑钢桁架结构。竖向荷载通过悬挑桁架传至桁架柱，再传至基础。水平荷载由桁架柱和角部每两榀桁架组成的斜杆支撑承担。

悬挑桁架采用矩形钢管，弦杆最大截面为□400mm×500mm×16mm，腹杆最大截面为□200mm×300mm×12mm，随着接近悬挑外端，截面逐渐减小，端部钢管弦杆采用□150mm×250mm×10mm，腹杆采用□100mm×100mm×8mm。桁架柱采用矩形钢管，弦杆最大截面为□400mm×500mm×16mm，腹杆最大截面为□200mm×300mm×12mm。

悬挑桁架根部通过地索与地面拉结，以拉索受拉、柱根受压的高效拉、压受力模式替代相对低效的柱根抗弯受力模式，每组拉索的根数随悬挑长度不同为4～8根不等。

屋面设置φ40mm圆钢交叉拉杆组成的上弦水平支撑，保证上弦平面内刚度；设置由上弦□200mm×300mm×12mm系杆和下弦φ40mm圆钢组成的垂直悬挑方向的纵向拉杆支撑，构成空间桁架结构体系，以确保受压下弦杆和屋面钢结构的整体稳定。

悬挑桁架前、后两端设置侧向桁架，以连接各榀桁架，形成纵向抗侧力体系；四个角部的两榀桁架间设置斜杆，提高结构纵向的抗侧刚度。

2. 混凝土结构部分

采用现浇钢筋混凝土剪力墙结构，承受竖向荷载及水平作用。外墙为高度6.5～3m的挡土墙，厚度为500～300mm，内墙厚度为300～200mm。楼盖采用现浇钢混凝土主楼加大板结构，覆土厚度大于2m的区域采用300mm厚楼板，其余覆土区及跨度大于6m区域采用250mm厚楼板，一般室内小跨度楼板及悬挑板取150mm厚。

采用实腹拱，拱脚设置拉索平衡推力，拱厚度为500mm，根部高度为5.9m，拱顶梁高为1.1m。

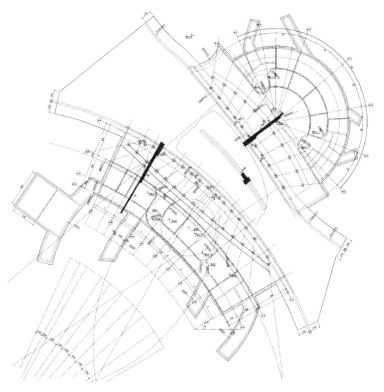

图55-4 首层结构平面布置图

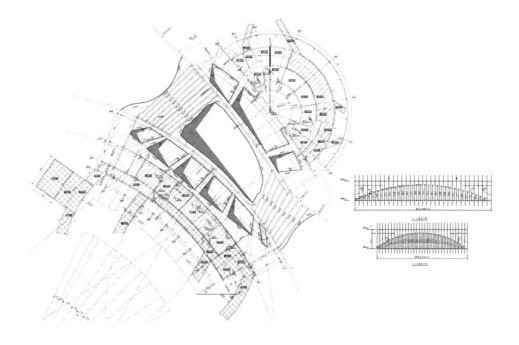

图 55-5　6.5m 标高结构平面布置图

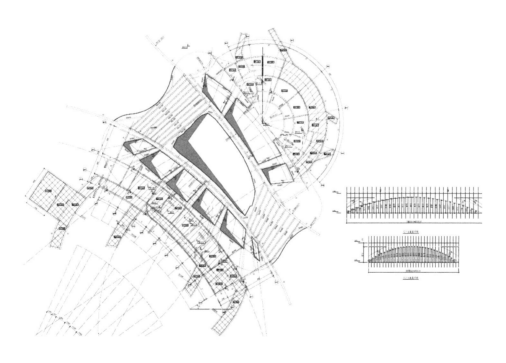

图 55-6　混凝土屋面结构平面布置图

三、地基基础方案

结合场地的工程地质条件和延庆地区经验，本工程采用天然地基上的变厚度筏板基础。地基持力层为粉质黏土、黏质粉土层，地基承载力标准值取 140kPa。半地下室部分的筏板厚度为 400mm，钢桁架柱底部的筏板厚度为 800mm，拉索锚固梁下的筏板厚度为 1200mm。抗浮设防水位为 −0.70m，采用筏板自重抗浮。

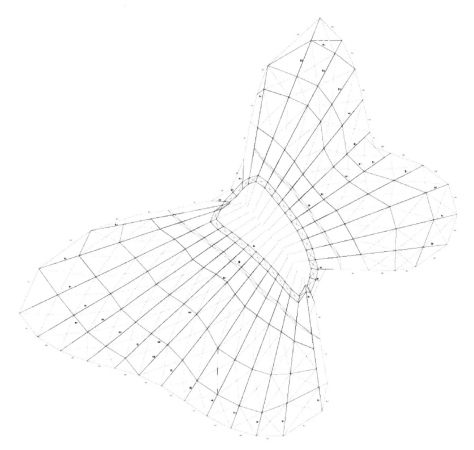

图 55-7　钢结构屋面平面布置图

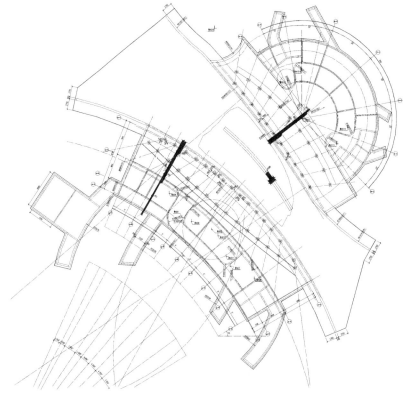

图 55-8　基础平面布置图

结构方案评审表

结设质量表（2016）

项目名称	园博会演艺中心项目	项目等级	A/B级□、非A/B级■
		设计号	

评审阶段	方案设计阶段□	初步设计阶段■	施工图设计阶段□

评审必备条件	部门内部方案讨论　有■　无□		统一技术条件　有■　无□

工程概况	建设地点：北京延庆		建筑功能：演艺中心
	层数（地上/地下）：1/1		高度（檐口高度）：18.5m
	建筑面积（m²）：0.7万		人防等级：无

主要控制参数	设计使用年限：50年
	结构安全等级：二级
	抗震设防烈度、设计基本地震加速度、设计地震分组、场地类别、特征周期
	8度　0.20g　第二组　Ⅲ类　0.55s
	抗震设防类别：标准设防类（丙类）
	主要经济指标：尽量经济

结构选型	结构类型：剪力墙（混凝土部分）、钢桁架（钢结构部分）
	概念设计、结构布置：结构布置力求均匀、对称
	结构抗震等级：三级（钢结构部分）、三级（混凝土部分）
	计算方法及计算程序：SAP2000 YJK、理正
	主要计算结果有无异常（如：周期、周期比、位移、位移比、剪重比、刚度比、楼层承载力突变等）：周期比1.4，扭转第一周期
	伸缩缝、沉降缝、防震缝：无
	结构超长和大体积混凝土是否采取有效措施：设置伸缩后浇带
	有无结构超限：悬挑屋盖超限
	其他主要不规则情况：扭转不规则

基础选型	基础设计等级：甲级
	基础类型：筏板基础
	计算方法及计算程序：YJK（基础模块）
	防水、抗渗、抗浮：抗渗混凝土、压重抗浮
	沉降分析：进行沉降计算
	地基处理方案：换填垫层法

新材料、新技术、难点等	1. 大悬挑钢桁架； 2. 大跨度混凝土拱

主要结论	明确结构设计使用年限作为设计基本依据，若作为临时建筑可不用完全按永久建筑设计（尤其是正常使用极限状态要求），屋顶桁架优化，考虑采用圆管的可能性，注意风荷载作用下桁架杆件内力变号问题，补充节点分析，与建筑屋面支撑结构配合，设置完整的上弦支撑系统，补充左右分块计算模型，檩条兼作稳定杆时，应考虑压杆的作用，屋面桁架宜在两边形成左右贯通的抗侧力结构

工种负责人：张路　朱禹风	日期：2016.12.14	评审主持人：朱炳寅	日期：2016.12.14

注意：**1.** 评审申请时间：一般项目应在初步设计完成之前，无初步设计的项目在施工图1/2阶段。

　　2. 工种负责人、审核人必须参加评审会，审定人以及项目组其他人员应尽量参会。工种负责人负责项目组与会人员的通知事宜，在必要时可邀请建筑专业相关人员出席。

　　3. 评审后工种负责人应填写《结构方案评审意见回复表》，逐条回复《结构方案评审表》和《会议纪要》中提出的评审意见，并在签署齐全后归档。

会议纪要

2016 年 12 月 14 日

"园博会演艺中心项目"初步设计阶段结构方案评审会

评审人：谢定南、罗宏渊、王金祥、尤天直、徐琳、朱炳寅、张亚东、鼓永宏、王大庆

主持人：朱炳寅　　记录：王大庆

介　　绍：朱禹风、张路

　　结构方案：屋顶钢结构与下部混凝土结构完全脱开。屋顶平面呈蝴蝶形，最大平面尺寸为 115m×109m。屋顶钢结构由伞状排列的 26 榀 Γ 形悬挑钢桁架构成（最大悬挑长度约 47m），每榀桁架的根部通过拉索与基础拉结；设置环桁架、Γ 形折角处的纵向立体桁架，与端开间的竖向立体桁架形成抗侧力体系；满设上弦交叉水平拉杆，并设垂直于悬挑方向的多榀纵向拉杆，形成拉杆支撑体系。下部混凝土结构由三面临土的半地下室和平面中部的连桥组成，半地下室采用剪力墙结构，连桥采用拱结构。根据结构超限情况，补充计算分析，采取针对性措施，进行抗震性能设计。

　　地基基础方案：采用天然地基（局部采用级配砂石换填）上的变厚度筏板基础，为平衡上部钢结构的倾覆力矩和拉索的拉力，局部加厚筏板。抗浮采用压重方案。

评审：

　　1. 明确结构的设计使用年限，作为设计的基本依据。若作为临时建筑，可不用完全按永久建筑设计（尤其是正常使用极限状态要求）。

　　2. 优化屋顶钢桁架结构设计，使其更为经济合理：

　　2.1　桁架弦杆采用扁钢管，腹杆采用方钢管，局部应力大、节点复杂且不经济，建议考虑采用圆钢管的可能性。

　　2.2　注意风荷载作用下桁架杆件内力变号问题。

　　2.3　与建筑屋面支撑结构配合，设置完整的上弦支撑系统。檩条兼作稳定杆时，应考虑压杆作用。

　　2.4　屋面桁架宜在两边形成左右贯通的抗侧力结构。

　　2.5　桁架的落地部分建议适当设置交叉斜杆。

　　2.6　除端开间设置竖向立体桁架外，建议在其他开间适当增设竖向立体桁架。

　　2.7　杆件应力比不高，可考虑采用 Q235 钢，以利于长细比控制。

　　2.8　拉索应力控制宜区分不同工况，适当留余量。

　　3. 细化计算分析，补充左、右分块计算模型，包络设计；补充节点分析；细化抗连续倒塌分析；注意基础抗倾覆力矩和抗上拔力验算。

结论：

　　建议根据结构方案评审表的主要结论以及会议纪要内容，进一步优化结构设计。

56　遂宁市河东文化中心

设计部门：第二工程设计研究院
主要设计人：张淮湧、张路、张祚嘉、施泓、朱炳寅、朱禹风、牛奔、郭强、隋海燕、陈晓晴

工 程 简 介

一、工程概况

　　本项目位于四川省遂宁市，集合了文化馆、档案馆、图书馆、博物馆、科技馆、城乡规划馆、党建党史馆、地方志馆、非遗传习展示中心以及青少年宫等公共功能，是未来遂宁市最富有朝气的文化综合体。项目总用地面积为77330.09m²，总建筑面积为114800m²，地上为75300m²，地下为39500m²（含人防面积19200m²）。主要结构分区为：A区（文化馆、青年宫、非遗传承展中心）；B、C区（档案馆、地方志馆、图书馆、党建党史馆）；D、E区（博物馆、科技馆）；F区（城乡规划展览馆）。项目设1层地下室，其平面尺寸为276m×178m，层高6.6m。地上建筑4～5层，房屋高度为26.9～29.1m，采用钢框架结构。基础选用变厚度筏板基础，抗浮采用压重方案。

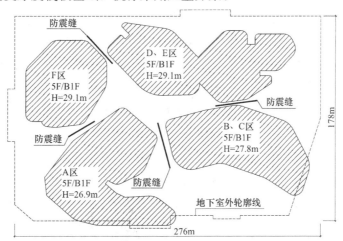

图 56-1　总平面图

图 56-2　鸟瞰图

342

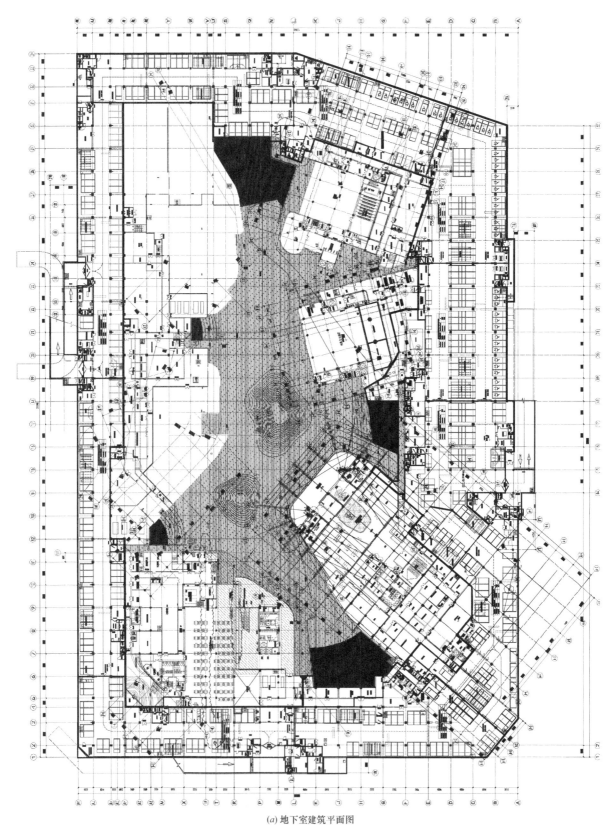

(a) 地下室建筑平面图

图 56-3 建筑平面

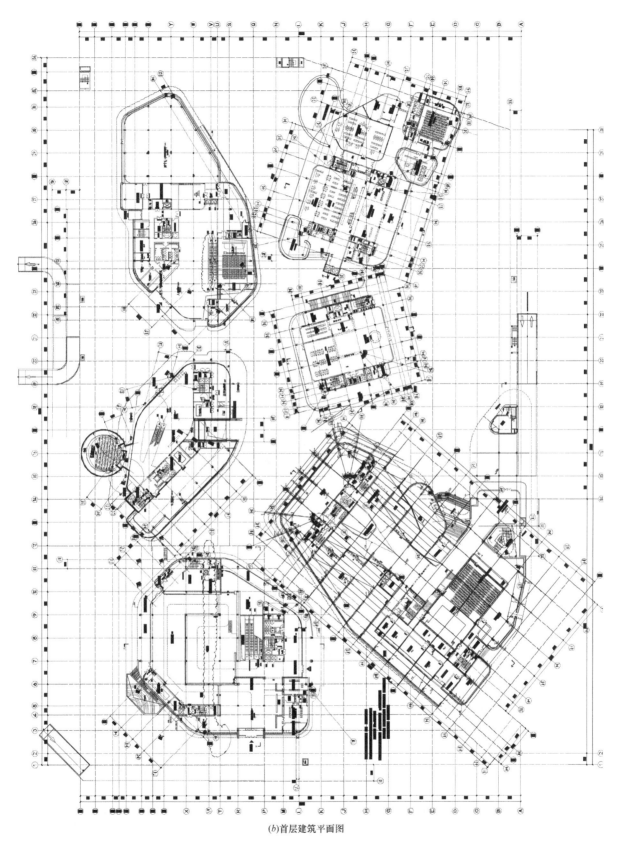

(b)首层建筑平面图

图 56-3　建筑平面（续）

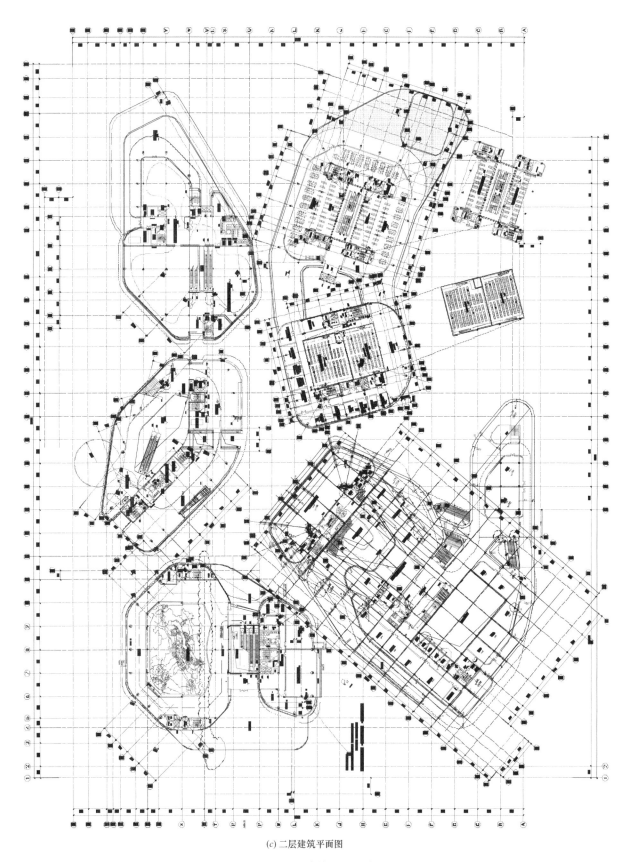

(c) 二层建筑平面图

图 56-3　建筑平面（续）

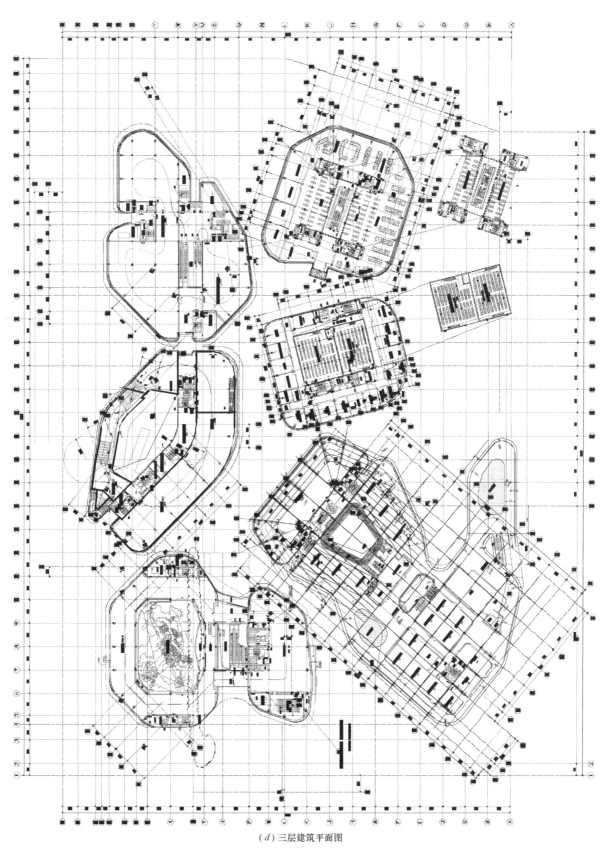

(*d*) 三层建筑平面图

图 56-3　建筑平面（续）

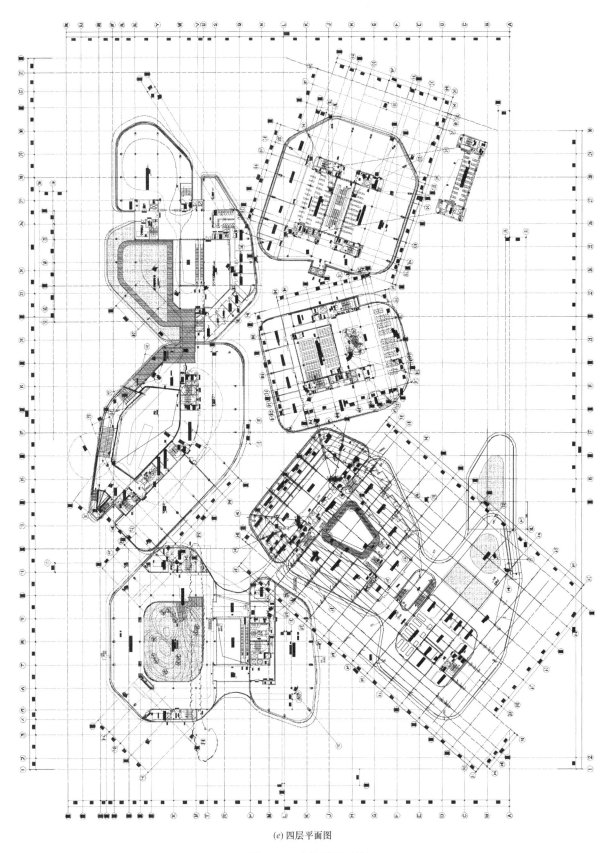

(e) 四层平面图

图 56-3　建筑平面（续）

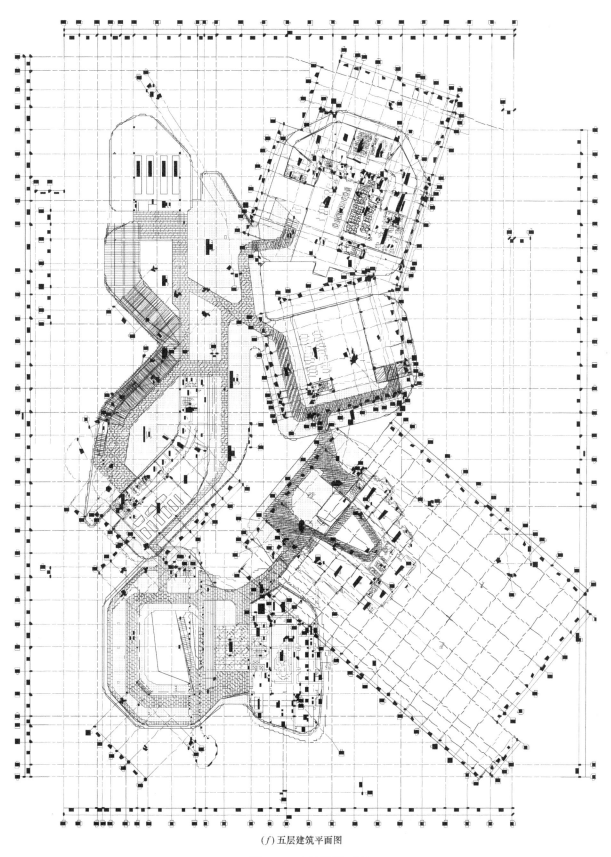

(f) 五层建筑平面图

图 56-3　建筑平面（续）

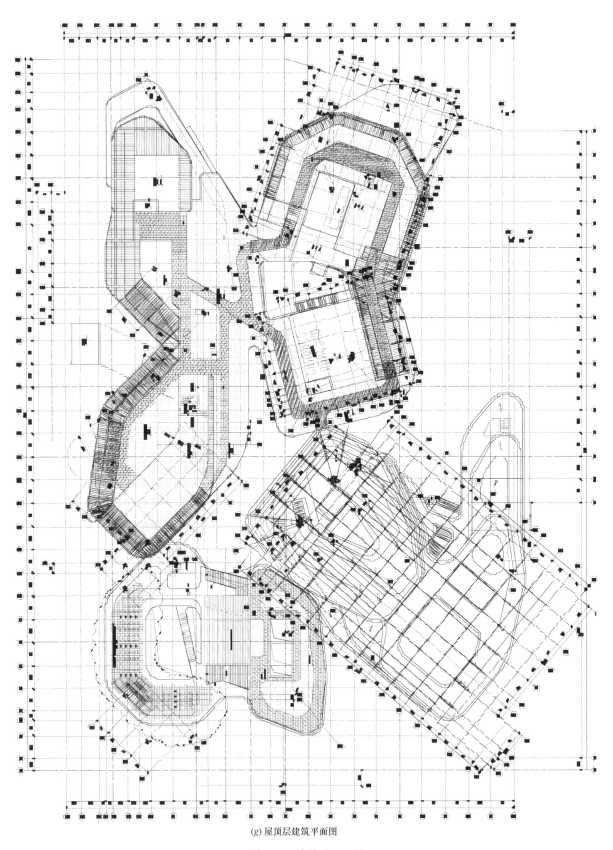

(g)屋顶层建筑平面图

图 56-3 建筑平面（续）

二、结构方案

1. 设计条件

抗震设防烈度	7度（档案馆）	设计基本地震加速度	0.10g（档案馆）
	6度（其他）		0.05g（其他）
设计地震分组	第一组	场地类别	II类
特征周期	0.35s		

2. 结构缝

本工程设置4道结构缝，划分为4个结构单元（A区；B、C区；D、E区；F区），设缝原则如下：

（1）依据建筑平面布置，合理设缝划分结构单体，有效控制结构的平面及竖向规则性，避免出现大区域连体结构。

（2）控制单个结构的总长度不过大，以减小温度应力对结构的不利影响。

（3）在规则性控制的前提下，尽量满足建筑专业平、立面做法的设计需求。

3. 结构体系

考虑以下因素，地上建筑采用钢框架结构：

（1）各单体沿建筑周圈大量布置斜柱，且斜度较大（典型倾斜角为73.3°），对楼层处的斜柱拉接梁会产生较明显的拉应力，需补充梁拉弯验算以保证结构安全性。对于拉应力问题，钢构件相对于钢筋混凝土构件有明显的先天优势，选用钢结构可从根本上缓解斜柱建筑方案引起的结构不规则性，有效提升结构安全度。

（2）各单体存在大量的大跨度构件和大悬挑构件，采用钢结构来实现大跨度和大悬挑，可以有效减轻结构自重，降低结构构件高度，节约室内净空高度。

（3）本工程需满足绿建三星建设要求，对于绿色建筑概念要求较高。钢结构具有耗材少、施工周期短、工业化水平高、材料可循环利用等优势，可有效配合建筑物绿色环保的设计理念。

4. 计算措施

（1）振型分解反应谱法小震弹性分析

在小震作用下，要求结构处于弹性状态，构件承载力和变形满足规范要求。主计算程序为盈建科YJK，用于结构主要设计指标控制以及构件承载力计算；补充计算程序为MIDAS BUILDING及PMSAP，用于结构主要设计指标复核及重点部位抗震性能化设计的相关构件承载力包络设计。

由于各单体的楼层为典型的L形平面，故结构计算时，分别按照轴网正交方向和轴网最不利方向输入地震作用，同时输出两组结构设计指标，均作为结构计算指标控制、不规则控制及超限判别的依据。

（2）小震弹性时程分析

根据场地类别选用相应地震波，补充小震下的弹性时程分析，控制每条时程曲线计算所得的结构底部剪力不小于振型分解反应谱法求得的底部剪力的65%，7条时程曲线计算所得的结构底部剪力的平均值不小于振型分解反应谱法求得的底部剪力的80%，并与振型分解反应谱法计算的结果进行比较，设计时地震作用取7条时程曲线计算结果的平均值与振型分解反应谱法计算结果的较大值。

由于各单体的楼层平面为典型的L形，故结构计算时，分别按照轴网正交方向和轴网最不利方向输入地震波，同时输出两组小震弹性时程分析结果，用于承载力包络设计。

（3）中震不屈服计算

进行中震不屈服计算，确保以下抗震性能目标得以实现：

1）竖向构件承载力满足中震不屈服设计要求。

2）20m以上大跨钢梁及6m以上大悬挑钢梁承载力满足中震不屈服设计要求（考虑竖向地震作用）。

3）弱连接处连系梁、细腰处连系梁承载力满足中震不屈服设计要求。

（4）中震弹性计算

进行中震弹性计算，确保以下抗震性能目标得以实现：

1）错层柱、穿层柱承载力满足中震弹性设计要求。

2）体型收进部位上、下临近楼层周边竖向构件承载力满足中震弹性设计要求。

3）斜柱及其拉接梁承载力满足中震弹性设计要求。

（5）大震不屈服计算

进行大震不屈服计算，确保斜柱及其拉接框架梁承载力满足大震不屈服设计要求。

（6）大震弹塑性动力时程分析

各单体进行大震下薄弱层弹塑性变形验算，采用 SAUSAGE 软件进行弹塑性动力时程分析，验算结构在大震下的弹塑性变形。

（7）楼板地震应力有限元分析

各单体的楼层平面有较多的楼板大开洞、楼板有效宽度不足、细腰等楼板不连续情况，选用楼板地震应力有限元分析进行补充计算，并要求满足小震下楼板不开裂、中震下楼板钢筋不屈服的设计目标。

（8）MIDAS BUILDING 补充计算，用于主要结构计算指标的复核及重点区域的结构构件包络设计。

（9）PMSAP 补充计算，用于重点区域的结构构件包络设计。

（10）考虑±0.0 的实际嵌固条件，补充地下室顶板嵌固计算模型，用于全楼结构构件的承载力包络设计。

5. 设计措施

（1）采用多种软件的计算结果对结构整体计算指标进行控制，并作为抗震性能化设计、不规则控制、弹塑性分析等设计内容的重要计算支撑手段，全面提升结构安全性能。

（2）采用抗震性能化设计方法，结构的抗震性能目标按照《高规》C 级控制，并结合本工程的实际情况，依据结构构件的重要性，综合考虑结构合理性及安全性需求，对《高规》建议的抗震性能化设计控制标准适当调整，达到全面提升、重点加强的设计目标。

（3）针对扭转不规则的设计措施

1）根据结构的扭转趋势，针对性地调整周圈结构的梁高度，合理均衡地减小结构的扭转效应。

2）必要时适当加大周圈框架的抗侧刚度，提升结构整体的抗扭刚度。

3）考虑到各单体的层间位移角计算值远小于规范限值（不足规范限值的 40%），且计算周期比亦远小于规范限值，可认为结构的抗侧刚度和抗扭刚度均有较大安全储备，因而实际设计中对结构的扭转位移比适当控制，未刻意控制在 1.40 以内。

（4）针对楼板不连续、细腰等不规则项的设计措施

1）定义细腰及弱连接区域的拉接框架梁为重要构件，要求其承载力满足中震不屈服的设计目标。

2）要求全楼楼板满足小震下楼板不开裂、中震下楼板钢筋不屈服的设计目标。

3）补充全楼弹性膜计算模型，进行构件承载力包络设计。

4）针对弱连接及细腰区域，补充多塔＋弱连接区域零刚度板计算模型，进行弱连接及细腰相关区域的构件承载力包络设计，弱连接区域的梁按照拉弯构件进行计算复核。

5）弱连接及细腰部位楼板构造加强，板厚不小于 150mm，双层双向通长配筋，通长钢筋配筋率≥0.25%。弱连接及细腰部位的上、下层相应位置楼板加强构造措施，采用双层双向通长配筋。

（5）针对立面尺寸突变、多塔的设计措施

1）收进部位楼板构造加强，板厚不小于 150mm，双层双向通长配筋，通长钢筋配筋率≥0.25%。收进部位的上、下层楼板加强构造措施，采用双层双向通长配筋。

2）控制上部收进结构的底部楼层层间位移角不大于相邻下部区段最大层间位移角的 1.15 倍。

3）定义收进部位上、下相邻层的周围竖向构件为重要构件，进行抗震性能化设计，要求其承载力满足中震弹性设计要求，抗震等级提高一级。

（6）针对穿层柱、错层柱的设计措施

定义穿层柱、错层柱为重要构件，进行抗震性能化设计，要求其承载力满足中震弹性设计要求。控制穿层柱、错层柱的应力比不大于相邻普通框架柱。穿层柱、错层柱的抗震等级提高一级。

（7）针对斜柱及其拉接框架梁的设计措施

1）斜柱按照斜向框架柱和斜撑两种模型进行计算，并按两种模型的计算结果进行包络设计。

2）定义斜柱及其拉接框架梁为关键构件，进行抗震性能化设计，要求其承载力满足中震弹性和大震不屈服的设计目标，抗震等级提高一级。

三、地基基础方案

依据地勘报告提供的地质条件，结合结构受力情况，本工程采用天然地基上的变厚度筏板基础，筏板厚度：纯地下室为 500mm，地上建筑范围为 600mm，柱墩处加厚至 1000～1400mm。地基持力层为④1 层松散卵石和④2 层稍密卵石，地基承载力特征值 f_{ak} 为 180kPa。基底局部的③层粉砂全部挖除，采用现场开挖的④层卵石分层回填夯实，压实系数不小于 0.97，压实后的地基承载力特征值 f_{ak} 不小于 180kPa。

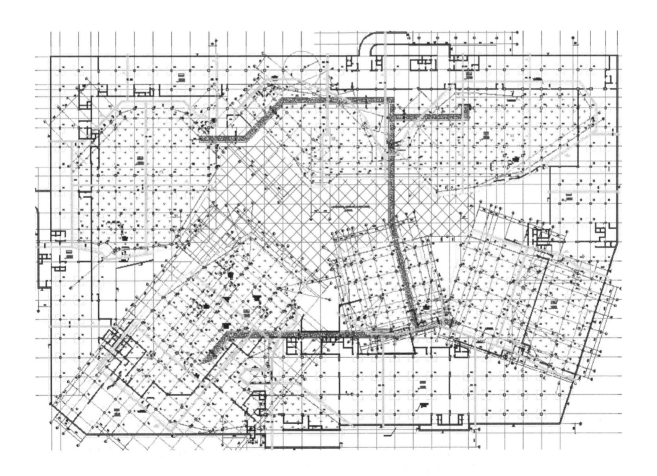

图 56-4　基础平面布置图

<h1 style="text-align:center">结构方案评审表</h1>

结设质量表（2016）

项目名称	遂宁市河东文化中心		项目等级	A/B 级■、非 A/B 级□
			设计号	62-16540
评审阶段	方案设计阶段□	初步设计阶段■		施工图设计阶段□
评审必备条件	部门内部方案讨论　有■　无□		统一技术条件　有■　无□	

工程概况	建设地点：四川遂宁	建筑功能：文化宫、青年宫、档案馆、图书馆、博物馆、科技馆、规划展览馆
	层数（地上/地下）：5/1	高度（檐口高度）：29.1m
	建筑面积（m²）：11.4 万	人防等级：核 6/常 6

主要控制参数	设计使用年限：50 年（博物馆、科技馆 100 年）
	结构安全等级：二级（博物馆、科技馆一级）
	抗震设防烈度、设计基本地震加速度、设计地震分组、场地类别、特征周期 6 度、0.05g、第一组、Ⅱ类、0.35s；注：（档案馆、图书馆按照 7 度 0.10g 设计）
	抗震设防类别：标准设防类（丙类）（博物馆、科技馆乙类）
	主要经济指标：尽量经济

结构选型	结构类型：钢框架
	概念设计、结构布置：结构布置力求均匀、对称
	结构抗震等级：三级（钢结构部分）、三级（混凝土部分）
	计算方法及计算程序：YJK、MIDAS、理正
	主要计算结果有无异常（如：周期、周期比、位移、位移比、剪重比、刚度比、楼层承载力突变等）： 5～6 项一般不规则
	伸缩缝、沉降缝、防震缝：设置防震缝、伸缩缝、沉降缝
	结构超长和大体积混凝土是否采取有效措施：设置伸缩后浇带
	有无结构超限：一般不规则超 3 项
	其他主要不规则情况：多项一般不规则

基础选型	基础设计等级：甲级
	基础类型：筏板基础
	计算方法及计算程序：YJK（基础模块）
	防水、抗渗、抗浮：抗渗混凝土、压重抗浮
	沉降分析：进行沉降计算
	地基处理方案：换填垫层法

新材料、新技术、难点等	1. 不规则处理措施； 2. 超限审查

主要结论	建筑平面分区复杂，D、E 楼设缝分开，注意设计使用年限 100 年问题，100 年耐久性问题，隔撑问题，优化钢结构布置，优化钢构件应力控制，次梁按组合梁设计，应补充单榀框架分析，细化抗震性能化设计，注意大跨度大悬挑的舒适度问题，大悬挑梁的挠度问题及内跨钢梁问题，注意钢结构的防火防腐及后期维护要求

工种负责人：张淮涌　张路　张祚嘉　日期：2016.12.15	评审主持人：朱炳寅　日期：2016.12.15

注意：1. 评审申请时间：一般项目应在初步设计完成之前，无初步设计的项目在施工图 1/2 阶段。

　　2. 工种负责人、审核人必须参加评审会，审定人以及项目组其他人员应尽量参会。工种负责人负责项目组与会人员的通知事宜，在必要时可邀请建筑专业相关人员出席。

　　3. 评审后工种负责人应填写《结构方案评审意见回复表》，逐条回复《结构方案评审表》和《会议纪要》中提出的评审意见，并在签署齐全后归档。

会议纪要

2016 年 12 月 15 日

"遂宁市河东文化中心"初步设计阶段结构方案评审会

评审人：谢定南、罗宏渊、王金祥、尤天直、徐琳、朱炳寅、鼓永宏、王大庆

主持人：朱炳寅　记录：王大庆

介　绍：张祚嘉、郭强、牛奔、张路

结构方案：本工程设 1 层大地下室，地上分为 4 栋独立建筑：A 楼、B 和 C 楼、D 和 E 楼、F 楼，均为 5 层。应甲方要求，采用钢框架结构。结构存在多项不规则，属超限工程，相应补充计算分析，采取针对性措施，进行抗震性能化设计。

地基基础方案：采用天然地基上的变厚度筏板基础，局部进行换填处理。抗浮采用压重方案。

评审：

1. 注意设计使用年限 100 年问题和 100 年耐久性问题，细化相应措施。

2. 结合本工程的抗震设防烈度、结构体系、构件重要性等因素，细化抗震性能化设计。

3. 建筑平面分区复杂，D、E 楼下部三层分开、顶部两层相连，且两楼各有多项不规则，建筑抗震设防类别也不同，两楼应设缝分开，降低复杂程度。

4. 本工程采用钢框架结构，弹性层间位移角约 1/2000，应优化钢结构布置和构件截面尺寸，优化钢构件应力控制，使结构设计更为经济合理，例如：钢框架结构设置隔撑；钢次梁按组合梁设计；上部楼层的钢柱截面适当收小；避免大悬挑梁支承大跨楼梯；注意工字钢梁的抗扭问题；注意多梁交汇处的节点处理问题等。

5. 本工程为具有多项不规则的超限工程，尚应补充单榀框架分析，包络设计。

6. 当 ±0.0 嵌固条件不足时，按 ±0.0 嵌固，并补充基础嵌固模型，包络设计。

7. 注意大跨度结构、大悬挑结构的舒适度问题。

8. 注意大悬挑梁的挠度问题及内跨钢梁问题。钢梁挠度控制宜采用起拱方式解决。

9. 楼板受拉宜按名义拉应力控制。

10. 注意钢结构的防火、防腐及后期维护要求。

结论：

建议根据结构方案评审表的主要结论以及会议纪要内容，进一步优化结构设计。

57　山西长子县商业项目

设计部门：第二工程设计研究院
主要设计人：谈敏、吴平、朱炳寅、范玉辰、牛春光、宋俊临

工 程 简 介

一、工程概况

本工程位于山西省长子县，总建筑面积约 5.4 万 m²，分 A、B、C 区三栋独立建筑。三区各设一层地下室，A、B 区层高为 4.3m，C 区层高为 5.4m，建筑使用功能均为地下车库，无人防。A 区地上 4 层，B 区地上 4 层、局部 3 层，C 区地上 5 层、局部 4 层，首层层高均为 5.4m，其上各层层高均为 4.8m。A 区平屋顶标高为 19.8m，坡屋顶最高点标高为 24.7m。B 区四层的平屋顶标高为 20.4m，坡屋顶最高点标高为 22.6m。C 区五层的平屋顶标高为 24.6m，坡屋顶最高点标高为 27.6m。本工程均采用框架结构，以地下室顶板为嵌固端。

图 57-1　建筑效果图

二、结构方案

1. 抗侧力体系

本工程采用现浇钢筋混凝土框架结构，以地下室顶板为嵌固端。框架柱截面尺寸为 600mm×600mm～700mm×700mm，框架梁截面尺寸为 250mm×600mm～350mm×800mm。三个单体均未设缝，地下与地上结构设置后浇带。

2. 楼盖体系

本工程楼盖采用现浇钢筋混凝土梁板结构，框架梁间板块较大处布置单向次梁，截面尺寸为 300mm×600mm～350mm×800mm。对于特殊的大跨、重载的框架梁、次梁按实际需要确定。考虑到设备埋管需要，一般楼板厚度为 120mm，楼板大开洞处加厚至 150mm。嵌固部位楼板厚度不小于 180mm。

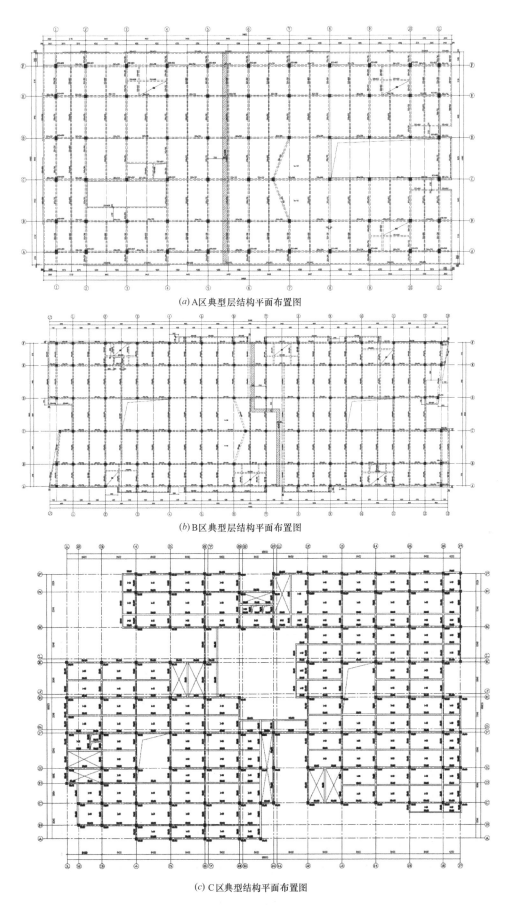

(a) A区典型层结构平面布置图

(b) B区典型层结构平面布置图

(c) C区典型结构平面布置图

图 57-2　结构平面布置图

三、地基基础方案

根据地勘报告建议，本工程采用天然地基上的筏板基础。根据地勘报告提供的抗浮设防水位进行抗浮验算，对抗浮不能满足要求的区域采用压重抗浮，若仍不能满足，则采用抗浮锚杆或抗拔桩。

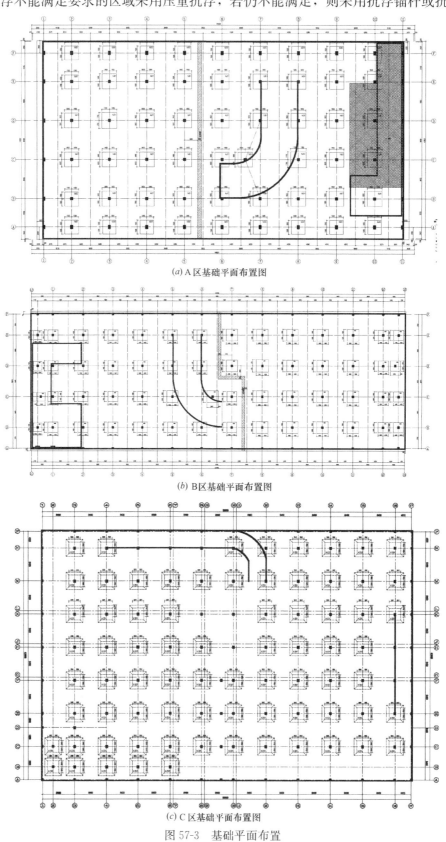

(a) A区基础平面布置图

(b) B区基础平面布置图

(c) C区基础平面布置图

图 57-3　基础平面布置

<h1 style="text-align:center">结构方案评审表</h1>

结设质量表（2016）

项目名称	山西长子县商业项目	项目等级	A/B级□、非A/B级■
		设计号	61-16264

评审阶段	方案设计阶段□	初步设计阶段□	施工图设计阶段■
评审必备条件	部门内部方案讨论　有■　无□		统一技术条件　有■　无□

工程概况	建设地点:山西省长子县	建筑功能:商业楼
	层数(地上/地下):4/1、4/1、5/1	高度(檐口高度):22.15m、22.6m、26.1m
	建筑面积(m²):5.4万	人防等级:无

主要控制参数	设计使用年限:50年
	结构安全等级:二级
	抗震设防烈度、设计基本地震加速度、设计地震分组、场地类别、特征周期 6度、0.05g、第三组、Ⅲ类、0.45s
	抗震设防类别:标准设防类(丙类)
	主要经济指标

结构选型	结构类型:框架结构(A、B、C三个商业区)、
	概念设计、结构布置
	结构抗震等级:框架四级(A、B商业区)、框架三级(C商业区)
	计算方法及计算程序:PKPM
	主要计算结果有无异常(如:周期、周期比、位移、位移比、剪重比、刚度比、楼层承载力突变等): A、B、C区商业主要计算结果均满足规范
	伸缩缝、沉降缝、防震缝:无
	结构超长和大体积混凝土是否采取有效措施:设置后浇带
	有无结构超限:无

基础选型	基础设计等级:乙级
	基础类型:平板筏基加柱墩
	计算方法及计算程序:PKPM
	防水、抗渗、抗浮:考虑抗浮
	沉降分析:沉降大小满足规范要求
	地基处理方案:

新材料、新技术、难点等	

主要结论	应明确要求甲方委托勘察单位探明土洞分布及埋深情况,应提出明确的土洞回填要求(承载力要求及压缩模量要求),注意楼梯的影响,细化不规则项分析,与审图单位沟通,弱连接部位按零刚度板计算拉力、补充单榀框架的承载力分析、楼梯间四角加柱,注意高大填充墙的设计问题,落实勘察报告的关键内容符合建筑工程勘察要求及设计要求,优化结构平面布置,适当加强基础刚度和配筋,地下室适当加设钢筋混凝土墙

工种负责人:谈敏	日期:2016.12.20	评审主持人:朱炳寅	日期:2016.12.20

注意：1. 评审申请时间：一般项目应在初步设计完成之前，无初步设计的项目在施工图1/2阶段。

2. 工种负责人、审核人必须参加评审会，审定人以及项目组其他人员应尽量参会。工种负责人负责项目组与会人员的通知事宜，在必要时可邀请建筑专业相关人员出席。

3. 评审后工种负责人应填写《结构方案评审意见回复表》，逐条回复《结构方案评审表》和《会议纪要》中提出的评审意见，并在签署齐全后归档。

会议纪要

2016 年 12 月 20 日

"山西长子县商业项目"施工图设计阶段结构方案评审会

评审人：谢定南、罗宏渊、王金祥、尤天直、徐琳、朱炳寅、彭永宏、王大庆

主持人：朱炳寅　　记录：王大庆

介　绍：范玉辰、谈敏

结构方案：本工程包括 3 栋独立建筑：A 区、B 区均为 4/－1 层，C 区为 5/－1 层，均采用框架结构。C 区存在不规则情况。

地基基础方案：土层中存在土洞。采用天然地基上的筏板基础。

评审：

1. 落实勘察报告的关键内容是否符合建筑工程勘察要求及设计要求。

2. 土层中存在土洞，应明确要求甲方委托勘察单位探明土洞分布、大小及埋深情况，应提出明确的土洞回填要求（承载力要求及压缩模量要求）；并适当加强基础刚度和配筋，地下室适当加设钢筋混凝土墙。

3. 细化筏板上的柱墩设置，使之满足冲切要求。

4. 细化结构不规则项分析、判别以及应对措施，尽早与审图单位沟通、落实。

5. 结构的平面连接弱，除补充分块模型计算分析外，弱连接部位按零刚度板模型计算拉力，补充单榀框架承载力分析，包络设计。

6. 注意楼梯对框架结构的影响，楼梯间四角加设框架柱，使其形成封闭框架，并优化楼梯设计。

7. 注意高大填充墙的设计问题，并提请建筑专业共同关注，以确保安全。

8. 优化结构布置和构件截面尺寸，注意重点部位加强及细部处理，例如：弱连接部位的拉接梁向两端延伸一跨；玻璃顶部位的梁截面偏小，应适当优化；优化梁系布置等。

9. 注意坡道布置对结构的影响。

10. 严格按本院制图标准绘图。

结论：

建议根据结构方案评审表的主要结论以及会议纪要内容，进一步优化结构设计。

58　北庭故城遗址展示中心

设计部门：第二工程设计研究院
主要设计人：张淮湧、周岩、刘连荣、朱炳寅、曹永超

工　程　简　介

一、工程概况

北庭故城遗址展示中心位于新疆昌吉市；用地呈梯形，其面积约 50776.4m²，建设用地面积约 44308.5m²。项目的总建筑面积约 8000m²，地上约 6284m²，地下约 1716m²，由博物馆、游客服务中心及构筑物斜坡组成。房屋高度：主体建筑为 10.8m，瞭望塔为 17.2m。博物馆由 4 个独立的单跨展厅组成，跨度从 13m 到 19.6m 不等，层高从 5.5m 到 8m 不等，各个展厅间由通廊链接。游客中心为错层结构，地上 1 层（局部两层），地下一层建筑平面尺寸为 65m×59m。

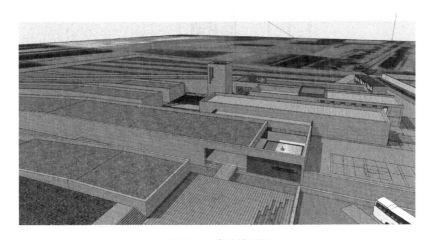

图 58-1　建筑效果图

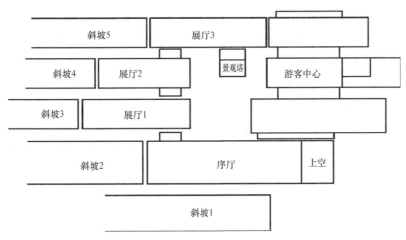

图 58-2　总平面图

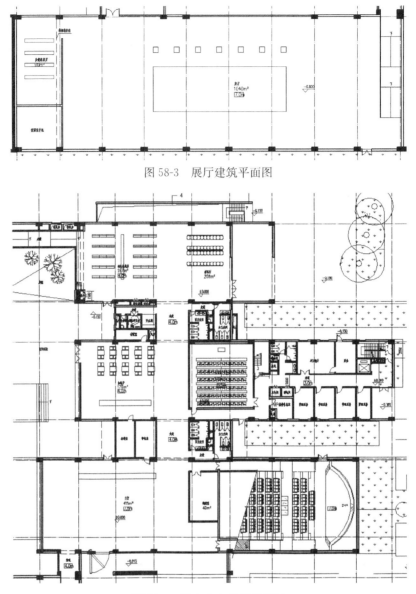

图 58-3 展厅建筑平面图

图 58-4 游客中心建筑平面图

二、结构方案

1. 抗侧力体系

博物馆展厅因展出国家一级文物，定为乙类建筑。展厅为单跨建筑，结构体系采用框架-剪力墙结构，在两端的建筑实墙部位设置剪力墙。框架柱截面尺寸为 600mm×800mm，剪力墙厚度为 300mm，墙肢长度为 3m 左右。

游客中心分为上、中、下三个区域。下区为门厅和影院，单层建筑，中间有放映厅夹层。中区为 1 层的休息区和两层的办公区。上区为商店和候车区，单层建筑。各区之间有层高较低的配套房间连接。建筑整体错层，房屋高度不一致，层数也有差别，结构体系选用框架-剪力墙结构比较合适。剪力墙在各个区内均匀分布，且根据平面条件设置在错层部位，错层部位的竖向构件按中震进行抗震性能设计。框架柱截面尺寸为 600mm×800mm，剪力墙厚度为 300mm，墙肢长度为 3m 左右。

观光塔由电梯和四跑楼梯组成，楼梯塔中间为中空，选用剪力墙结构。

斜坡为建筑整体效果所需，用斜坡将建筑物藏于地平线下。斜坡最高需堆土 7m 高，而场地土为轻微湿陷性黄土，堆土不合理且挡土墙较难设计，故采用框架结构加 U 型挡土墙方案，降低结构造价，同时增加部分使用空间。

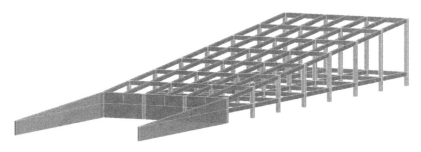

图 58-5　斜坡计算模型示意图

2. 楼盖体系

地下室顶板厚度取 180mm，无地下室区域为节省造价不设楼板，采用高杯柱墩，以满足嵌固要求。

展厅的典型柱网尺寸为 19.6m×6.6m，楼盖采用现浇钢筋混凝土主梁＋大板结构，大跨框架梁截面尺寸为 400mm×1200mm，考虑竖向地震作用并验算挠度、裂缝。门厅部位为避免大跨次梁支承于主梁，采用下图中的井字梁布置方式，利用展厅侧墙上的柱，减小主梁受力。

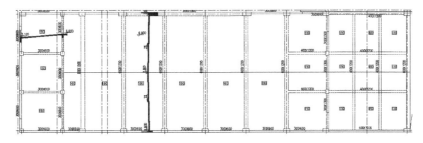

图 58-6　展厅结构平面布置图

三、地基基础方案

本工程采用天然地基上的柱下独立基础、墙下条形基础，地基持力层选择③层细砂，地基承载力特征值为 140kPa。

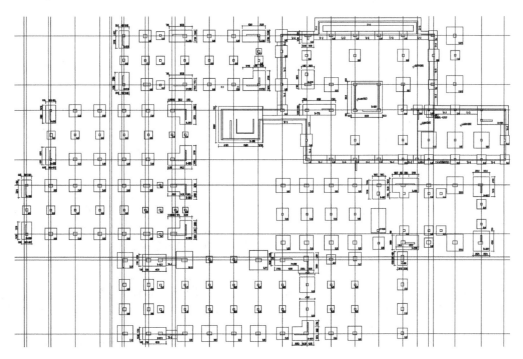

图 58-7　基础平面布置图

结构方案评审表

结设质量表（2016）

项目名称	北庭故城遗址展示中心	项目等级	A/B级□、非A/B级■
		设计号	13115

评审阶段	方案设计阶段□	初步设计阶段□	施工图设计阶段■

评审必备条件	部门内部方案讨论　有■　无□	统一技术条件　有■　无□

工程概况	建设地点:新疆昌吉市	建筑功能:展厅、游客接待、电影院、库房
	层数(地上/地下):2/1	高度(檐口高度):10.8m
	建筑面积(m²):0.8万	人防等级:无

主要控制参数	设计使用年限:50年
	结构安全等级:二级
	抗震设防烈度、设计基本地震加速度、设计地震分组、场地类别、特征周期 7度、0.15g、第二组、Ⅱ类、0.40s
	抗震设防类别:标准设防类(博物馆展厅乙类)
	主要经济指标

结构选型	结构类型:框架-剪力墙、剪力墙
	概念设计、结构布置:错层结构加强连接构件
	结构抗震等级:博物馆,框架三级　剪力墙二极;游客中心,框架三级　剪力墙三级
	计算方法及计算程序:SATWE
	主要计算结果有无异常(如:周期、周期比、位移、位移比、剪重比、刚度比、楼层承载力突变等):位移比大于1.2
	伸缩缝、沉降缝、防震缝:防震缝
	结构超长和大体积混凝土是否采取有效措施:超长部分进行温度应力计算
	有无结构超限:无

基础选型	基础设计等级:乙级
	基础类型:独立柱基础、条形基础
	计算方法及计算程序:JCCAD
	防水、抗渗、抗浮　无
	沉降分析
	地基处理方案

新材料、新技术、难点等	乙类建筑,单跨20m;错层结构

主要结论	博物馆墙间距较大,补充单榀框架承载力分析,错层处框架柱按抗弯中震不屈服抗剪中震弹性设计,注意大跨挠度控制、大跨框架抗震等级提高、优化楼屋盖结构布置、减轻大跨结构屋顶重量、大跨度边跨与建筑协商加柱、调查当地处理湿陷措施、优化首层地面设计

工种负责人:张淮湧　周岩	日期:2016.12.20	评审主持人:朱炳寅	日期:2016.12.20

注意：1. 评审申请时间：一般项目应在初步设计完成之前，无初步设计的项目在施工图1/2阶段。

2. 工种负责人、审核人必须参加评审会，审定人以及项目组其他人员应尽量参会。工种负责人负责项目组与会人员的通知事宜，在必要时可邀请建筑专业相关人员出席。

3. 评审后工种负责人应填写《结构方案评审意见回复表》，逐条回复《结构方案评审表》和《会议纪要》中提出的评审意见，并在签署齐全后归档。

会议纪要

2016 年 12 月 20 日

"北庭故城遗址展示中心"施工图设计阶段结构方案评审会

评审人：谢定南、罗宏渊、王金祥、尤天直、徐琳、朱炳寅、彭永宏、王大庆

主持人：朱炳寅　记录：王大庆

介　绍：周岩

结构方案：本工程含博物馆、游客中心及瞭望塔等，地上 1～2 层，局部设 1 层地下室。地上设缝细分结构单元。瞭望塔采用剪力墙结构；博物馆为单跨乙类建筑，游客中心为错层结构，采用框架-剪力墙结构；错层框架柱按中震不屈服设计。

地基基础方案：场地表层存在非自重型轻微湿陷性黄土（地基持力层及以下无湿陷性），采用天然地基上的柱下独立基础、墙下条形基础＋防潮板。

评审：

1. 错层处框架柱按抗剪中震弹性、抗弯中震不屈服设计。

2. 博物馆为单跨乙类建筑，剪力墙间距较大，应补充单榀框架承载力分析，包络设计。

3. 注意大跨度构件的挠度控制，应考虑竖向地震作用。

4. 适当提高大跨度框架的抗震等级。

5. 优化楼、屋盖结构布置和构件截面尺寸，适当减小板跨和板厚，减轻大跨度结构屋顶重量，减轻大跨度梁的负担。

6. 博物馆的大跨度边跨处拔掉框架柱，形成大跨度的半跨框架，应与建筑专业进一步协商加柱。

7. 大跨度梁补充两端铰接模型计算分析，包络设计。

8. 注意大跨度梁的支承柱设计以及梁钢筋锚固问题。

9. 调查当地防湿陷措施，优化首层地面设计。

10. 首层梁底适当采取防冻胀措施。

结论：

建议根据结构方案评审表的主要结论以及会议纪要内容，进一步优化结构设计。

59 南京上坊东吴文化遗址博物馆

设计部门：第二工程设计研究院
主要设计人：张路、朱禹风、张猛、朱炳寅、马玉虎、郭强

工 程 简 介

一、工程概况

南京上坊东吴文化遗址博物馆位于江苏省南京市江宁区。用地近似长方形，长约500m、宽约400m，建设用地面积约6000m²。场地北高南低，南、北高差约13m，现状为自然绿地。项目的建筑功能为遗址保护及展示，包括新建博物馆、古墓展厅及考古研究所三个子项。古墓展厅设在原古墓遗址位置，并用沿古墓轴线的室外小路将古墓展厅与新建博物馆联系起来。考古工作站设在基地西南侧，临近办公出入口。场地景观分两部分并以道路相隔，南侧为密植树林带，将场地与东南侧厂房区隔开；北侧为室外展场及开放景观。

图 59-1 建筑效果图

二、结构方案

本工程为单层建筑，地震作用（7度，0.10g，第一组），按常规设计可选用框架结构。为满足建筑专业的清水混凝土墙体外观要求，多处位置需设置清水混凝土墙体；又因本工程为半地下室建筑，为有效抵抗侧向土压力作用，可选择抗侧刚度较大的框架-剪力墙结构，综合考虑以上因素，本工程采用现浇钢筋混凝土框架-剪力墙结构。

结合建筑清水效果及造型需求，本工程的结构构件选用以下截面：

1）框架柱截面尺寸：580mm×600mm、600mm×600mm、800mm×800mm。

2）剪力墙厚度：400mm、300mm、200mm。

3）框架梁截面尺寸：500mm×800mm、400mm×900mm、500mm×1100mm、400×1898/842mm、400×1171/842mm、800×1700/1160mm。

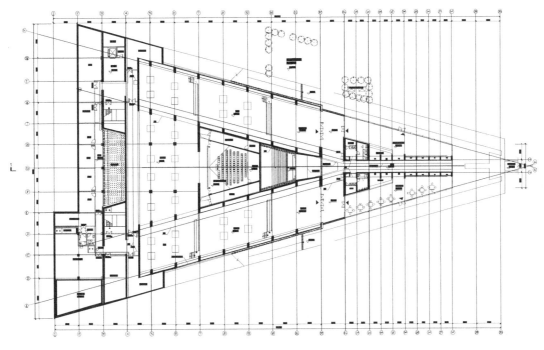

图 59-2 建筑平面图

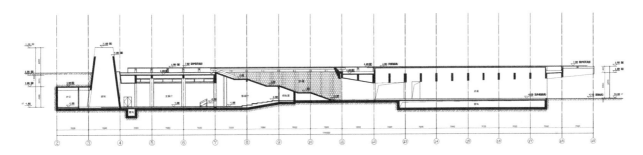

图 59-3 建筑剖面图

4）次梁截面尺寸：400mm×800mm、500mm×800mm、600×800mm。

5）楼板厚度：130mm、250mm。

三、地基基础方案

勘察报告建议新建博物馆子项以③1层强风化泥灰岩为浅基础持力层，基础型式可采用独立基础。

结合勘察报告建议，综合考虑本工程实际情况，地基基础设计方案选用如下：

1. 本工程的地基持力层条件较好，为③2层中风化泥灰岩，地基承载力特征值 f_{ak} 为 800kPa；同时本工程为单层建筑，结构总荷载较小，完全有条件结合框架柱和剪力墙布置，选用独立基础或条形基础。

2. 局部区域为满足建筑清水混凝土墙体外观需求，剪力墙设置较密集，为方便基础施工，相关区域选用筏板基础。

综合上述原因，考虑到持力层条件优越（基岩，承载力特征值较高）、结构总荷载较小（单层建筑）、局部剪力墙设置较为密集等因素，最终采用天然地基，以③2层中风化泥灰岩为持力层，根据结构布置，灵活选用独立基础、条形基础和筏板基础，并选用压重方案抗浮。

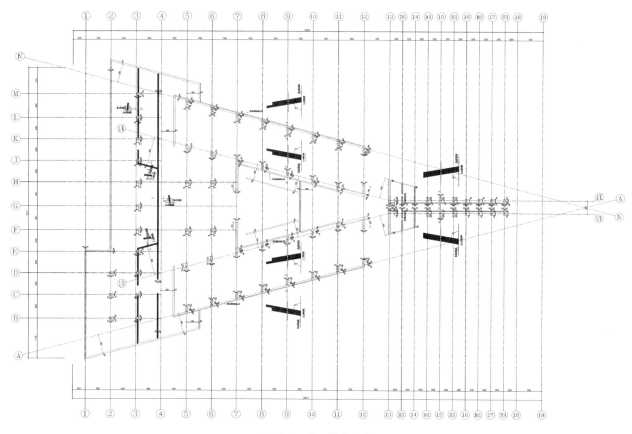

图 59-4　墙、柱定位图

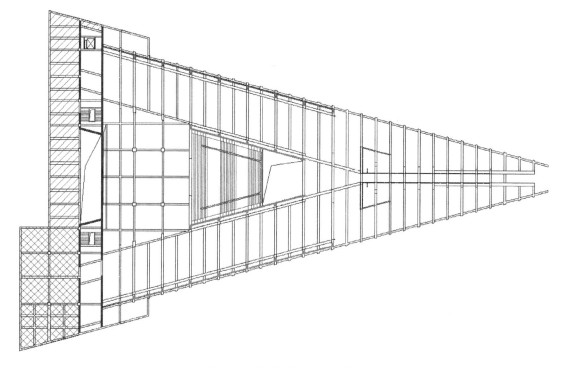

图 59-5　屋顶结构平面布置图

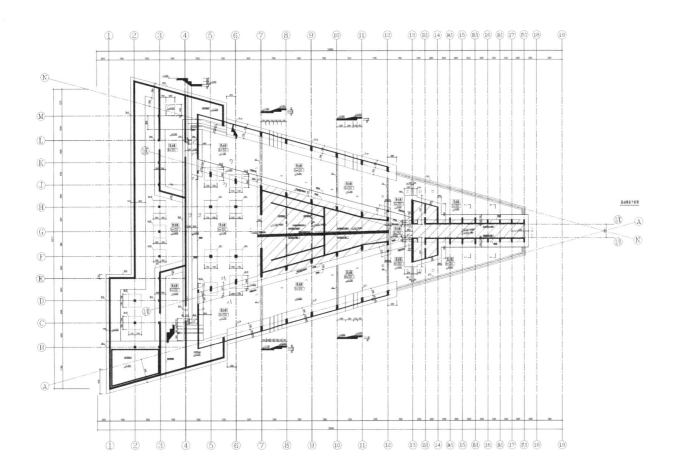

图 59-6 基础平面布置图

结构方案评审表

结设质量表（2016）

项目名称	南京上坊东吴文化遗址博物馆	项目等级	A/B级□、非 A/B 级■
		设计号	15493

评审阶段	方案设计阶段□	初步设计阶段■	施工图设计阶段□

评审必备条件	部门内部方案讨论　有■　无□	统一技术条件　有■　无□

工程概况	建设地点：江苏南京	建筑功能：遗址博物馆
	层数：1(半地下室)	高度(檐口高度)：5.5m
	建筑面积(m²)：0.5 万	人防等级：无

主要控制参数	设计使用年限：50 年
	结构安全等级：二级
	抗震设防烈度、设计基本地震加速度、设计地震分组、场地类别、特征周期 　　7 度、0.10g、第一组、I₁ 类、0.25s
	抗震设防类别：标准设防类(丙类)
	主要经济指标：尽量经济

结构选型	结构类型：框架-剪力墙
	概念设计、结构布置：结构布置力求均匀、对称
	结构抗震等级：剪力墙三级、框架四级
	计算方法及计算程序：YJK、理正
	主要计算结果有无异常(如：周期、周期比、位移、位移比、剪重比、刚度比、楼层承载力突变等)：无
	伸缩缝、沉降缝、防震缝：无
	结构超长和大体积混凝土是否采取有效措施：设置伸缩后浇带
	有无结构超限：高度不超限、一般不规则小于 3 项、无特别不规则
	其他主要不规则情况：扭转位移比 1.56(超过 1.4,小于限值 1.6)

基础选型	基础设计等级：甲级
	基础类型：独立基础、条形基础、筏板基础
	计算方法及计算程序：YJK(基础模块)
	防水、抗渗、抗浮：压重抗浮
	沉降分析：进行沉降计算
	地基处理方案：无

新材料、新技术、难点等	1. 大悬挑结构方案处理； 2. 最不利荷载布置结构方案

主要结论	大悬挑部位的悬挑梁宜采用预应力,开口处与建筑协商,将悬挑次梁拉通、清水混凝土长度很大、注意温度应力问题、与建筑协商合理设置温度缝或诱导缝、屋顶荷载变化大、补充屋顶荷载限值图、大悬挑考虑竖向地震、严格控制挑梁挠度、合理减小构件尺度,减小结构重量、补充单榀框架计算,注意斜墙受力问题,宜包络设计

工种负责人：张路　朱禹风	日期：2016.12.21	评审主持人：朱炳寅	日期：2016.12.21

注意：**1.** 评审申请时间：一般项目应在初步设计完成之前,无初步设计的项目在施工图1/2阶段。

　　　2. 工种负责人、审核人必须参加评审会,审定人以及项目组其他人员应尽量参会。工种负责人负责项目组与会人员的通知事宜,在必要时可邀请建筑专业相关人员出席。

　　　3. 评审后工种负责人应填写《结构方案评审意见回复表》,逐条回复《结构方案评审表》和《会议纪要》中提出的评审意见,并在签署齐全后归档。

会议纪要

2016 年 12 月 21 日

"南京上坊东吴文化遗址博物馆"初步设计阶段结构方案评审会

评审人：谢定南、罗宏渊、王金祥、尤天直、徐琳、朱炳寅、胡纯炀、王大庆

主持人：朱炳寅　　记录：王大庆

介　绍：郭强、张路

　　结构方案：本工程位于坡地，随坡就势建设成 1 层的半地下建筑，平面呈三角形。结合建筑清水墙要求，采用框架-剪力墙结构。存在大悬挑、斜墙、斜柱等，采取相应措施。

　　地基基础方案：采用天然地基上的独立基础、条形基础、局部筏板基础，地基持力层为中风化泥灰岩。抗浮采用压重方案。

评审：

　　1. 悬挑部位的悬挑长度大（最大达 10.5m），且端部存在双悬挑情况，建议优化悬挑部位设计：

　　1.1　大悬挑部位的悬挑梁宜采用预应力。

　　1.2　开口处与建筑专业进一步协商将悬挑次梁拉通。

　　1.3　大悬挑构件考虑竖向地震作用。

　　1.4　严格控制悬挑梁的挠度。

　　1.5　合理减小构件尺度，减轻结构重量。

　　1.6　注意悬挑梁根部的竖向构件设计。

　　2. 屋顶荷载变化大，应严格控制屋顶荷载，补充屋顶荷载限值图。

　　3. 补充单榀框架计算，包络设计。

　　4. 结构超长（平面尺寸约 126×83m），清水混凝土墙长度很大，且相当部分暴露于室外，应注意温度应力问题，与建筑专业协商，合理设置温度缝或诱导缝。

　　5. 注意斜墙、斜柱、斜梁的受力问题，宜包络设计。

　　6. 细化挡土墙与柱的关系，注意挡土墙对柱的影响。

　　7. 优化基础设计，注意悬挑部位根部的基础设计，注意基础之间的拉接问题。

结论：

　　建议根据结构方案评审表的主要结论以及会议纪要内容，进一步优化结构设计。

60 龙湖门头沟自持商业项目-南区

设计部门：第二工程设计研究院
主要设计人：张路、朱禹风、张猛、朱炳寅、芮建辉、郭强

工 程 简 介

一、工程概况

龙湖门头沟自持商业项目（即 3-B 地块）位于北京市门头沟区，总建筑面积约 14.82 万 m²，由场地南侧的两栋塔楼及其中间裙房（合称 1 号楼）、东侧的多层裙房（2 号楼）、北侧的多层裙房（3 号楼）及塔楼（4 号楼）组成。本次评审的南区 1 号楼设缝将两栋塔楼及其中间裙房在地上分开；1 号 A、1 号 B 塔楼地下 3 层，地上 28 层，房屋高度为 99.1m，高宽比为 6.8，采用钢筋混凝土框架-剪力墙结构；1 号裙房地下 1 层，地上两层，房屋高度为 10.45m，采用钢筋混凝土框架-剪力墙结构。

图 60-1 建筑效果图

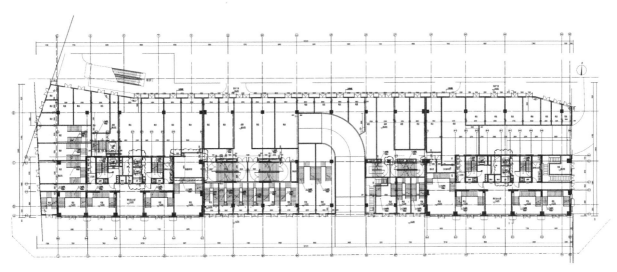

图 60-2　首层建筑平面图

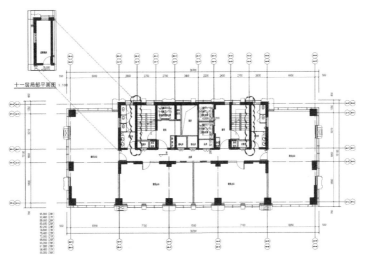

图 60-3　1 号 A、1 号 B 塔楼标准层建筑平面图

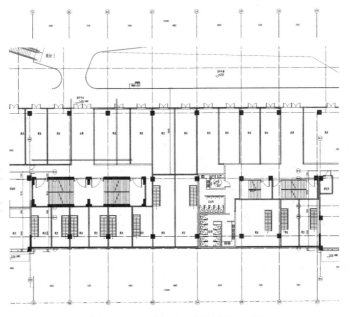

图 60-4　1 号裙房二层建筑平面图

二、结构方案

1. 1号A、1号B塔楼

1）抗侧力体系

1号A、1号B塔楼采用现浇钢筋混凝土框架-剪力墙结构。结合建筑北侧交通核，在楼梯间周围布置剪力墙，形成两个筒体，以增强抗侧刚度。为减小筒体偏置带来的不利影响，在南侧对应筒体位置设置两道L形剪力墙，与边跨南侧的两道剪力墙一起，形成较均匀的剪力墙布置。

北侧筒体的平面尺寸为8.05m×6.35m、7.65m×6.35m，筒体外墙厚度为400~250mm，南侧剪力墙外墙厚度为400~250mm，内部剪力墙厚度为300~200mm。考虑到本工程位于8度区，且筒体偏置，控制剪力墙在小震标准组合下的底部墙肢拉应力不超过混凝土抗拉强度标准值。

考虑到本工程高宽比较大，Y向刚度较弱，框架柱采用矩形截面，长边平行于Y向，按轴压比控制截面，截面为1000mm×1000mm~600mm×800mm，混凝土强度等级为C60~C40。裙房层考虑到质心偏置的影响，加大塔楼范围内的柱截面为1000mm×1000mm，裙房层框架柱截面为800mm×800mm。

2）楼盖体系

考虑到建筑要求，楼盖采用现浇钢筋混凝土主梁加大板结构。依据楼板跨度及荷载条件，楼板厚度采用120~150mm。裙房顶板加强，板厚采用150mm。一层楼板由于嵌固需要，板厚取200mm。地下一层板厚为200mm。地下二层为人防顶板，板厚取250mm。

2. 1号裙房

1）抗侧力体系

1号裙房采用现浇钢筋混凝土框架-剪力墙结构。结合楼梯间布置剪力墙，考虑到楼梯间设置使得框架梁无法拉通，结合楼梯间侧墙设置L形剪力墙并拉通，加强结构Y向抗侧刚度。同时，为保证建筑疏散需求，在边楅角部用剪力墙代替框架，加强结构抗侧及抗扭刚度。

2）楼盖体系

考虑到建筑要求，楼盖采用现浇钢筋混凝土主梁加大板结构。依据楼板跨度及荷载条件，楼板厚度采用120~180mm。裙房顶板为种植屋面，荷载较大，楼板厚度采用180mm。一层楼板由于嵌固需要，板厚取200mm。

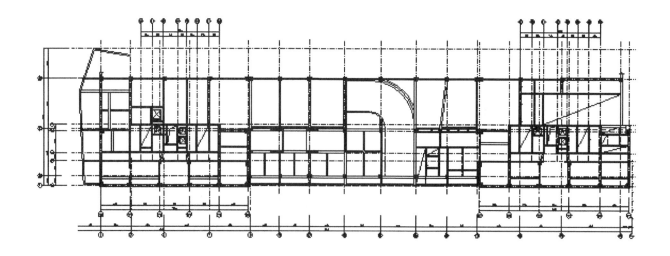

图60-5 首层结构平面布置图

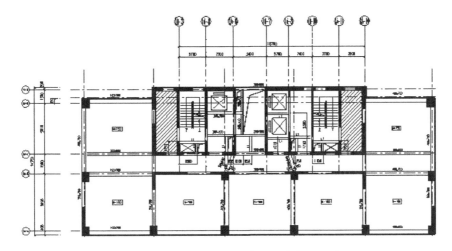

图 60-6　1 号 A、1 号 B 塔楼标准层结构平面布置图

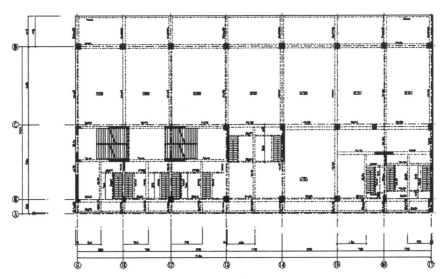

图 60-7　1 号裙房二层结构平面布置图

三、地基基础方案

根据地勘报告建议，并结合结构受力特点，本工程采用天然地基上的变厚度筏板基础。塔楼的筏板厚度为 1100mm，外侧飞边 2m；持力层为卵石层，地基承载力标准值为 320kPa，基底局部杂填土处采用 C15 级素混凝土换填处理。裙房的筏板厚度为 500mm。

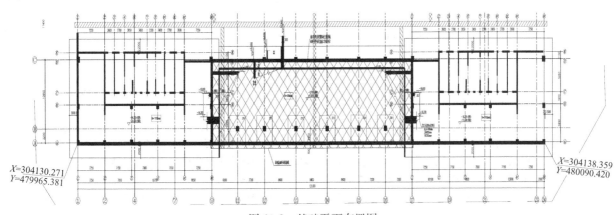

图 60-8　基础平面布置图

结构方案评审表

结设质量表（2016）

项目名称	龙湖门头沟自持商业项目-南区	项目等级	A/B 级□、非 A/B 级■
		设计号	

评审阶段	方案设计阶段□	初步设计阶段□	施工图设计阶段■

评审必备条件	部门内部方案讨论　有■　无□	统一技术条件　有■　无□	

工程概况	建设地点:北京门头沟	建筑功能:商务办公、配套商业
	层数:1(地上/地下):28/3	高度(檐口高度):99.1m
	建筑面积(m²):6 万	人防等级:核 6/常 6(北区为主)

主要控制参数	设计使用年限:50 年
	结构安全等级:二级
	抗震设防烈度、设计基本地震加速度、设计地震分组、场地类别、特征周期　8 度、0.20g、第二组、Ⅱ类、0.40s
	抗震设防类别:标准设防类(丙类)
	主要经济指标:尽量经济

结构选型	结构类型:框架-剪力墙(高屋办公)、框架-剪力墙(配套商业)
	概念设计、结构布置:结构布置力求均匀、对称
	结构抗震等级:剪力墙一级、框架一级(高屋办公),框架三级、剪力墙二级(配套商业)
	计算方法及计算程序:YJK、理正
	主要计算结果有无异常(如:周期、周期比、位移、位移比、剪重比、刚度比、楼层承载力突变等):无
	伸缩缝、沉降缝、防震缝:地上结构设置两道防震缝
	结构超长和大体积混凝土是否采取有效措施:设置伸缩后浇带、沉降后浇带
	有无结构超限:高度不超限、一般不规则小于 3 项、无特别不规则
	其他主要不规则情况:无

基础选型	基础设计等级:乙级
	基础类型:变厚度筏板基础
	计算方法及计算程序:YJK(基础模块)
	防水、抗渗、抗浮:抗渗混凝土、压重抗浮
	沉降分析:进行沉降计算
	地基处理方案:无

新材料、新技术、难点等	1. 低屋高框架-剪力墙结构设计; 2. 结构方案比选(结构材料用量统计)

主要结论	细化平面布置、减轻结构重量、与建筑协商、设置端柱 　　　　　　　　　　　　　　　　　　　　　　(全部内容均在此页)

工种负责人:张路　朱禹风	日期:2016.12.21	评审主持人:朱炳寅	日期:2016.12.21

注意：1. 评审申请时间：一般项目应在初步设计完成之前，无初步设计的项目在施工图 1/2 阶段。

　　　2. 工种负责人、审核人必须参加评审会，审定人以及项目组其他人员应尽量参会。工种负责人负责项目组与会人员的通知事宜，在必要时可邀请建筑专业相关人员出席。

　　　3. 评审后工种负责人应填写《结构方案评审意见回复表》，逐条回复《结构方案评审表》和《会议纪要》中提出的评审意见，并在签署齐全后归档。

61 国家青岛通信产业园 A 区主体结构改造项目

设计部门：第二工程设计研究院
主要设计人：张路、张祚嘉、朱禹风、张淮湧、朱炳寅、郭强

工 程 简 介

一、工程概况

国家青岛通信产业园位于山东省青岛市。A 区的总建筑面积约 3.92 万 m^2，为 1 栋 92.5m 高的塔楼，地上 22 层、地下两层，原有结构为钢筋混凝土框架-剪力墙结构。

A 区结构已封顶，由于业主要求建筑使用功能由办公改为酒店，因此引起荷载变化及机房调整、水箱间位置调整、电梯基坑调整、楼板预留洞口、墙体开洞等变动，对原有结构造成受力状态变化或构件本身变动，需对原有结构构件进行改造加固。同时，由于《建筑抗震设计规范》GB 50011—2010（2016 年版）中青岛地区的抗震设防烈度、设计地震分组变更，需依据现行规范进行相应复核。

图 61-1　建筑现场照片

二、结构方案

1. 抗侧力体系

除部分剪力墙开洞外，本次改造未变动原有抗侧力结构，因此依据调增后的建筑功能，对原有结构的计算分析、设计图纸进行相应复核，进而优选适宜的改造加固方案。

原设计的水平地震影响系数按安评报告建议取 $\alpha_{max}=0.095$，$T_g=0.45s$，现行规范 $\alpha_{max}=0.08$，$T_g=0.40s$，原设计的取值标准高于现行规范，因此本次改造加固仍按原设计不变。

本次改造的活荷载与原设计基本一致，仅卫生间活荷载（2.5kN/m^2）高于原办公室活荷载（2.0kN/m^2）。恒荷载主要差异为建筑隔墙布置有显著差异，隔墙数量和位置差别明显。

经计算复核，现有结构的整体指标均满足现行规范要求，框架柱现有构件承载力满足要求，部分剪力墙由于开洞影响，抗剪承载力不足，采用墙体两面粘钢加固。

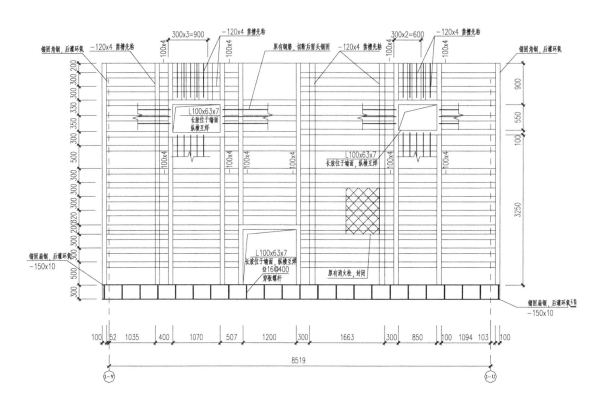

图 61-2　剪力墙增开洞口加固做法示意图

2. 楼盖体系

由于建筑使用功能变化，楼板洞口位置调整，本次改造对于较小洞口采用板底粘钢加固，较大洞口采用板底增设钢梁加固。由于隔墙荷载变化，部分楼面梁承载力不足，考虑到边梁外的幕墙已经施工，常用的 U 形箍加固方式难以实行，故采用 L 形箍对边梁进行加固。由于屋顶水箱间架高，改造采用湿作业方式，在原有框架柱加高，支承水箱间屋面。

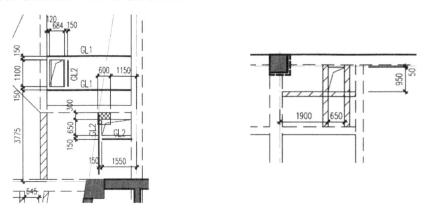

图 61-3　楼板开洞加固做法示意图

三、地基基础方案

经计算复核，地基基础满足规范要求，不需加固。

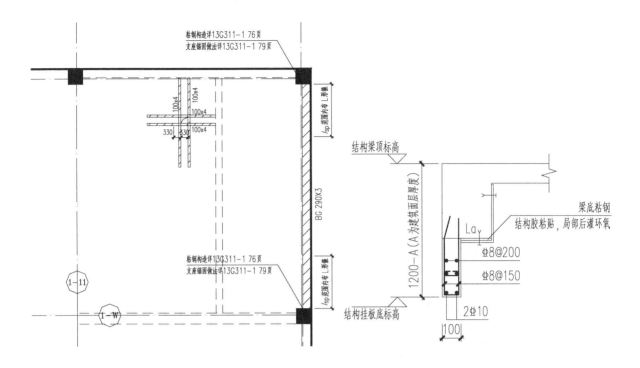

图 61-4 边梁 L 形箍加固做法示意图

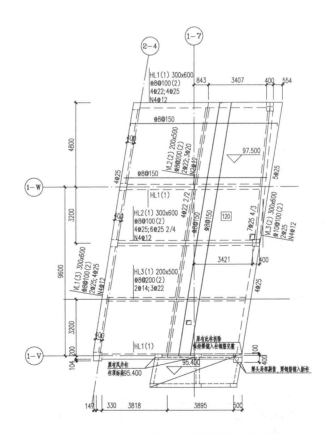

图 61-5 屋顶水箱间移位结构平面布置图

结构方案评审表

结设质量表（2016）

项目名称	国家青岛通信产业园 A 区主体结构改造项目		项目等级	A/B 级□、非 A/B 级■
			设计号	16145
评审阶段	方案设计阶段□	初步设计阶段□		施工图设计阶段■
评审必备条件	部门内部方案讨论　　有■　无□		统一技术条件　有■　无□	

工程概况	建设地点：山东青岛	建筑功能：遗址博物馆
	层数：(地上/地下)：22/2	高度(檐口高度)：98m
	建筑面积(m²)：3.5 万	人防等级：核 6/常 6

主要控制参数	设计使用年限：50 年
	结构安全等级：二级
	抗震设防烈度、设计基本地震加速度、设计地震分组、场地类别、特征周期 6 度、0.05g、第三组、Ⅱ类、0.45s　注：依据安评报告设计
	抗震设防类别：标准设防类(丙类)
	主要经济指标：尽量经济

结构选型	结构类型：框架-剪力墙
	概念设计、结构布置：结构布置力求均匀、对称
	结构抗震等级：剪力墙二级、框架二级(注：参考 7 度标准)
	计算方法及计算程序：PKPM、理正
	主要计算结果有无异常(如：周期、周期比、位移、位移比、剪重比、刚度比、楼层承载力突变等)：无
	伸缩缝、沉降缝、防震缝：地上结构设置防震缝
	结构超长和大体积混凝土是否采取有效措施：设置伸缩后浇带、设置沉降后浇带
	有无结构超限：高度不超限、一般不规则小于 3 项、无特别不规则
	其他主要不规则情况：无

基础选型	基础设计等级：甲级
	基础类型：变厚度筏板基础
	计算方法及计算程序：JCCAD
	防水、抗渗、抗浮：压重抗浮
	沉降分析：进行沉降计算
	地基处理方案：无

新材料、新技术、难点等	1. 结构荷载控制； 2. 安评报告执行

主要结论	按 T 形截面梁核算梁的跨中弯矩、宜采用梁底碳纤维加固、不宜对主体结构大动作、楼板应精准开洞，避免开大洞、避免集中开洞。　　　　　　　　　　　　　　　　　(全部内容均在此页)

工种负责人：张路　张祚嘉　朱禹风	日期：2016.12.21	评审主持人：朱炳寅	日期：2016.12.21

注意：**1.** 评审申请时间：一般项目应在初步设计完成之前，无初步设计的项目在施工图 1/2 阶段。

2. 工种负责人、审核人必须参加评审会，审定人以及项目组其他人员应尽量参会。工种负责人负责项目组与会人员的通知事宜，在必要时可邀请建筑专业相关人员出席。

3. 评审后工种负责人应填写《结构方案评审意见回复表》，逐条回复《结构方案评审表》和《会议纪要》中提出的评审意见，并在签署齐全后归档。

62 京藏交流中心

设计部门：第一工程设计研究院
主要设计人：徐杉、罗敏杰、孙洪波、段永飞、陈文渊、徐德军、李季

工 程 简 介

一、工程概况

本项目位于西藏自治区拉萨市，用地面积约 1.6 万 m^2，总建筑面积约 39856m^2，地上约 30300m^2，地下约 9556m^2，建筑功能为酒店，概况如下表：

层数(地上/地下)	层高(地上/地下)	房屋高度(m)
9/－1	4.2m×7、4.8m、6.5m/5.7m	40.7

图 62-1 建筑效果图

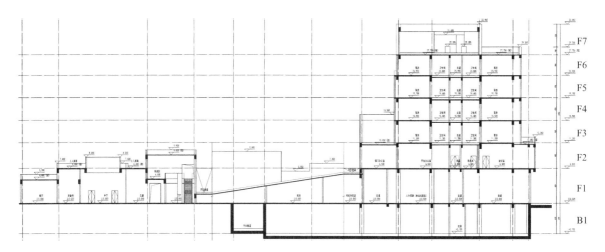

图 62-2　酒店客房建筑剖面图

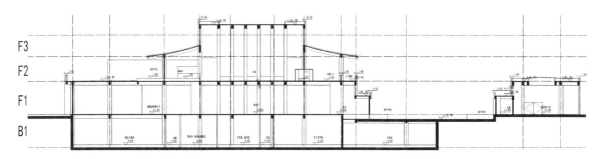

图 62-3　酒店大堂建筑剖面图

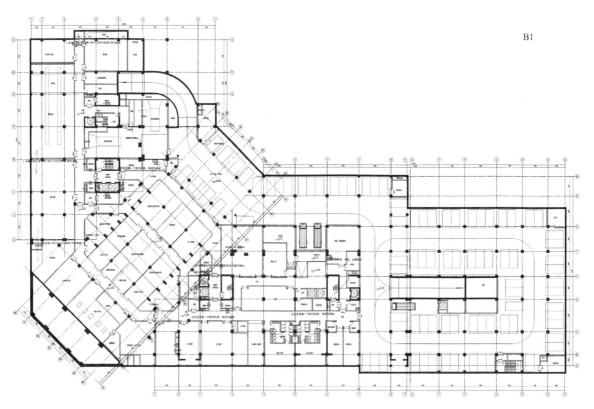

(a) 地下一层建筑平面图

图 62-4　建筑平面图

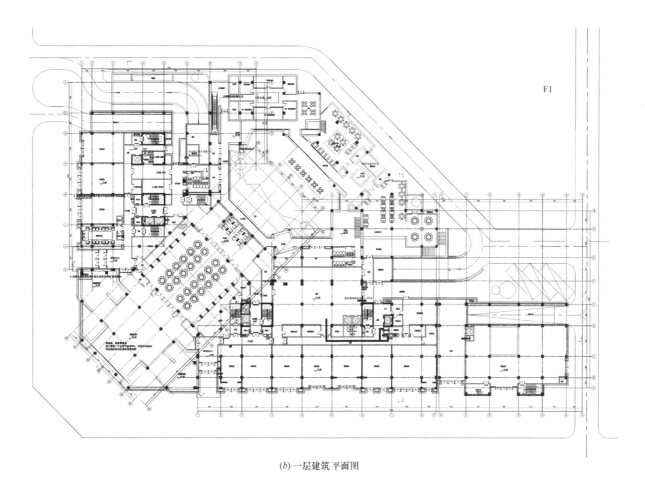

F1

(b) 一层建筑平面图

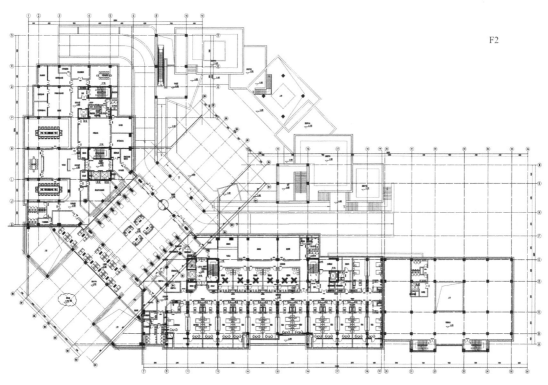

F2

(c) 二层建筑平面图

图 62-4　建筑平面图（续）

F3

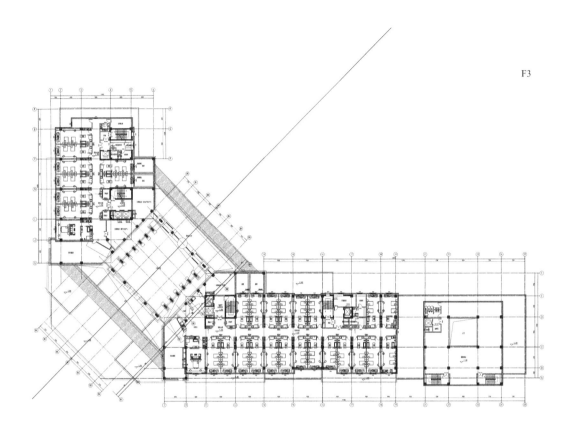

(d)三层建筑平面图

F6

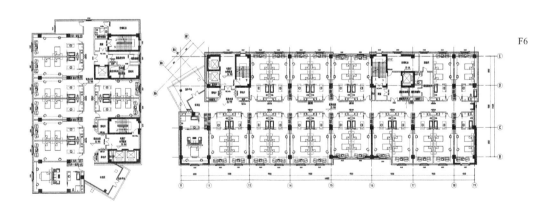

(e)标准层建筑平面图

图 62-4　建筑平面图（续）

二、结构方案

地下室不设缝，地上设缝，将结构分成 5 个单体，即 9 层客房、7 层客房、2 层大堂、3 层配套商业裙房、1 层 SPA 和餐饮区。结构嵌固于地下室顶板，其厚度不小于 180mm。

两栋客房塔楼分别为地上 9 层和 7 层，房屋高度分别为 40.7m 和 32.1m，采用现浇钢筋混凝土框架-剪力墙结构。框架柱截面尺寸为 800mm×800mm、800mm×1000mm，框架梁高最大为 800mm，中间通道的梁高为 700mm。客房楼盖采用主梁加大板结构，板厚为 150mm。梁、板的混凝土强度等级为 C30。

大堂地上两层，采用现浇钢筋混凝土框架结构，楼盖和屋盖均为大跨单向结构，跨度约 20m，梁高为 1200mm，框架抗震等级提高一级，并按中震不屈服进行抗震性能化设计。

配套商业裙房地上 3 层，采用现浇钢筋混凝土框架结构，框架柱截面尺寸为 800mm×800mm，边部楼梯的框架柱按中震不屈服进行抗震性能化设计。

SPA 和餐饮区为 1 层的平面不规则建筑，采用现浇钢筋混凝土框架结构，框架柱截面尺寸分别为 800mm×800mm、700mm×700mm。

各单体的结构抗震等级如下表：

楼号		客房塔楼	大堂	配套商业裙房	SPA 和餐饮区
抗震等级	框架	二级	二级	二级	二级
	剪力墙	一级	—	—	—

三、地基基础方案

本工程采用天然地基上的筏板基础，以 2-2 层稍密卵石土层为持力层，地基承载力特征值为 220kPa。基底下局部存在 2m 厚的 2-1 层松散卵石土层，其结构松散、力学性质较差，在碾压夯实并达到设计要求后，方可作为拟建物的持力层；目前暂按该土层经碾压后能达到 2-2 层稍密卵石土层的力学特性进行设计。

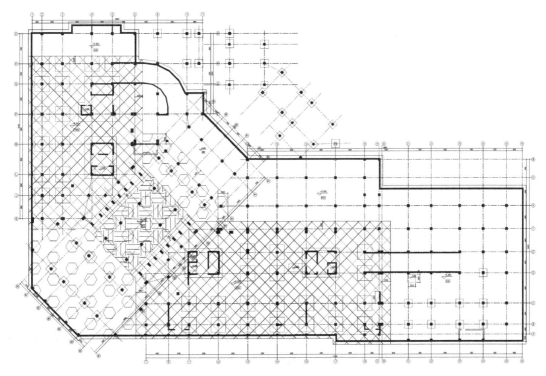

图 62-5　基础平面布置图

结构方案评审表
结设质量表（2016）

项目名称	京藏交流中心	项目等级	A/B 级□、非 A/B 级■
		设计号	
评审阶段	方案设计阶段□	初步设计阶段■	施工图设计阶段□
评审必备条件	部门内部方案讨论　有■　无□		统一技术条件　有■　无□

工程概况	建设地点　西藏自治区拉萨市		建筑功能　酒店
	层数（地上/地下）　9/1		高度（檐口高度）　40.7m
	建筑面积（m²）　39856		人防等级　无

主要控制参数	设计使用年限　50 年
	结构安全等级　二级
	抗震设防烈度、设计基本地震加速度、设计地震分组、场地类别、特征周期 8 度、0.20g、第三组、Ⅱ类、0.45s
	抗震设防类别　标准设防类
	主要经济指标

结构选型	结构类型　框架-剪力墙结构、框架结构
	概念设计、结构布置
	结构抗震等级　剪力墙一级、框架二级（局部一级）
	计算方法及计算程序　盈建科
	主要计算结果有无异常（如：周期、周期比、位移、位移比、剪重比、刚度比、楼层承载力突变等）　无异常
	伸缩缝、沉降缝、防震缝　塔楼与周边裙房和大堂设置抗震缝分开
	结构超长和大体积混凝土是否采取有效措施　无
	有无结构超限　无

基础选型	基础设计等级　乙级
	基础类型　筏板基础
	计算方法及计算程序　盈建科
	防水、抗渗、抗浮　采用配重方式进行抗浮设计
	沉降分析
	地基处理方案

新材料、新技术、难点等	建筑底部两侧部分外墙采用当地毛石砌筑，采用与主体脱开的方式砌筑

主要结论	明确 2-1 层土层分布情况并采取相应措施、优化基础设计，注意当地气候对混凝土施工质量的影响、大温差对混凝土早期温度的影响、后浇带间距适当减小、上部结构优化布置、补充单榀框架承载力分析、毛石墙与主体结构脱开、注意建筑做法重量、比较门头分缝与不分缝方案

工种负责人：徐杉　孙洪波　罗敏杰　日期：2016.12.29	评审主持人：朱炳寅　日期：2016.12.29

注意：1. 申请评审一般应在初步设计完成前，无初步设计的项目在施工图 1/2 阶段申请。

2. 工种负责人负责通知项目相关人员参加评审会。工种负责人、审核人必须参会，建议审定人、设计人与会。工种负责人在必要时可邀请建筑专业相关人员参会。

3. 评审后，填写《结构方案评审意见回复表》，逐条回复《结构方案评审表》和《会议纪要》中提出的评审意见，并由工种负责人、审定人签字。

会议纪要

2016 年 12 月 29 日

"京藏交流中心"初步设计阶段结构方案评审会

评审人：谢定南、罗宏渊、王金祥、徐琳、朱炳寅、彭永宏、王大庆

主持人：朱炳寅　记录：王大庆

介　绍：罗敏杰

结构方案：本工程设 1 层大地下室，地上设缝分为 5 个结构单元：9 层及 7 层客房、2 层大堂、3 层商业、1 层餐饮。客房采用框架-剪力墙结构，其他采用框架结构。

地基基础方案：采用天然地基上的筏板基础，地基持力层为卵石土。抗浮采用压重方案。

评审：

1. 提请甲方和勘察单位，采取措施明确 2-1 层（松散卵石土）的土层分布情况，并采取相应措施。

2. 优化基础设计，例如筏板柱墩做法、大堂筏板厚度等。

3. 当地气候特点是昼夜温差大，应注意气候对混凝土施工质量的影响，注意大温差对混凝土早期强度的影响，适当减小后浇带间距。

4. 分缝后大堂形成大跨度单跨框架，建议进一步比较大堂、客房之间分缝与不分缝方案。

5. 优化上部结构布置，例如：优化剪力墙布置；注意门头大悬挑根部的处理；首层楼盖考虑主梁＋大板方案，以增加抗浮压重等。

6. 补充单榀框架承载力分析，包络设计。

7. 毛石墙与主体结构脱开，注意建筑做法及重量的影响，注意施工质量控制。

结论：

建议根据结构方案评审表的主要结论以及会议纪要内容，进一步优化结构设计。

63 田东县中医医院整体搬迁二期工程

设计部门：第一工程设计研究院
主要设计人：徐杉、孙洪波、李季、余蕾、陈文渊

工 程 简 介

一、工程概况

本项目位于广西壮族自治区百色市田东县，总建筑面积约 7.4 万 m^2。

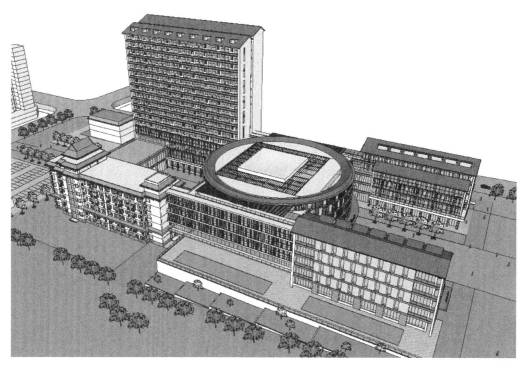

图 63-1 建筑效果图

医院的总平面布置为横置的"H"形，中央部位为医技区，四角分别为住院区及门诊区。医技区与东侧门诊区地下 1 层，为大底盘地下车库。西北侧住院区地面标高顺台地下降，其一层与东侧地下一层标高一致，之下为地下室。西南侧为原有门诊楼。地下室的平面尺寸为 124.8m×97.2m。新建建筑在地上分为 4 个单体：综合楼住院区、综合楼医技区、综合楼门诊 1 区和 2 区。各结构单体的概况详见下表：

结构单体	层数(地上/地下)	房屋高度(m)	高宽比(X/Y)
综合楼住院区	17/-1	69.80(坡)	0.97/3.11
综合楼医技区	4/-1	17.85	0.26/0.24
综合楼门诊1区、2区	5/-1	25.20(坡)	0.54/1.33

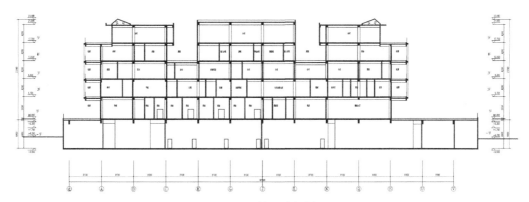

图 63-2　医技区建筑剖面图

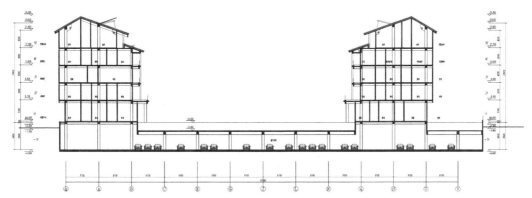

图 63-3　门诊区建筑剖面图

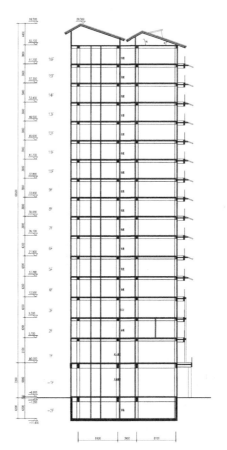

图 63-4　住院区建筑剖面图

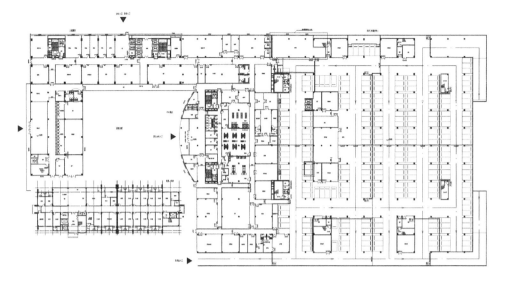

(a)地下一层建筑 平面图

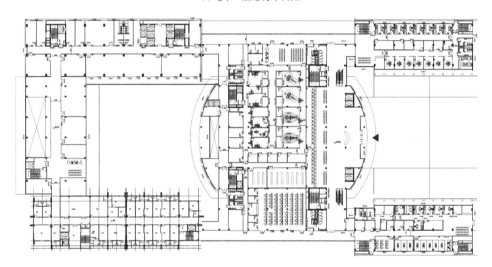

(b)首层建筑平面图

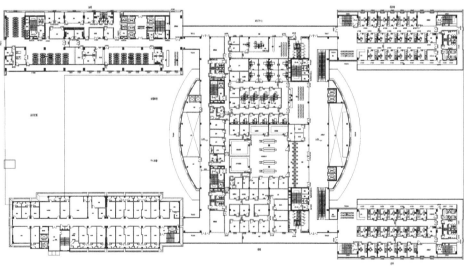

(c)标准层建筑平面图

图 63-5　建筑平面图

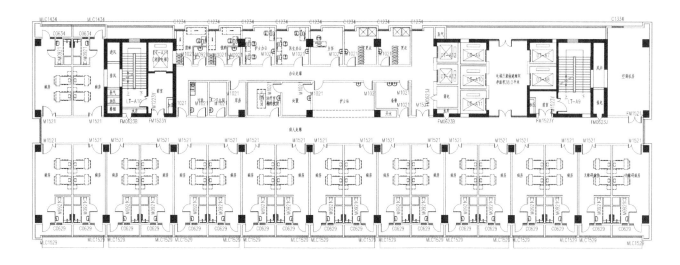

图 63-6　住院区标准层建筑平面图

二、结构方案

1. 住院区

两层裙房与主楼形成 L 形平面，设缝将其分开。两层裙房采用现浇钢筋混凝土框架结构。主楼的平面尺寸为 70m×24m，坡屋面的顶标高为 69.8m，属于高层建筑。若结合楼、电梯间布置剪力墙，剪力墙的间距、均匀程度等均合适。综合考虑房屋高度、平面布置、抗震设防类别、地震作用，主楼采用现浇钢筋混凝土框架-剪力墙结构，使其具有多道抗震防线。从抗震概念设计、结构整体计算指标、构件截面尺寸等方面考量，该结构体系均优于框架结构。因平面较为狭长，边榀框架适当增加梁、柱截面，以增加结构抗扭刚度，减小扭转效应。

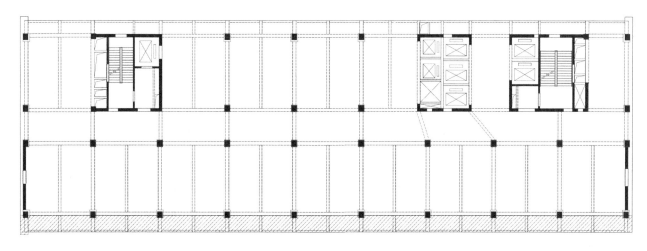

图 63-7　住院区标准层结构平面布置图

2. 医技区

医技区的平面尺寸为 82m×56m，房屋高度为 17.85m，属于多层建筑；内部使用功能复杂，荷载情况变化较大。建筑有局部楼板不连续情况，结构布置时重视整体性。综合考虑房屋高度、平面布置、抗震设防类别、地震作用，采用现浇钢筋混凝土框架-剪力墙结构，结合楼、电梯间布置剪力墙，使其具有多道抗震防线。

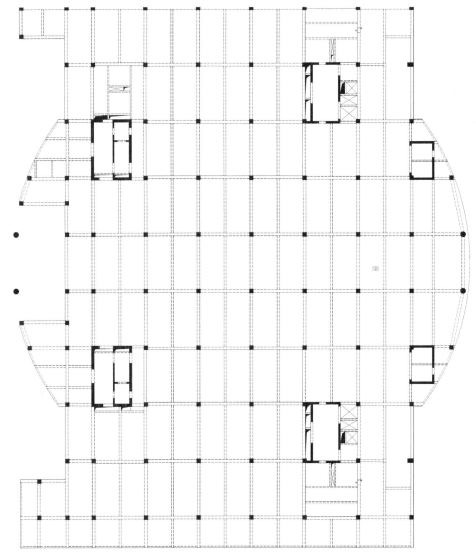

图 63-8　医技区标准层结构平面布置图

3. 门诊区

门诊区包括两个结构单体，布置相同。每个单体的平面尺寸为 51m×18m，坡屋面顶标高为 25.2m，整体高度按 23.5m，不属于高层建筑。因合理的设墙位置下部为地下车库车道，上部建筑功能上也希望更加灵活，综合考虑房屋高度、平面布置、抗震设防类别、地震作用，两单体均采用现浇钢筋混凝土框架结构。

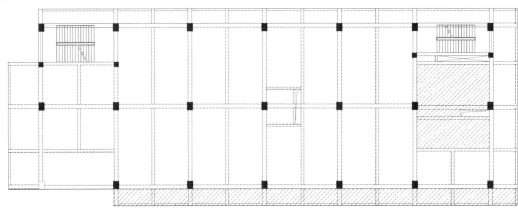

图 63-9　门诊区标准层结构平面布置图

4. 地下车库

地下车库采用现浇钢筋混凝土框架结构，局部设置墙体，增加整体刚度。

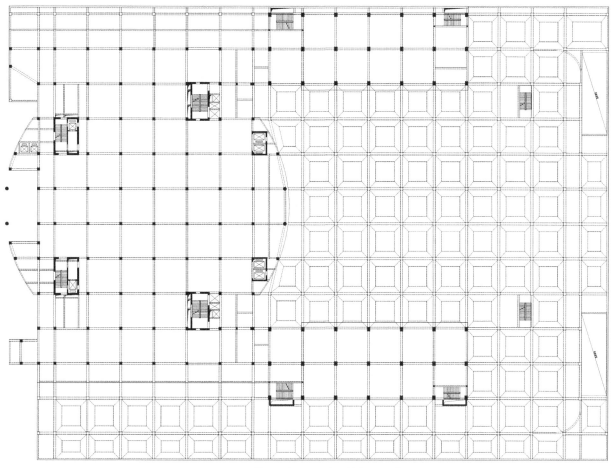

图 63-10　医技区、门诊区首层结构平面布置图

5. 楼盖结构

楼盖采用现浇钢筋混凝土梁板结构，一般情况下布置单向单次梁，楼板厚度为 120mm。嵌固端取地下室顶板，楼内采用主梁＋大板结构，板厚为 180mm；楼外采用主梁＋加腋楼板结构，楼板厚度为 250mm，加腋区厚度为 500mm。

三、地基基础方案

目前为初步设计阶段，仅收到住院区主楼的勘察报告，其余各楼暂参考此报告。依据地勘报告建议，各主楼拟采用天然地基上的筏板基础，地下车库采用天然地基上的独立基础＋防水板。地基不均匀采取加强基础刚度和结构整体性等措施，防止或减少不均匀沉降。待收到医技区及住院区勘察报告后，地基基础进行复核及优化。

结构方案评审表

结设质量表（2016）

项目名称	田东县中医医院整体搬迁二期工程	项目等级	A/B级□、非A/B级■
		设计号	16200

评审阶段	方案设计阶段□	初步设计阶段■	施工图设计阶段□

评审必备条件	部门内部方案讨论　有■　无□		统一技术条件　有■　无□

工程概况	建设地点　广西百色市田东县	建筑功能　医院
	层数（地上/地下）　17/1、4/1、5/1	高度（檐口高度）　69.8/17.8/25.2m
	建筑面积（m²）　7.4万	人防等级　无

主要控制参数	设计使用年限　50年
	结构安全等级　二级
	抗震设防烈度、设计基本地震加速度、设计地震分组、场地类别、特征周期 7度、0.15g、第一组、Ⅱ类、0.35s
	抗震设防类别　重点设防类
	主要经济指标

结构选型	结构类型　框架-剪力墙结构、框架结构
	概念设计、结构布置
	结构抗震等级　框架二级，剪力墙一级
	计算方法及计算程序　盈建科
	主要计算结果有无异常（如：周期、周期比、位移、位移比、剪重比、刚度比、楼层承载力突变等）　无异常
	伸缩缝、沉降缝、防震缝　结构按功能、层数划分为5个单体
	结构超长和大体积混凝土是否采取有效措施　是
	有无结构超限　无

基础选型	基础设计等级　乙级
	基础类型　筏板基础、独立柱基＋防水板
	计算方法及计算程序　盈建科
	防水、抗渗、抗浮　无抗浮
	沉降分析
	地基处理方案

新材料、新技术、难点等	

主要结论	与当地审图单位协商、明确医院重点设防类建筑的地震作用，并宜结合本工程分区明细；地形有坡度、结构分析应补充±0.00和地下一层地面嵌固的模型、设计时还应采取相应措施、设备资料及荷载应随设计进程完善、施工图设计时应有详勘资料 （全部内容均在此页）

工种负责人：徐杉　孙洪波　李季　日期：2016.12.29	评审主持人：朱炳寅	日期：2016.12.29

注意：1. 申请评审一般应在初步设计完成前，无初步设计的项目在施工图1/2阶段申请。

2. 工种负责人负责通知项目相关人员参加评审会。工种负责人、审核人必须参会，建议审定人、设计人与会。工种负责人在必要时可邀请建筑专业相关人员参会。

3. 评审后，填写《结构方案评审意见回复表》，逐条回复《结构方案评审表》和《会议纪要》中提出的评审意见，并由工种负责人、审定人签字。

64 湖南省益阳市三中心项目

设计部门：第一工程设计研究院
主要设计人：徐杉、石雷、罗敏杰、孙海林、陈文渊、刘会军、董越、宫婷、王春圆、董明昱

工 程 简 介

一、工程概况

本项目位于湖南省益阳市，整个项目以迎宾路为界分为南、北两区：南区为市民服务中心，北区为市民文化中心。南区市民服务中心包括政务中心、配套服务中心两栋多层建筑，总建筑面积约 6.5 万 m²，其中地上约 4.0 万 m²，地下约 2.5 万 m²。北区市民文化中心包括 9 栋多层建筑（规划馆、博物馆、活动中心、群艺馆、科技馆、图书馆等）和 1 栋高层建筑（科技馆），总建筑面积约 6.5 万 m²，其中地上约 5.4 万 m²，地下约 1.1 万 m²。

图 64-1 鸟瞰图

南区包括政务中心、配套服务中心两个子项。两子项均为地下 1 层，地上 3 层，总高度 21.9m，主要柱网尺寸 9.0m×8.4m、12.7m×8.4m；政务中心的平面尺寸为 237m×46m，配套服务中心的平面尺寸为 208m×47m。两子项均在建筑中部设缝，各分为两个独立结构单元。政务中心与配套服务中心地下连通，形成大底盘地下室。

图 64-2　政务中心及配套服务中心建筑效果图

北区包括 6 个子项：

规划馆局部地下 1 层，地上两层，总高度为 20.85m，平面尺寸为 76m×87m，主要柱网尺寸为 7.0m×9.0m、7.0m×7.0m、9.0m×14.0m。

图 64-3　规划馆建筑效果图

博物馆局部地下 1 层，地上 3 层，总高度为 23.5m，平面尺寸为 97m×124m，主要柱网尺寸为 8.0m×10.0m、7.0m×9.0m、5.0m×8.0m。

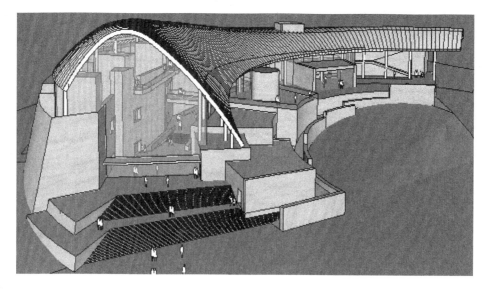

图 64-4　博物馆建筑效果图

群艺馆局部地下 1 层，地上 3 层，总高度为 20.0m，平面尺寸为 45m×60m，主要柱网尺寸为 7.0m/24.0m/7.5m×9.0m。

图 64-5　群艺馆建筑效果图

　　活动中心分为 4 个单体。综合用房地下 1 层，地上 3 层，总高度为 13.0m，平面尺寸为 90m×30m，主要柱网尺寸为 6.0m/8.0m/13.0m×9.0m。职工、妇儿中心局部地下 1 层，地上 4 层，总高度为 22.7m，平面尺寸为 130m×30m，主要柱网尺寸为 11.0m×9.5m。青少年活动中心局部地下 1 层，地上 3 层，总高度为 22.0m，平面尺寸为 60m×45m，主要柱网尺寸为 4.0m×7.3m。老年人活动中心无地下室，地上 4 层，总高度为 20.8m，平面尺寸为 55m×30m，主要柱网尺寸为 10.5m×9.0m。4 个单体在二层、三层通过钢连桥相连，连桥支座为一端铰接、一端滑动。

图 64-6　活动中心建筑效果图

　　科技馆局部地下 1 层，地上 4 层，总高度为 42.6m，平面尺寸为 20m×100m，主要柱网尺寸为 7.0m×13.0m。

图 64-7　科技馆建筑效果图

　　图书馆分为两个单体。图书馆主楼局部地下两层，地上 3 层，总高度为 23.9m，平面尺寸为 100m×60m，主要柱网尺寸为 4.0m×9.0m、9.0m×13.0m。图书馆报告厅无地下室，地上 1 层，总高度为 20.0m，平面尺寸为 45m×23m，主要柱网尺寸为 14.0m×9.0m、20.0m×9.0m。

图 64-8　图书馆建筑效果图

二、结构方案

1. 地震动参数

本工程的抗震设防烈度为 6 度，设计基本地震加速度值为 0.05g，设计地震分组为第一组，场地类别为 Ⅱ 类。

2. 结构体系

分区	子项	结构体系	设计使用年限	建筑结构安全等级	建筑抗震设防类别	地基基础设计等级	人防等级
北区	图书馆主楼	剪力墙结构	50 年	二级	标准设防类	乙级	无
	图书馆报告厅	框架结构	50 年	二级	标准设防类	乙级	无
	科技馆	钢框架结构	50 年	二级	标准设防类	乙级	无
	群艺馆	框架-剪力墙结构	50 年	二级	标准设防类	乙级	无
	活动中心综合用房	框架结构	50 年	二级	标准设防类	乙级	无
	职工、妇儿中心	框架-剪力墙结构	50 年	二级	标准设防类	乙级	无
	青少年活动中心	框架结构	50 年	二级	标准设防类	乙级	无
	老年人活动中心	框架-剪力墙结构	50 年	二级	标准设防类	乙级	无
	规划馆	框架结构	50 年	二级	标准设防类	乙级	无
	博物馆	框架-剪力墙结构	100 年	一级	重点设防类	甲级	无
南区	政务中心	框架结构	50 年	二级	标准设防类	乙级	六级
	配套服务中心	框架结构	50 年	二级	标准设防类	乙级	六级

三、地基基础方案

本工程分为 3 种情况，选用如下地基基础方案：

1. 基底落在持力层上时，采用天然地基上的独立基础或筏形基础，地基承载力特征值为 250kPa。

2. 基底距离持力层在 2m 范围内时，采用旋挖钻孔扩底墩，直径为 800mm，扩底至 1600mm，端部进持力层 6m，单墩竖向受压承载力特征值为 780kN。

3. 基底距离持力层 2m 以上时，采用旋挖钻孔扩底桩，桩径为 800mm，扩底至 1600mm，端部进持力层 6m，单桩竖向受压承载力特征值为 1400kN。

结构方案评审表

结设质量表（2016）

项目名称	湖南省益阳市三中心项目	项目等级	A/B级□、非A/B级■
		设计号	16137
评审阶段	方案设计阶段□	初步设计阶段■	施工图设计阶段□
评审必备条件	部门内部方案讨论　有■　无□		统一技术条件　有■　无□

工程概况	建设地点:湖南省益阳市	建筑功能:图书馆、科技馆、小型剧场、妇老青少活动中心、博物馆、规划馆、政务中心、配套办公
	层数(地上/地下):4/1(最高)	高度(檐口高度):科技馆38m,其余22m
	建筑面积(m²):13.5万	人防等级:政务中心、配套办公6级

主要控制参数	设计使用年限:博物馆100年　其余50年
	结构安全等级:群艺馆、妇老青少活动中心、博物馆为一级　其余二级
	抗震设防烈度、设计基本地震加速度、设计地震分组、场地类别、特征周期 6度、0.05g、第一组、Ⅱ类场地、0.35s
	抗震设防类别:群艺馆、妇老青少活动中心、博物馆为重点设防类　其余为标准设防类
	主要经济指标

结构选型	结构类型:根据特点分别采用混合结构框-剪体系、混凝土框架体系、混凝土框-剪体系
	概念设计、结构布置　超长结构采用框-剪体系　支撑屋盖柱、斜柱、穿层柱等重要竖向构件按性能目标C设计
	结构抗震等级　框架三级　剪力墙三级　局部重要竖向构件二级
	计算方法及计算程序　盈建科　SAP2000或MIDAS
	主要计算结果有无异常(如:周期、周期比、位移、位移比、剪重比、刚度比、楼层承载力突变等) 钢结构屋面层的位移比超过1.6
	伸缩缝、沉降缝、防震缝　政务中心设置1道防震缝
	结构超长和大体积混凝土是否采取有效措施　地上个别单体长宽45m×220m　设计时采取控制收缩后浇带间距、计算温度应力等措施
	有无结构超限　无

基础选型	基础设计等级　乙级
	基础类型　政务中心、配套办公:独立基础、桩(墩)加防水板　其余:桩基加防潮板
	计算方法及计算程序　盈建科
	防水、抗渗、抗浮　/
	沉降分析　/
	地基处理方案　/

新材料、新技术、难点等	

主要结论	细化基础选型和地基方案、图书馆细化斜柱柱脚、细化钢筋混凝土剪力墙结构布置、明确轻屋盖结构水平力及竖向力的传力路径和支撑体系,比较采用工字型钢与箱形截面,V形撑之间梁宜为折线梁,避免采用弧形梁,优化节点设计和节点分析,注意风、雪荷载及体型系数,科技馆屋顶拱结构应注意体系的合理性,注意纵向支撑设置,建议与建筑协商,完善与优化结构体系,注意结构的经济性指标,考虑采用空间网壳的可能性,注意异形结构的施工可行性,平立面复杂工程,补充局部分析、单榀分析及过程分析,平面各部位相互照应调整

工种负责人:徐杉　石雷　罗敏杰　日期:2016.12.30	评审主持人:朱炳寅　日期:2016.12.30

注意: **1.** 评审申请时间:一般项目应在初步设计完成之前,无初步设计的项目在施工图1/2阶段。

2. 工种负责人、审核人必须参加评审会,审定人以及项目组其他人员应尽量参会。工种负责人负责项目组与会人员的通知事宜,在必要时可邀请建筑专业相关人员出席。

3. 评审后工种负责人应填写《结构方案评审意见回复表》,逐条回复《结构方案评审表》和《会议纪要》中提出的评审意见,并在签署齐全后归档。

会议纪要

2016 年 12 月 30 日

"湖南省益阳市三中心项目"初步设计阶段结构方案评审会

评审人：谢定南、王金祥、朱炳寅、张亚东、胡纯炀、王载、彭永宏、王大庆

主持人：朱炳寅　　记录：王大庆

介　绍：石雷

　　结构方案：本工程含政务中心、服务中心、规划馆、博物馆、群艺馆、活动中心（4 个单体）、科技馆、图书馆等多栋建筑；地下 1 层，地上最高 4 层。规划馆、科技馆、活动中心（部分单体）采用框架结构，图书馆采用剪力墙结构，其他采用框架-剪力墙结构。屋顶为轻屋面，采用钢结构。

　　地基基础方案：基底落在持力层上时，采用独立基础或筏形基础。基底距持力层不超过 2m 时，采用旋挖钻孔扩底墩。基底距持力层超过 2m 时，采用旋挖钻孔扩底桩。

评审：

　　1. 细化地基方案和基础选型，注意桩基的施工可行性；注意同一结构单元采用多种基础型式的情况，控制差异沉降；基底距持力层较近时，宜比选天然地基上的独立基础、条形基础或筏形基础方案。

　　2. 图书馆

　　2.1 细化斜柱柱脚设计，尤其应注意 4 根斜柱交汇于柱脚处的复杂受力问题。

　　2.2 细化钢筋混凝土剪力墙结构布置，适当优化其刚度。

　　2.3 明确轻屋盖结构水平力及竖向力的传力路径，完善支撑体系。

　　2.4 优化 V 形撑设计，剪力墙支承 V 形撑部位建议设柱；优化 V 形撑与屋盖结构、下部支座的连接方式，避免形成瞬变体系；V 形撑之间的梁宜为折线梁，避免采用弧形梁。

　　2.5 结构横向的 N 形撑宜比选 W 形撑。

　　2.6 钢梁比较采用工字形截面与箱形截面的合理性。

　　2.7 优化节点分析和节点设计。

　　2.8 注意风、雪荷载及体型系数取值。

　　2.9 注意阻尼比取值和计算指标控制。

　　3. 科技馆

　　3.1 屋顶拱结构应注意体系的合理性，建议与建筑专业协商，完善与优化结构体系，注意结构的经济性指标，考虑采用空间网壳结构的可能性。

　　3.2 明确传力路径，完善支撑体系，充分注意纵向支撑设置。

　　3.3 注意异形结构的施工可行性。

　　3.4 屋顶采用不对称拱结构，应注意其平面内、平面外的稳定问题。

　　3.5 处理好拱脚水平推力问题，尤其应注意不落地拱及其相邻拱、托拱梁设计。

　　4. 活动中心

　　4.1 部分单体采用框-剪结构，楼梯间布置剪力墙且凸出楼外，与主体结构连接薄弱，应注意剪力墙有效性对结构抗侧力体系的影响。

　　4.2 屋脊处设置框架柱。

　　4.3 完善篮球场结构的支撑体系，并注意单柱大悬挑结构设计。

　　5. 博物馆

　　5.1 楼板开大洞，平面连接弱，结构协同工作及剪力墙有效性差，考虑房屋层数不多，且位于 6 度区，建议比选框架结构。

　　5.2 拱脚支承于柱顶，应注意水平推力处理问题。

　　6. 规划馆

　　6.1 注意屋盖结构的整体性。

　　6.2 沙盘展厅屋盖采用单向布置，建议比较采用双向布置的可能性。

　　7. 政务中心、服务中心房屋超长，宜适当分缝，或采用框架结构，减小温度应力的影响。

　　8. 平面、立面复杂工程应进行多软件、多模型分析与比较；除整体分析外，补充局部分析、单榀分析及时程分析。

　　9. 本工程各单体、平面各部位应相互照应调整。

结论：

　　建议根据结构方案评审表的主要结论以及会议纪要内容，进一步优化结构设计。